市政工程构造与识图

主　编　吴　旭
参　编　李书艳　崔鹏飞

北京理工大学出版社
BEIJING INSTITUTE OF TECHNOLOGY PRESS

内 容 提 要

　　本书依据行业职业认识规律，从培养学生实际能力出发，以实际工程项目图纸为载体，明确知识定位、有机知识融合，注重学习者使用体验，形成一本"好用、实用、适用、活用"的多维度立体式教材。全书共分 10 个项目，主要包括制图基础储备，绘制点、直线、平面的投影，绘制立体的投影，绘制轴测投影图，绘制剖面、断面图，识读道路工程图，识读桥梁工程图，识读排水工程图，识读其他市政工程图，CAD 绘制工程图和附录内容。本书内容来自实际工程案例图纸，技能点均来自企业人员调研分析所得，针对性强、贴合实际，学习者将会有很强的代入感，使用感受良好。

　　本书可作为高等院校市政工程、路桥工程、工程造价等专业及其他相近专业的教材，也可供从事市政工程的相关技术及管理人员工作时参考使用。

图书在版编目（CIP）数据

市政工程构造与识图 / 吴旭主编 .-- 北京：北京
理工大学出版社，2021.9
　ISBN 978-7-5763-0371-1

　Ⅰ .①市…　Ⅱ .①吴…　Ⅲ .①市政工程－工程构造－
教材 ②市政工程－工程制图－识图－教材　Ⅳ.①TU99

　中国版本图书馆 CIP 数据核字（2021）第 188897 号

出版发行 / 北京理工大学出版社有限责任公司
社　　　址 / 北京市海淀区中关村南大街5号
邮　　　编 / 100081
电　　　话 /（010）68914775（总编室）
　　　　　　（010）82562903（教材售后服务热线）
　　　　　　（010）68944723（其他图书服务热线）
网　　　址 / http：//www.bitpress.com.cn
经　　　销 / 全国各地新华书店
印　　　刷 / 北京紫瑞利印刷有限公司
开　　　本 / 889毫米×1194毫米　1/16
印　　　张 / 16.5　　　　　　　　　　　　　责任编辑 / 钟　博
字　　　数 / 459千字　　　　　　　　　　　文案编辑 / 钟　博
版　　　次 / 2021年9月第1版　2021年9月第1次印刷　　责任校对 / 周瑞红
定　　　价 / 78.00元　　　　　　　　　　　责任印制 / 边心超

　　本书依据行业职业认识规律，从培养学生实际能力出发，以实际工程项目图纸为载体，明确知识定位、有机知识融合，注重学习者使用体验，结合专业教学资源库，配套数字化资源，形成一本"好用、实用、适用、活用"的线上线下结合的多维度立体式教材。

　　本书由具有多年相关课程教学经验的教师参与编写，教师们充分结合教学过程中常见的、突出的问题，按照实际教学需要及学生学习反馈，结合丰富资源进行编写工作，大大提高了教材的适用性、实用性。本书内容来自实际工程案例图纸，技能点均来自企业人员调际分析所得，针对性强、贴合实际，学习者将会有很强的代入感，使用感受良好。

　　本书有机融合制图、识图及 CAD 绘图等内容，最大限度地避免了知识独立、零散的问题，以工程实际图纸为载体，将各类知识充分渗入，减少文字罗列，仅保留必要的文字阐述，更多的是以图片表格为展示体例丰富教材观感，不但使知识体系化、学习一体化，还大大节省了教材篇幅。

　　本书充分融合国家级备选资源库"市政工程技术专业教学资源库"，观看资源库内相应数字化资源或能力训练案例，能极大地满足学生学习所需，全面提高学生学习兴趣，降低学习难度。

　　由于时间仓促和经验不足等原因，书中的内容、图片仍有不完善之处，数字化资源配套还不完整，在后续版本中将会不断改善。

编者

目录 CONTENTS

项目1　制图基础储备

（1）常用的绘图工具和用品。

（2）国家制图标准中的图纸、图线、字体、比例、尺寸标注等有关规定。

（3）几种常见平面图形的画法。

（4）徒手绘制几何图形。

能力要求

（1）能够使用图板、丁字尺和三角板、比例尺、分规和圆规、铅笔等。

（2）理解制图的有关标准。

（3）能够正确使用图纸幅面规格、图线、字体、比例。

（4）能够掌握尺寸标注的组成、规则和方法。

（5）能够使用绘图工具绘制直线、直线的平行线、垂直线，等分线段、正多边形、圆弧连接、椭圆。

（6）能够徒手绘制几何图形。

新课导入

为了统一我国道路工程的制图方法、保证图面质量、提高工作效率、便于技术交流，国家制定了《道路工程制图标准》（GB 50162—1992）。该标准适用公路、城市道路、林区道路、厂矿道路工程的设计、标准设计和竣工的制图。道路工程制图除应遵守本标准外，还应符合现行国家有关标准的规定。

目前在工程制图及绘制其他图样中，一般采用计算机绘图，但在工程实践中，有时要用到现场手工绘图，学生在学习过程中也经常进行手工绘图。

本项目将学习有关制图方面的基本知识。

任务1.1　选用制图工具

学习目标

掌握使用图板、丁字尺和三角板、比例尺、分规和圆规、铅笔、直线笔、绘图墨水笔、绘图小钢笔、曲线板、擦线板、建筑绘图模板及其他制图工具的方法。

1.1.1　铅笔、丁字尺、图板、三角板

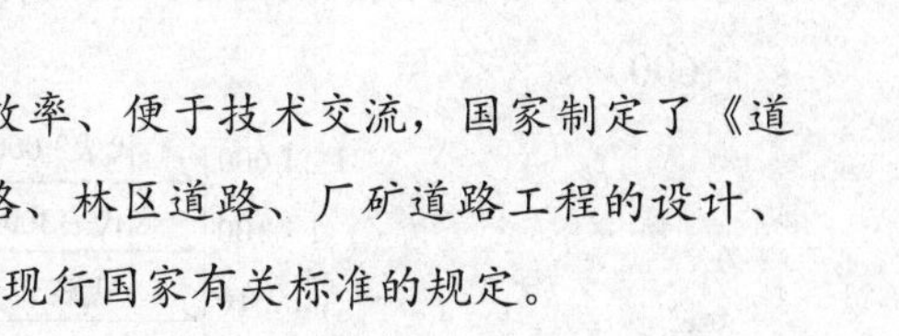

（1）铅笔。绘图铅笔的种类很多，一般根据铅芯硬度，用 B 和 H 表示，B 表示笔芯软而浓，H 表示硬而淡，HB 表示软硬适中。铅笔应削成如图 1-1（a）所示的式样，削好的铅笔一般要用 0 号

图 1-1　绘图铅笔的使用方法

（a）绘画铅笔的削法；（b）握铅笔的姿势

砂纸将铅笔芯磨成圆锥形或矩形。使用铅笔绘图时，握笔要稳，运笔要自如，如图 1-1（b）所示。画长线时可转动铅笔，使图线粗细均匀。

（2）丁字尺。丁字尺由相互垂直的尺头和尺身构成。丁字尺与图板配合主要用来绘制水平线。

（3）图板。图板主要用作绘图的垫板。因此，图板板面应质地松软、光滑平整、有弹性，图板两端要平整，四角互相垂直。图板的左侧为工作边，又称为导边。图板的大小有 0 号、1 号、2 号等各种不同规格，可根据所画图幅的大小选定。

（4）三角板。三角板与丁字尺配合，可用来绘制铅垂线和某些角度的斜线，一副三角板包括 45°和 30°、60°三角板各一块。使用三角板绘制铅垂线时，应使丁字尺尺头靠紧图板的工作边，以防产生滑动，三角板的一直角边紧靠在丁字尺的工作边上，再用左手轻轻按住丁字尺和三角板，右手持铅笔，自下而上绘制出铅垂线。

铅笔、丁字尺、图板、图纸及三角板等配合使用情况如图 1-2 所示。

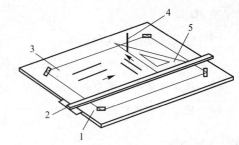

图 1-2　铅笔、丁字尺、图板、图纸及三角板

1—图板；2—丁字尺；3—图纸；4—铅笔；5—三角板

1.1.2　比例尺、圆规、分规

（1）比例尺。比例尺也称三棱尺（图 1-3），是用来按一定比例量取长度时的专用量尺，可放大或缩小尺寸。比例尺外形成三棱柱体，上面有六种不同的比例（1∶100、1∶200、1∶300、1∶400、1∶500、1∶600）。

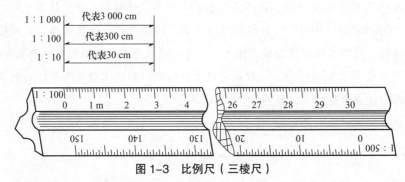

图 1-3　比例尺（三棱尺）

（2）圆规。圆规主要用来画圆及圆弧，如图 1-4 所示。

（3）分规。分规主要用来量取线段长度和等分线段，如图 1-5 所示。其形状与圆规相似，但两腿都是钢针。

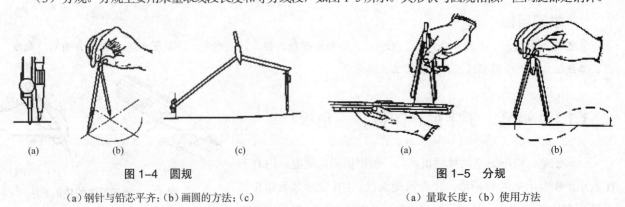

图 1-4　圆规

（a）钢针与铅芯平齐；（b）画圆的方法；（c）绘制大圆的方法

图 1-5　分规

（a）量取长度；（b）使用方法

任务1.2　运用制图标准

学习目标

了解常用的国家制图标准中的有关内容，如图纸、图线、字体、尺寸标注等。

相关知识链接

《道路工程制图标准》（GB 50162—1992）。

1.2.1　制图标准简介

中华人民共和国建设部（现中华人民共和国住房和城乡建设部），根据国家计委计综〔1989〕30号文的要求，由交通部（现交通运输部）会同各有关部门共同编制的《道路工程制图标准》已经有关部门会审。现已批准《道路工程制图标准》（GB 50162—1992）为国家标准，自1993年5月1日起施行。

本标准由交通运输部负责管理，其具体解释工作由交通运输部公路规划设计院负责。

1.2.2　图纸

1. 图幅及图框

（1）图幅及图框尺寸应符合表1-1的规定及图1-6所示的格式。

表1-1　图幅及图框尺寸　　　　　　　　　　　　　　　　　　　　　　　　　　　mm

尺寸代号＼图幅代号	A0	A1	A2	A3	A4
$b \times l$	841×1 189	594×841	420×594	297×420	210×297
a	35	35	35	30	25
c	10	10	10	10	10

（2）需要缩微后存档或复制的图纸，图框四边均应具有位于图幅长边、短边中点的对中标志（图1-6），并应在下图框线的外侧，绘制一段长100 mm标尺，其分格为10 mm。对中标志的线宽宜采用大于或等于0.5 mm、标尺线的线宽宜采用0.25 mm的实线绘制（图1-7）。

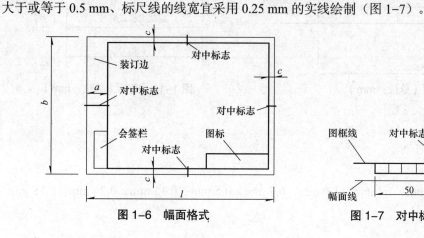

图1-6　幅面格式

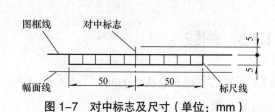

图1-7　对中标志及尺寸（单位：mm）

（3）图幅的短边不得加长。长边加长的长度，图幅 A0、A2、A4 应为 150 mm 的整倍数，图幅 A1、A3 应为 210 mm 的整倍数。

2. 图标及会签栏

（1）图标应布置在图框内右下角（图 1-6）。图标外框线线宽宜为 0.7 mm；图标内分格线线宽宜为 0.25 mm。

（2）图标应采用图 1-8 所示中的一种。

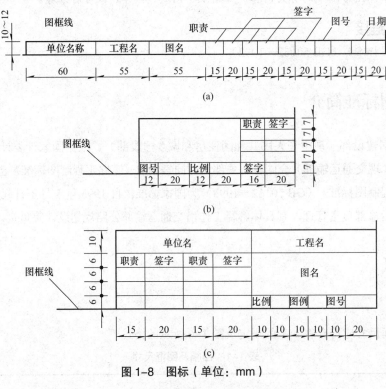

图 1-8　图标（单位：mm）

（a）图标一；（b）图标二；（c）图标三

（3）会签栏宜布置在图框外左下角（图 1-6），并应按图 1-9 绘制。会签栏外框线线宽宜为 0.5 mm，内分格线线宽宜为 0.25 mm。

（4）当图纸需要绘制角标时，应布置在图框内的右上角，角标线线宽宜为 0.25 mm（图 1-10）。

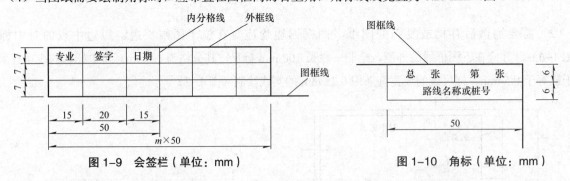

图 1-9　会签栏（单位：mm）　　　　图 1-10　角标（单位：mm）

1.2.3　图线

（1）图线的宽度 b 应从 2.0 mm、1.4 mm、1.0 mm、0.7 mm、0.5 mm、0.35 mm、0.25 mm、0.18 mm、0.13 mm 中选取。

（2）每张图上的图线线宽不宜超过3种。基本线宽b应根据图样比例和复杂程度确定。线宽组合宜符合表1-2的规定。

表1-2　线宽组

mm

线宽类别	线宽系列				
b	1.4	1.0	0.7	0.5	0.35
$0.5b$	0.7	0.5	0.35	0.25	0.25
$0.25b$	0.35	0.25	0.18（0.2）	0.13（0.15）	0.13（0.15）
注：表中括号内的数字为代用的线宽					

（3）图纸中常用线型及线宽应符合表1-3的规定。

表1-3　常用线型及线宽

名称	线型	线宽
加粗粗实线	———	$1.4b\sim2.0b$
粗实线	———	b
中实线	———	$0.5b$
加实线	———	$0.25b$
粗虚线	— — —	b
中粗虚线	- - -	$0.5b$
加虚线	- - -	$0.25b$
粗点画线	—·—·—	b
中粗点画线	—·—·—	$0.5b$
细点画线	—·—·—	$0.25b$
粗双点画线	—··—··—	b
中粗双点画线	—··—··—	$0.5b$
细双点画线	—··—··—	$0.25b$
折断线	—/\—	$0.25b$
波浪线	～～～	$0.25b$

（4）虚线、长虚线、点画线、双点画线和折断线应按图1-11所示的绘制。

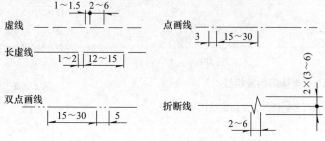

图1-11　图线的画法（单位：mm）

（5）相交图线的绘制应符合下列规定：

1）当虚线与虚线或虚线与实线相交接时，不应留空隙［图1-12（a）］；

2）当实线的延长线为虚线时，应留空隙 [图 1-12（b）]；

3）当点画线与点画线或点画线与其他图线相交时，交点应设在线段处 [图 1-12（c）]。

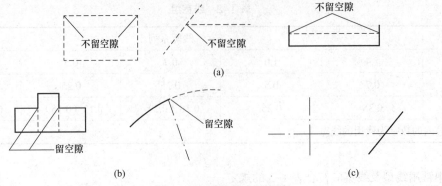

图 1-12　图线相交的画法

（a）不应留空隙；（b）应留空隙；（c）交点应设在线段处

（6）图线间的净距不得小于 0.7 mm。

1.2.4　坐标

（1）坐标网格应采用细实线绘制，南北方向轴线代号应为 X，东西方向轴线代号应为 Y。坐标网格也可采用十字线代替 [图 1-13（a）]。

坐标值的标注应靠近被标注点，书写方向应平行于网格或网格延长线上。数值前应标注坐标轴线代号。当无坐标轴线代号时，图纸上应绘制指北标志 [图 1-13（b）]。

（2）当坐标值位数较多时，可将前面相同数字省略，但应在图纸中说明。坐标数值也可采用间隔标注。

（3）当需要标注的控制坐标点不多时，宜采用引出线的形式标注。水平线上、下应分别标注 X 轴、Y 轴的代号及数值（图 1-14）。当需要标注的控制坐标点较多时，图纸上可仅标注点的代号，坐标数值可在适当位置列表示出。坐标数值的计量单位应采用 m，并精确至小数点后三位。

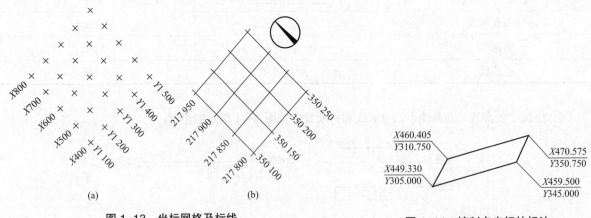

图 1-13　坐标网格及标线

（a）有坐标轴线代号；（b）无坐标轴线代号

图 1-14　控制点坐标的标注

1.2.5　比例

（1）绘图的比例，应为图形线性尺寸与相应实物实际尺寸之比。比例大小即为比值大小，如 1：50 大于 1 ： 100。

（2）绘图比例的选择，应根据图面布置合理、匀称、美观的原则，按图形大小及图面复杂程度确定。

（3）比例应采用阿拉伯数字表示，宜标注在视图图名的右侧或下方，字高可为视图图名字高的 70%〔图 1-15（a）〕。

当同一张图纸中的比例完全相同时，可在图标中注明，也可在图纸中适当位置采用标尺标注。当竖直方向与水平方向的比例不同时，可用 V 表示竖直方向比例，用 H 表示水平方向比例〔图 1-15（b）〕。

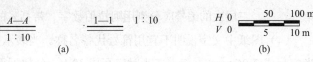

图 1-15　比例的标注

（a）用阿拉伯数字表示；（b）用标尺标注

（4）绘图采用的比例见表 1-4。

表 1-4　绘图采用的比例

常用比例	1 ： 1、1 ： 2、1 ： 5、1 ： 10、1 ： 20、1 ： 50、1 ： 100、1 ： 150、1 ： 200、1 ： 500、1 ： 1 000、 1 ： 2 000、1 ： 5 000、1 ： 10 000、1 ： 20 000、1 ： 50 000、1 ： 100 000、1 ： 200 000
可用比例	1 ： 3、1 ： 4、1 ： 6、1 ： 15、1 ： 25、1 ： 30、1 ： 40、1 ： 60、1 ： 80、1 ： 250、1 ： 300、 1 ： 400、1 ： 600

1.2.6　字体及书写方法

图纸上的文字、数字、字母、符号、代号等均应笔画清晰、字体端正、排列整齐、标点符号清楚正确。文字的字高尺寸系列为 2.5 mm、3.5 mm、5 mm、7 mm、10 mm、14 mm、20 mm。当采用更大字体时，其字高应按的比例递增。

（1）图纸中的汉字应采用长仿宋体，字的高、宽尺寸可按表 1-5 的规定采用。

表 1-5　长方宋体汉字的高、宽尺寸　　　　　　　　　　mm

字高	20	14	10	7	5	3.5	2.3
字宽	14	10	7	5	3.5	2.5	1.8

注：当采用打字机打印汉字时，宜选用仿宋体或高宽比为 $\sqrt{2}$ 的字型

图册封面、大标题等的字体宜采用仿宋体等易于辨认的字体。图中汉字应采用国家公布使用的简化汉字。除有特殊要求外，不得采用繁体字。

（2）图纸中的阿拉伯数字、外文字母、汉语拼音字母笔画宽度，宜为字高的 1/10。在同一册图纸中，数字与字母的字体可采用直体或斜体。直体笔画的横与竖应成 90°；斜体字字头向右倾斜，与水平线应成 75°；字母不得采用手写体（图 1-16）。大写字母的宽度宜为字高的 2/3，

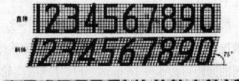

图 1-16　字例

小写字母的高度应以 b、f、h、p、g 为准，字宽宜为字高的 1/2。a、m、n、o、c 的字宽宜为上述小写字母高度的 2/3。

（3）当图纸中有需要说明的事项时，宜在每张图的右下角、图标上方加以叙述。该部分文字应采用"注"标明，字样"注"应写在叙述事项的左上角。每条注的结尾应标以句号"。"。说明事项需要划分层次时，第一、二、三层次的编号应分别用阿拉伯数字、带括号的阿拉伯数字及带圆圈的阿拉伯数字标注。

（4）图纸中文字说明不宜用符号代替名称。当表示数量时，应采用阿拉伯数字书写。如三千零五十毫米应写成 3 050 mm，三十二小时应写成 32 h。分数不得用数字与汉字混合表示。如五分之一应写成 1/5，不得写成 5 分之 1。不够整数位的小数数字，小数点前应加 0 定位。

（5）当图纸需要缩小复制时，图幅 A0、A1、A2、A3、A4 中汉字字高，分别不应小于 10 mm、7 mm、5 mm、3.5 mm。

1.2.7　尺寸标注

尺寸应标注在视图醒目的位置。计量时，应以标注的尺寸数字为准，不得用量尺直接从图中量取。

1. 尺寸的组成

尺寸应由尺寸界线、尺寸线、尺寸起止符和尺寸数字组成。

尺寸界线与尺寸线均应采用细实线。尺寸起止符宜采用单边箭头表示，箭头在尺寸界线的右边时，应标注在尺寸线之上；反之，应标注在尺寸线之下。箭头大小可按绘图比例取值。尺寸起止符也可采用斜短线表示。把尺寸界线按顺时针转 45°，作为斜短线的倾斜方向。在连续表示的小尺寸中，也可在尺寸界线同一水平的位置，用黑圆点表示尺寸起止符。尺寸数字宜标注在尺寸线上方中部。当标注位置不足时，可采用反向箭头。最外边的尺寸数字，可标注在尺寸界线外侧箭头的上方，中部相邻的尺寸数字可错开标注（图 1-17）。

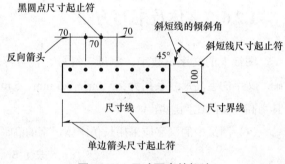

图 1-17　尺寸要素的标注

2. 尺寸界线、尺寸线、尺寸数字

（1）尺寸界线。尺寸界线的一端应靠近所标注的图形轮廓线，另一端宜超出尺寸线 1～3 mm。图形轮廓线、中心线也可作为尺寸界线。尺寸界线宜与被标注长度垂直；当标注困难时，也可不垂直，但尺寸界线应相互平行（图 1-18）。

（2）尺寸线。尺寸线必须与被标注长度平行，不应超出尺寸界线，任何其他图线均不得作为尺寸线。在任何情况下，图线不得穿过尺寸数字。相互平行的尺寸线应从被标注的图形轮廓线由近向远排列，平行尺寸线间的间距可为 5～15 mm。分尺寸线应离轮廓线近，总尺寸线应离轮廓线远（图 1-19）。

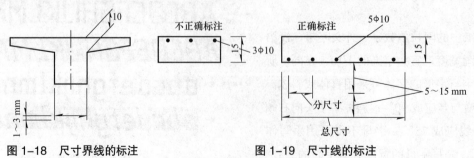

图 1-18　尺寸界线的标注　　　　图 1-19　尺寸线的标注

8

（3）尺寸数字。尺寸数字及文字书写方向应按图1-20所示标注。

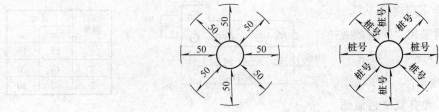

图1-20 尺寸数字、文字的标注

3. 大样图范围、引出线

（1）当用大样图表示较小且复杂的图形时，其放大范围应在原图中采用细实线绘制圆形或较规则的图形圈出，并用引出线标注（图1-21）。

（2）引出线的斜线与水平线应采用细实线，其交角 α 可按 90°、120°、135°、150° 绘制。当视图需要文字说明时，可将文字说明标注在引出线的水平线上；当斜线在一条以上时，各斜线宜平行或交于一点（图1-22）。

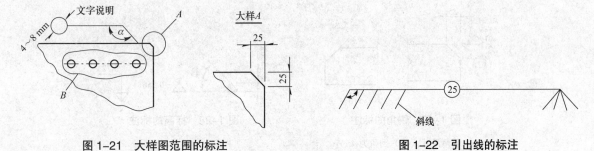

图1-21 大样图范围的标注　　　　　　　　　图1-22 引出线的标注

4. 圆、圆弧、角度

（1）半径与直径可按图1-23（a）所示标注。当圆的直径较小时，半径与直径可按图1-23（b）所示标注；当圆的直径较大时，半径尺寸的起点可不从圆心开始 [图1-23（c）]。半径和直径的尺寸数字前，应标注 "r（R）" 或 "d（D）"。

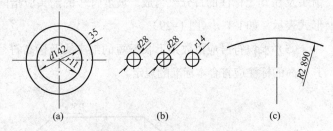

图1-23 半径与直径的标注

（a）半径与直径；（b）圆的直径较小；（c）圆的直径较大

（2）圆弧尺寸宜按图1-24（a）所示标注，当弧长分为数段标注时，尺寸界线也可沿径向引出，如图1-24（b）所示。弦长的尺寸界线应垂直该圆弧的弦，如图1-24（c）所示。

（3）角度尺寸线应以圆弧表示，角的两边为尺寸界线，角度数值宜写在尺寸线上方中部。当角度太小时，可将尺寸线标注在角的两条边的外侧。角度数字宜按图1-25所示标注。

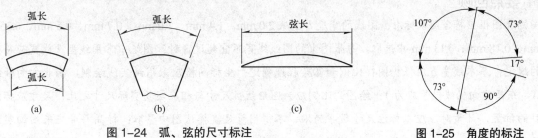

图1-24 弧、弦的尺寸标注　　　　　　　　　图1-25 角度的标注

（a）平行尺寸界线；（b）径向尺寸界线；（c）弦长的尺寸

5. 其他

（1）尺寸的简化画法应符合下列规定：

1）连续排列的等长尺寸可采用"间距数乘间距尺寸"的形式标注，如图1-26（a）所示。

2）两个相似图形可仅绘制一个，未示出图形的尺寸数字可用括号表示。如有数个相似图形，当尺寸数值各不相同时，可用字母表示，其尺寸数值应在图中适当位置列表示出，如图1-26（b）所示。

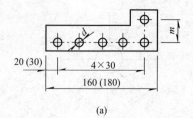

编号	尺寸	
	m	d
1	25	10
2	40	20
3	60	30

图1-26　相似图形的标注

（a）标注；（b）列表

（2）倒角尺寸可按图1-27（a）所示标注，当倒角为45°时，也可按图1-27（b）所示标注。

（3）标高符号应采用细实线绘制的等腰三角形表示，高为2～3 mm，底角为45°。顶角应指至被注的高度，顶角向上、向下均可。标高数字宜标注在三角形的右边。负标高应冠以"–"号，正标高（包括零标高）数字前不应冠以"+"号。当图形复杂时，也可采用引出线形式标注（图1-28）。

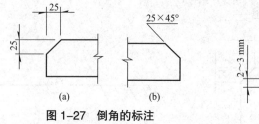

图1-27　倒角的标注

（a）倒角尺寸；（b）倒角为45°

图1-28　标高的标注

（4）当坡度值较小时，坡度的标注宜用百分率表示，并应标注坡度符号。坡度符号应由细实线、单边箭头及在其上标注的百分数组成。坡度符号的箭头应指向下坡。当坡度值较大时，坡度的标注宜用比例的形式表示，如1：n（图1-29）。

（5）水位符号应由数条上长下短的细实线及标高符号组成。细实线间的间距宜为1 mm（图1-30）。其标高的标注应符合本标准的规定。

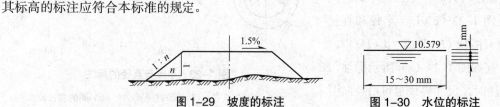

图1-29　坡度的标注　　　　图1-30　水位的标注

🧰 知识扩展建议

请阅读《房屋建筑制图统一标准》（GB/T 50001—2017），对以后的学习会有帮助。

🧮 要点回顾

图幅及图框应符合国家标准；图线的宽度b应从2.0 mm、1.4 mm、1.0 mm、0.7 mm、0.5 mm、0.35 mm、0.25 mm、0.18 mm、0.13 mm中选取，每张图上的图线线宽不宜超过3种；图纸中常用线型及线宽应符合国家标准的规定；基本线宽b应根据图样比例和复杂程度确定；坐标网格应采用细实线绘制，南北方向轴线代号应为X，东西方向轴线代号应为Y；绘图的比例应为图形线性尺寸与相应实物实际尺寸之比；尺寸应标注在视图醒目的位置，计量时，应以标注尺寸数字为准，不得用量尺直接从图中量取；标高符号应采用细实线绘制的等腰三角形表示，高为2～3 mm，底角为45°。

任务1.3 应用几何作图法

学习目标

掌握几种常见的几何作图方法。

相关知识链接

初、高中数学知识。

1.3.1 分已知线段为任意等份

图1-31所示为已知线段5等分的作图方法。

已知直线 AB，过 A 点作任意一直线 AC，在 AC 上任意截5等份，标注1、2、3、4、5点；分别过各等分点作 BC 的平行线交 AB，所得到的5个点为直线 AB 的5个等分点。

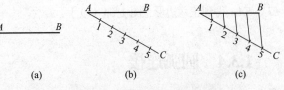

图1-31 已知线段5等分

（a）直线 AB；（b）截5等份；（c）得到 AB 的5个等分点

1.3.2 分两行平行线间的距离为任意等份

图1-32所示为分两行平行线间的距离为5等份的作图方法。

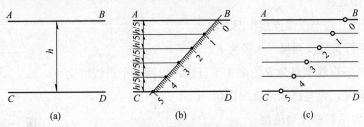

图1-32 分两行平行线间的距离为5等份

（a）已知条件；（b）找点；（c）完成

已知平行线 AB、CD，其间距为 h；将直尺上刻度的0点固定在 AB 上并以0为圆心摆动直尺，使刻度的5点落在 CD 上，在1、2、3、4、5各点处做标记；过各分点作 AB 的平行线即为所求。

1.3.3 绘制正多边形

1. 作已知圆正五边形

图1-33所示为已知圆正五边形作图方法。

（1）作已知圆 O [图1-33（a）]。

（2）分别以 O、F 为圆心，以适当长为半径画弧，得到相交的两点，连

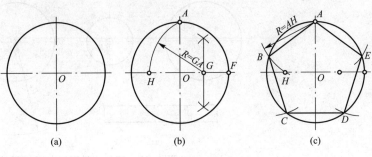

图1-33 作正五边形

（a）已知圆；（b）找点；（c）完成

接两点（该连线为 OF 的垂直平分线）交 OF 于点 G，以点 G 为圆心，以 GA 为半径画弧，交 FO 的延长线于点 H ［图 1-33（b）］。

（3）以点 A 为圆心，以 AH 为半径画弧，交圆 O 于点 B、E，分别以点 B、E 为圆心，以 AH 为半径画弧，交圆 O 于点 C、D，用直线连接 AB、BC、CD、DE、EA，得到正五边形 ［图 1-33（c）］。

2. 作已知圆正六边形

图 1-34 所示为正六边形作图方法。

（1）作已知圆 O ［图 1-34（a）］。

（2）分别以 A、D 为圆心，以圆 O 半径为半径画弧，交圆 O 于点 B、C、E、F ［图 1-34（b）］。

（3）用直线连接 AB、BC、CD、DE、EF、FA，得到正六边形 ［图 1-34（c）］。

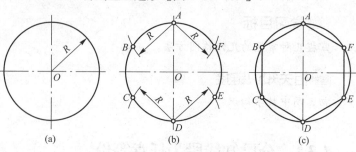

图 1-34 作正六边形

（a）已知圆；（b）找点；（c）完成

1.3.4 圆弧连接

1. 一条直线与圆弧连接

图 1-35 所示为一条直线与圆弧连接作图方法。

（1）已知一条直线及一圆弧（半径为 R）。

（2）画出与直线距离为 R 的一条平行线，过已知直线的端点作垂线，交于点 O，以 O 为圆心，以 R 为半径画弧，则与已知直线相切。

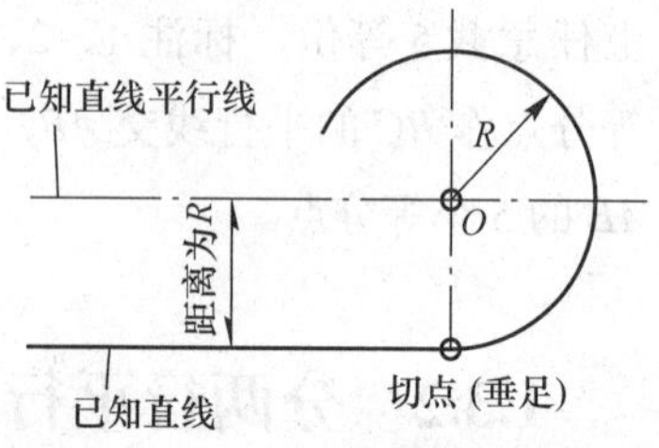

2. 两条直线与圆弧连接

图 1-36 所示为两条直线与圆弧连接作图方法。

（1）已知两条不平行直线及圆弧（半径为 R）。

（2）分别画出与两条直线距离为 R 的两条平行线，以两条平行线的交点为圆心，以 R 为半径画弧，则与已知两直线相切。

3. 已知半径圆弧与两圆弧外切连接

图 1-37 所示为已知半径圆弧与两圆弧外切连接作图方法。

（1）已知圆 O_1（半径为 R_1）、圆 O_2（半径为 R_2）、圆弧（半径为 R）及圆 O_1、圆 O_2 的相对位置 ［图 1-37（a）］。

（2）分别以点 O_1、O_2 为圆心，以 $R+R_1$、$R+R_2$ 为半径画弧，相交于点 O；以点 O 为圆心，以 R 为半径画弧，分别与圆 O_1、圆 O_2 相交于点 T_1、T_2，T_1、T_2 即为两个切点，如图 1-37（b）所示。

图 1-35 一条直线与圆弧连接

图 1-36 两条直线与圆弧连接

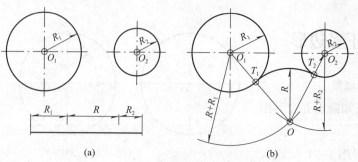

图 1-37 已知半径圆弧与两圆弧外切连接

（a）已知条件；（b）作图过程

4. 已知半径圆弧与两圆弧内切连接

图 1-38 所示为已知半径圆弧与两圆弧内切连接的作图方法。

（1）已知圆 O_1（半径为 R_1）、圆 O_2（半径为 R_2）、圆弧（半径为 R）及圆 O_1、圆 O_2 的相对位置，如图 1-38（a）所示。

（2）分别以点 O_1、O_2 为圆心，以 $R-R_1$、$R-R_2$ 为半径画弧，相交于点 O；以点 O 为圆心，以 R 为半径画弧，分别与圆 O_1、圆 O_2 相交于点 T_1、T_2，T_1、T_2 即为两个切点，如图 1-38（b）所示。

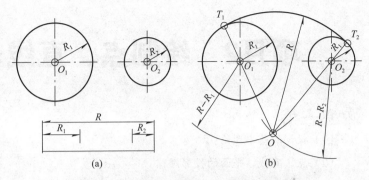

图 1-38　已知半径圆弧与两圆弧内切连接

（a）已知条件；（b）作图过程

1.3.5　已知长轴、短轴画椭圆（四心法）

图 1-39 所示为已知长、短轴画椭圆（四心法）的作图方法。

已知椭圆长轴 AB、短轴 CD [图 1-39（a）]。

（1）连接 AC [图 1-39（a）]，以 O 为圆心，以 OA 为半径画弧，相交 DC 延长线于点 E；以点 C 为圆心，以 CE 为半径画弧交 AC 于点 F，如图 1-39（b）所示。

（2）作 AF 的垂直平分线，并交长轴 AB 于点 O_1，交短轴 CD 于点 O_2；作出 O_1 和 O_2 的对称点 O_3 和 O_4，如图 1-39（c）所示。

（3）连接 O_2O_1、O_2O_3、O_4O_1、O_4O_3 并延长，分别以点 O_2、O_4 为圆心，以 O_2C、O_4D 为半径，画圆弧交 O_2O_1、O_2O_3、O_4O_1、O_4O_3 延长线于点 G、I、H、J；分别以点 O_1、O_1 为圆心，以 O_1G（或 O_1H）、O_3i（或 O_3J）为半径，画圆弧交于点 G、H、I、J，即得所求的近似椭圆，如图 1-39（d）所示。

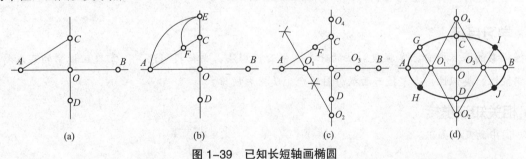

图 1-39　已知长短轴画椭圆

（a）已知条件；（b）得到点 F；（c）得到点 O_1、O_2、O_3、O_4；（d）完成作图

🧰 **知识扩展建议**

除本书介绍的图形外，对其他图形也要有所了解并能绘制。

📟 **要点回顾**

对已知线段进行任意等分时，是通过作一条斜线（推荐与已知线段呈 30°～50°）来完成的；绘制正多边形时，是通过已知圆的方法完成的；直线与圆弧连接时，应注意直线与圆弧是相切的；两圆弧连接时，其连接点是相切的；画已知长轴、短轴椭圆（四心法）是一种近似画法，应注意各圆心的位置。

项目2 绘制点、直线、平面的投影

知识要点

（1）投影的基本理论。

（2）点、直线、平面的投影规律。

能力要求

（1）能够掌握形体投影的形成、投影法分类。

（2）会绘制点的三面投影，掌握点的投影规律、作图方法，掌握点的三面投影特性；了解重影点的特性。

（3）会绘制直线的三面投影，掌握各种位置直线的投影特性。

（4）会绘制平面的三面投影，掌握各种位置平面的投影特性，掌握特殊位置平面的投影特点及作图。

（5）理解点和直线在平面上的几何条件，掌握投影的作图方法。

新课导入

在生产实际工作中，设计部门、建设（制造）部门普遍使用图形求表达形体的形状及大小，而这些图形是用投影的方法得到的。所以，投影知识是最基础的知识，要想学好工程图，首先要学好投影知识。

本项目介绍投影的一些基本知识及点、直线、平面的投影规律和作图方法。

任务2.1 认识投影基本知识

学习目标

掌握投影的基本概念，掌握投影法的分类（中心投影法、平行投影法）；掌握正投影的基本特征（显实性、积聚性、类似性）；掌握三面投影图的产生及投影规律。

相关知识链接

初、高中的几何知识。

2.1.1 投影的基本概念和投影法分类

1. 投影的基本概念

在日常生活中，人们对"形影不离"的现象已习以为常，知道影子形成要有光线、形体及投影面。经阳光或灯光照射的形体会在地面或墙面上产生影子，这就是投影现象。图 2-1 所示为经阳光照射的形体在地面上产生影子的图片。

如果将这种现象抽象总结，将发光点称为光源，光线称为投射线，地面或墙面称为投影面，形体在投影面上的影像称为形体在投影面上的投影。这种用光线照射形体，在投影面上投影产生影像的方法称为投影法。

如图 2-2 所示，$\triangle ABC$ 在点光源 S 照射下，在平面 P 上投射的影像为 $\triangle abc$，该影像称为投影；

光源 S 称为投射中心；光线 SAa、SBb、SCc 称为投射线；投影所在的平面 P 称为投影面。

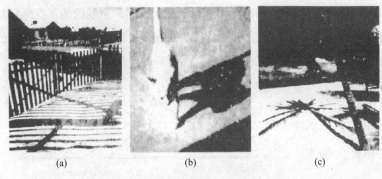

图 2-1　阳光照射物体产生影子的图片

（a）木围栏的影子；（b）小猫的影子；（c）树木的影子

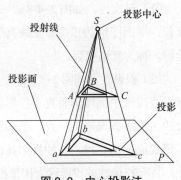

图 2-2　中心投影法

2. 投影法的分类

投影法可分为中心投影法和平行投影法两大类。

（1）中心投影法。如图 2-2 所示，投射中心 S（光源）在有限的距离内发出放射状投射线 SA、SB、SC，延长这些投射线与投影面 P 相交，作出的投影点 a、b、c 即为三角形各顶点 A、B、C 在平面 P 上的投影。由于投射线均从投射中心出发，所以，这种投影法称为中心投影法。

（2）平行投影法。如图 2-3 所示，当投射中心 S（光源）在无限远处时，所有投射线互相平行，用平行投射线作出投影的方法称为平行投影法。在平行投影法中，S 表示投射方向。根据投射方向 S 与投影面 P 倾角的不同，平行投影法又可分为斜投影法和正投影法两种。

1）斜投影法。当投射线采用平行光线，而且投射线倾斜于投影面时所作出的平行投影，称为斜投影，如图 2-3（a）所示，作出斜投影的方法称为斜投影法。

2）正投影法。当投射线采用平行光线，而且投射线垂直于投影面时所作出的平行投影，称为正投影，如图 2-3（b）所示，作出正投影的方法称为正投影法。根据正投影法所得到的图形称为正投影图。正投影图直观性不强，但能准确反映形体的真实形状和大小，图形度量性好，便于尺寸标注，而且投影方向垂直于投影面，作图方便。绝大多数工程图纸都是采用正投影法绘制的。

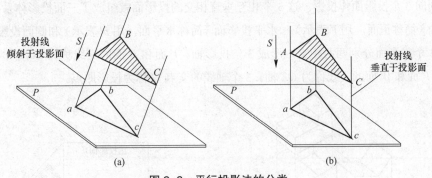

图 2-3　平行投影法的分类

（a）斜投影法；（b）正投影法

2.1.2　正投影的基本特征

依据正投影法得到的空间形体的图形称为空间形体的正投影，简称投影。若无特殊说明，本书中所指的投影均为正投影。正投影的基本特征如下：

（1）显实性。如图2-4（a）、（d）所示，当直线段或平面图形平行于投影面时，直线段的正投影反映真长，平面图形的正投影反映真形，这种特性称为显实性或度量性。反映线段或平面图形的真长或真形的投影，称为真形投影。

（2）积聚性。如图2-4（b）、（e）所示，当直线段或平面图形垂直于投影面时，直线段的正投影积聚成为一点，平面图形的正投影积聚成一条直线，这种投影特性称为积聚性。具有积聚性的投影称为积聚投影。

（3）类似性。如图2-4（c）、（f）所示，当直线段或平面图形倾斜于投影面时，直线段的投影仍为直线，但小于真长；平面图形的投影小于真实形状，但类似空间平面图形，图形的基本特征不变，如多边形的投影仍为多边形，其边数、平行关系、凹凸、曲直等保持不变，这种投影特性称为类似性。

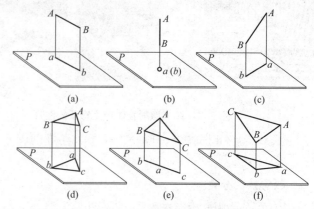

图2-4　正投影的基本特性

（a）直线平行于投影面；（b）直线垂直于投影面；（c）直线倾斜于投影面；
（d）平面平行于投影面；（e）平面垂直于投影面；（f）平面倾斜于投影面

2.1.3　三面投影

1. 三面投影体系的建立

形体的一个投影不能确定形体的形状。如图2-5所示，两个完全不同形状的形体，在同一投影面上的投影却相同。这说明仅仅根据一个投影不能完整地表达形体的形状和大小。要确切地反映形体的完整形状和大小，必须增加由不同的投射方向、在不同的投影面上所得到的投影，互相补充，才能将形体表达清楚。

根据实际的需要，通常将空间形体放在图2-6所示的3个互相垂直相交的平面所组成的投影面体系中，然后将形体分别向3个投影面作投影。这3个相互垂直相交的投影面就组成了三面投影体系。3个投影面分别称为正投影面（简称正面，用V表示）、水平投影面（简称水平面，用H表示）和侧面投影面（简称侧面，用W表示）。3个投影面分别两两相交，形成3条投影轴。V面和H面的交线称为OX轴；H面和W面的交线称OY轴；V面和W面的交线称为OZ轴。3个轴线的交点O称为投影原点。

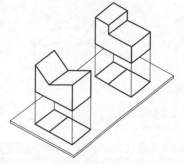

图2-5　不同形状形体的投影相同

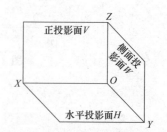

图2-6　三面投影体系的建立

2. 三面投影的投影规律

如图2-7（a）所示，将形体放置于三面投影图体系中，按照正投影法分别向V面、H面、W面3个投影面进行投影，即可得到该形体的三面投影。由形体的前方向后投射，在正面上所得到的投影称为正面投影或 V 面投影；由形体的上方向下投射，在水平面上所得到的投影称为水平投影或 H 面投影；由形体的左方向右投射，在侧面上所得到的投影称为侧面投影或 W 面投影。

在工程图纸上，形体的 3 个投影是画在同一平面上的。为了使处于空间位置的三面投影能绘制在同一张图纸上，在绘图时必须将相互垂直的 3 个投影面展开为一个平面，其展开的方法是：正面保持不动，将水平面绕 OX 轴向下旋转 90°，将侧面绕 OZ 轴向右旋转 90°，将 V 面、H 面、W 面展开为同一平面，如图 2-7（b）所示。

当投影面展开时，OX 轴和 OZ 轴保持不动，OY 轴展开后分为两根，一根随 H 面旋转到 OZ 轴的正下方，与 OZ 轴成一条直线，用 OY_H 轴表示；另一根随 W 面旋转到 OX 的正右方，与 OX 轴成一条直线，用 OY_W 轴表示。由于在实际绘图时不必绘制出投影面的边框，所以，省去边框不画就得到如图 2-7（c）所示的三面投影图。

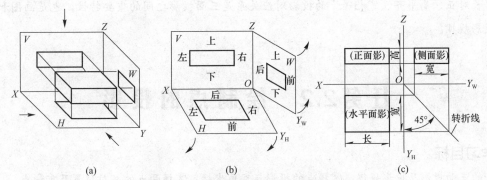

图 2-7　三面投影图的形成及其投影规律

（a）直观图；（b）展开图；（c）投影图

形体的左右、前后、上下及长、宽、高是初学者容易混淆的内容，如图 2-7 所示。

从图 2-7 中可以看出，3 个投影图之间存在下述投影关系：

（1）正面投影与水平投影——长对正。

（2）正面投影与侧面投影——高平齐。

（3）水平投影与侧面投影——宽相等。

"长对正、高平齐、宽相等"的投影对应关系是三面投影的重要特性，是画图和读图时必须遵守的投影规律。这种对应关系无论是对整个形体，还是对形体的每一个组成部分都成立。在运用这一规律画图和读图时，要特别注意形体的水平投影与侧面投影的前后对应关系，即"宽相等"的关系。

下面以图 2-8（a）所示的形体为例，说明三面投影的绘制方法与步骤。

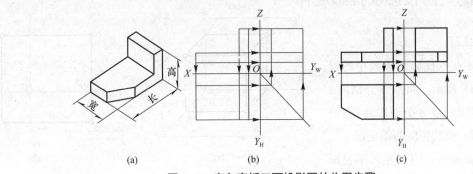

图 2-8　直角弯板三面投影图的作图步骤

（a）立体图；（b）作图过程；（c）投影图

（1）建立坐标轴。

（2）根据尺寸及选定的投影方向，确定布图方位，先作出 V 面或 W 面投影图，按照"长对正、高平齐、宽相等"投影对应关系，作出 H 面投影图，如图 2-8（b）所示。

（3）检查无误后，完成三面投影图，如图 2-8（c）所示。

📛 知识扩展建议

多注意观察周围各种物体的形状，可在纸张上勾画其三面投影的示意图。

⌨ 要点回顾

（1）投影法可分为中心投影法和平行投影法两大类，平行投影法又可分为斜投影法和正投影法两种。

（2）正投影具有显实性、积聚性、类似性基本特征。

（3）"长对正、高平齐、宽相等"的投影对应关系是三面投影之间的重要特性，也是画图和读图时必须遵守的投影规律。

任务2.2　绘制点的投影

📛 学习目标

掌握点的三面投影及投影规律，掌握点的投影与直角坐标，掌握两点的相对位置及重影点。

⌨ 相关知识链接

任务2.1　认识投影基本知识。

一切物体的构成都离不开点、直线、面（平面、曲面）等基本几何元素。例如，图 2-9 所示的房屋建筑形体是由 7 个侧面所围成的，各个侧面相交形成 15 条侧棱线，各侧棱线又相交于点 A、B、C、D、…、J 等 10 个顶点。从分析的观点看，只要将这些顶点的投影绘制出来，再用直线将各点的投影一一连接起来，便可以作出一个形体的投影。掌握点的投影规律是研究线、面、体投影的基础。

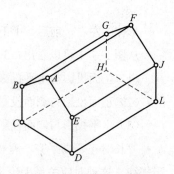

图 2-9　房屋建筑形体

2.2.1　点的三面投影及投影规律

1. 点的三面投影

表示空间点 A 在三投影面体系中的投影，如图 2-10（a）所示，将点 A 分别向 3 个投影面投射，就是过点 A 分别作垂直于 3 个投影面的投射线，则其相应的垂足 a、a'、a'' 就是点 A 的三面投影。点 A 在水平投影面上的投影用 a 表示，称为点 A 的水平投影；在正投影面上的投影用 a' 表示，称为

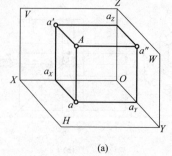

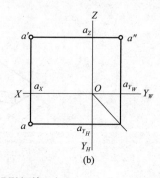

图 2-10　点的投影规律

（a）直观图；（b）投影图

点 A 的正面投影；在侧面投影面上的投影用 a'' 表示，称为点 A 的侧面投影。图 2-10（b）所示为点 A 的三面投影图。

2. 三面投影体系中点的投影规律

从图 2-10（a）可知，平面 $Aa'a_Xa$ 是一个矩形，$a'a_X$ 与 Aa 平行并且相等，反映出点 A 到 H 面的距离；aa_X 与 Aa' 平行并且相等，反映出点 A 到 V 面的距离；aa_Y 与 Aa'' 平行并且相等，反映出点 A 到 W 面的距离。

可见三面投影体系中点的投影规律如下：

（1）点的 V 面投影和 H 面投影的连线垂直于 OX 轴，即 $aa'' \perp OX$。

（2）点的 V 面投影和 W 面投影的连线垂直于 OZ 轴，即 $a'a'' \perp OZ$。

（3）点的 H 面投影至 OX 轴的距离等于其 W 面投影至 OZ 轴的距离，即 $aa_X = a''a_Z$。

应用上述投影规律，可根据一点的任意两个已知投影，求得它的第 3 个投影。

【例 2-1】 如图 2-11（a）所示，已知点 A 的正面投影 a' 和侧面投影 a''，求作水平投影 a。

根据点的投影规律，即可作出点的三面投影。其步骤如下：

（1）过点 a' 按箭头方向作 $a'a_X \perp OX$ 轴，并适当延长。

（2）过点 a'' 按箭头方向作线 $a''a_W \perp OY_W$ 轴并延长，交于转折线后向左垂直交于 OY_H 轴并适当延长，与 $a'a_X$ 延长线交于点 a，点 a 即为所求，如图 2-11（b）所示。

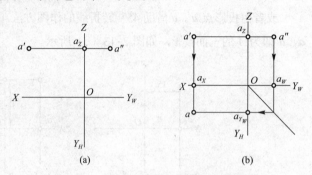

图 2-11 已知点的两面投影求第三投影

（a）已知条件；（b）作图步骤

2.2.2 点的投影与直角坐标

如图 2-12 所示，空间一点的位置可用其直角坐标表示为 $A(x, y, z)$，点 A 三面投影的坐标分别为 $a(x, y)$、$a'(x, z)$、$a''(y, z)$。

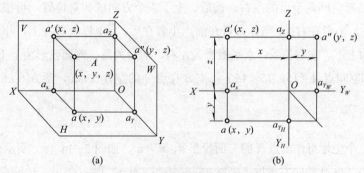

图 2-12 点的投影与直角坐标的关系

（a）直观图；（b）投影图

点 A 的直角坐标与点 A 的投影及点 A 到投影面的距离有以下关系：

（1）点 A 的 X 轴坐标（x）＝点 A 到 W 面的距离，$Aa'' = a'a_Z = aa_{Y_H} = a_X O$；

（2）点 A 的 Y 轴坐标（y）＝点 A 到 V 面的距离，$Aa' = a''a_Z = aa_X = a_{Y_W} O$；

（3）点 A 的 Z 轴坐标（z）＝点 A 到 H 面的距离，$Aa = a''a_{Y_H} = a'a_X = a_Z O$；

由于空间点的任一投影都包含了两个坐标，所以一点的任意两个投影的坐标值，就包含了确定该点空间位置的 3 个坐标，即确定了点的空间位置。可见，若已知空间点的坐标，则可求其三面投影；反之亦可。

【例 2-2】 如图 2-13 所示，已知空间点 A（15，12，20），求作点 A 的三面投影图。

根据点的投影和点的坐标之间的关系，即可作出点的三面投影。其步骤如下：

（1）画出投影轴（坐标轴），在 OX 轴上从点 O 开始向左量取 x 坐标 15 mm，定出 a_X，过点 a_X 作 OX 轴的垂线，如图 2-13（a）所示。

（2）在 OZ 轴上从点 O 开始向上量取 z 坐标 20 mm，定出 a_Z，过点 a_Z 作 OZ 轴的垂线，两条垂线的交点即为 a'，如图 2-13（b）所示。

（3）在 $a'a_X$ 的延长线上，从 a_X 向上量取 y 坐标 12 mm 得 a；在 $a'a_Z$ 的延长线上，从 a_Z 向右量取 y 坐标 12 mm 得 a''，如图 2-13（c）所示。

或者由投影点 a'、a 借助 45° 转折线的作图方法（即"宽相等"的对应关系），也可作出投影点 a''。a'、a、a' 即为 A 的三面投影，如图 2-13（c）所示。

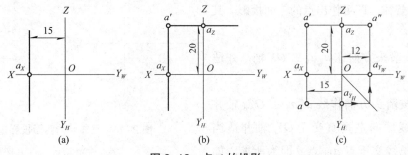

图 2-13 点 A 的投影

（a）利用 X 轴坐标；（b）利用 Z 轴坐标；（c）完成图

2.2.3 两点的相对位置及重影点

1. 两点的相对位置

两点的相对位置是指空间两个点的左右、前后、上下 3 个方向的相对位置，可根据它们的坐标关系来确定。x 坐标大者在左，小者在右；y 坐标大者在前，小者在后；z 坐标大者在上，小者在下。两点在投影中反映出：正面投影为上下、左右关系；水平投影为左右、前后关系；侧面投影为上下、前后的关系。

【例 2-3】 已知空间点 A（15，15，15），点 B 在点 A 的左方 5 mm，后方 6 mm，上方 3 mm，求作空间点 B 的三面投影。

作图步骤如下：

（1）根据点 A 的三个坐标可作出点 A 的三面投影 a、a'、a''，如图 2-14（a）所示。

（2）在 OX 轴上从点 O 开始向左量取 x 坐标 15+5 = 20（mm）得一点 b_X，过该点作 OX 轴的垂线，如图 2-14（b）所示。

（3）在 OY_H 轴上从点 O 开始向后量取 y_H 坐标 15-6 = 9（mm）得一点 b_{Y_H}，过该点作 OY_H 轴的垂线，与 OX 轴的垂线相交，交点为空间点 B 的 H 面投影 b，如图 2-14（c）所示。

（4）在 OZ 轴上从点 O 开始向上量取 z 坐标 15+3 = 18（mm）得一点 b_Z，过该点作 OZ 轴的垂线，与 OX 轴的垂线相交，交点为空间点 B 的 V 面投影 b'，再由 b 和 b' 作出 b''，完成空间点 B 的三面投影，如图 2-14（d）所示。

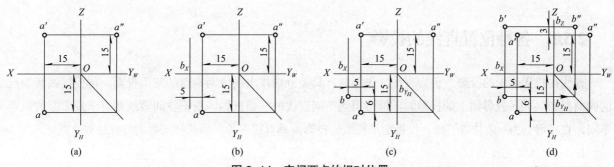

图 2-14　空间两点的相对位置

（a）完成点 A 的投影；（b）求 b_X；（c）求 b_{Y_H}、b；（d）完成图

2．重影点及其可见性

如图 2-15（a）所示，如果空间点 A 和点 B 的 x、y 坐标相同，只是点 A 的 z 坐标大于点 B 的 z 坐标，则 A、B 两点的 H 面投影 a 和 b 将重合在一起，V 面投影 a' 在 b' 之上，且在同一条 OX 轴的垂线上，W 面的投影 a″ 在 b″ 之上，且在同一条 OY_W 轴的垂线上，这种投影在某一投影面上重合的两个点，称为该投影面的重影点。重影点在标注时，将不可见的点的投影加上括号，如图 2-15（b）所示。

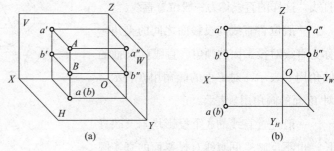

图 2-15　重影点的投影

（a）直观图；（b）投影图

💼 知识扩展建议

阅读资料，对投影变换的方法有所了解。

📖 要点回顾

（1）表示空间点在三面投影体系中的投影，将该点分别向 3 个投影面投射，就是过该点分别作垂直于 3 个投影面的投射线，则其相应的垂足就是该点的三面投影。

（2）空间一点的位置可用其直角坐标表示为 A（x，y，z），点 A 三面投影的坐标分别为 a（x，y）、a'（x，z）、a″（y，z）。

（3）将不可见的点的投影加上括号。

任务2.3　绘制直线的投影

💼 学习目标

掌握各种位置直线的投影（一般位置直线、投影面平行线、投影面垂直线），掌握求一般位置直线的实长及对投影面的倾角，掌握求直线上点的方法。

📖 相关知识链接

2.1.2 正投影的基本特征，2.1.3 三面投影，2.2.1 点的三面投影及投影规律。

2.3.1　各种位置直线的投影

直线在投影面上的投影，仍为直线。作图时，只要分别作出线段两端点的三面投影，再连接该两端点的同面投影（同一投影面上的投影），即可得到空间直线的三面投影。根据空间直线相对于投影面的位置不同，直线可分为一般位置直线、投影面平行线、投影面垂直线三种，后两种又称为特殊位置直线。

1. 一般位置直线

如图 2-16（a）所示，AB 为一般位置直线。它既不平行也不垂直于任何一个投影面，即与 3 个投影面都处于倾斜位置的直线，这样的直线称为一般位置直线。

一般位置直线与投影面之间的夹角，称为直线对投影面的倾角。直线对 H 面的倾角用 α 表示，对 V 面的倾角用 β 表示，对 W 面的倾角用 γ 表示。

一般位置直线的 3 个投影均不反映真长，也不反映空间直线对投影面的真实倾角。其投影图如图 2-16（b）所示。

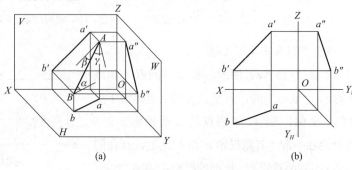

图 2-16　一般位置直线的投影

（a）直观图；（b）投影图

2. 投影面平行线

平行于某一个投影面，而倾斜于另外两个投影面的直线，称为投影面平行线。投影面平行线有 3 种位置，即平行于水平面的称为水平线；平行于正面的称为正平线；平行于侧面的称为侧平线。

投影面平行线的直观图、投影图和投影特性见表 2-1。

表 2-1　投影面平行线

项目	水平线（平行H面）	正平线（平行V面）	侧平线（平行W面）
直观图			
投影图			

项目	水平线（平行H面）	正平线（平行V面）	侧平线（平行W面）
投影特性	1. V面、W面投影均短于直线段的真长，且平行于相应的投影轴，即 $a'b'$ // OX轴而水平，$a''b''$ // OY_W轴而水平； 2. H面投影倾斜而反映直线段的真长，即 $ab = AB$； 3. ab 与水平线和垂直线的夹角，反映直线段 AB 对 V 面和 W 面的实际倾角 β、γ	1. H面、W面投影均短于直线段的真长，且平行于相应的投影轴，即 $c'd'$ // OX轴而水平、$c''d''$ // OZ轴而垂直； 2. V面投影倾斜而反映直线段的真长，即 $c'd' = CD$； 3. $c'd'$与水平、垂直线的夹角，反映直线段 CD 对 H 面和 W 面的实际倾角 α、γ	1. V面、H面投影均短于直线段的真长，且平行于相应的投影轴，即 $e'f'$ // OZ轴而垂直，ef // OY_H轴也垂直； 2. W面投影倾斜面反映直线段的真长，即 $e''f'' = EF$； 3. $e''f''$与水平线和垂直线的夹角，反映直线段 EF 对 H 面和 V 面的实际倾角 α、β

3. 投影面垂直线

直线垂直于某一个投影面时，称为投影面垂直线。投影面垂直线有 3 种位置，即垂直于水平面的称为铅垂线；垂在于正面的称为正垂线；垂直于侧面的称为侧垂线。

投影面垂直线的直观图、投影图和投影特性见表 2-2。

表 2-2 投影面平行线

项目	铅垂线（垂直H面）	正垂线（垂直V面）	侧垂线（垂直W面）
直观图			
投影图			
投影特性	1. H面投影积聚为一个点 a（b）； 2. V面、W面投影均反映直线段 AB 的真长，且分别垂直于相应的投影轴，即 $a'b' = a''b'' = CD$,$c'd' \perp OX$轴，$a''b'' \perp OY_W$轴	1. V面投影积聚为一个点 d'（c'）； 2. H面、W面投影均反映直线段 CD 的真长，且分别垂直于相应的投影轴，即 $cd = c''d'' = CD$，$cd \perp OX$轴，$c''d'' \perp OZ$轴	1. W面投影积聚为一个点 e''（f''）； 2. H面、V面投影均反映直线段 EF 的真长，且分别垂直于相应的投影轴，即 $ef = e'f' = EF$，$ef \perp OY_n$轴，$e'f' \perp OZ$轴

【例 2-4】 图 2-17 所示为正三棱锥的投影图，试分析各棱线与投影面的相对位置关系。

（1）棱线 SB：如图 2-17（a）所示，sb 与 $s'b'$ 分别平行于 OY_H 轴和 OZ 轴，可确定棱线 SB 为侧平线，侧面投影 $s''b''$ 反映棱线 SB 的真长。

（2）棱线 AC：如图 2-17（b）所示，侧面投影 $a''(c'')$ 为积聚点，可判断棱线 AC 为侧垂线，真正面投影与水平投影均反映棱线 AC 的真长，即 $a'c' = ac = AC$。

（3）棱线 SA：如图 2-17（c）所示，棱线 SA 的 3 个投影 sa、$s'a'$、$s''a''$ 对各投影轴均倾斜，由此可判断出棱线 SA 是一般位置直线。

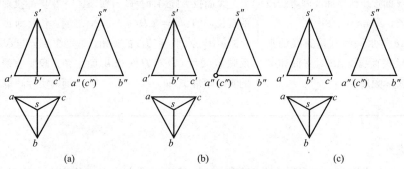

图 2-17 正三棱锥各棱线与投影面的相对位置

（a）棱线 SB 为侧平线；（b）棱线 AC 为侧重线；（c）棱线 SA 为一般位置线

2.3.2　求一般位置直线段的真长及对投影面的倾角

用直角三角形法可求出一般位置直线段的真长及其对投影面的倾角。

1. 基本原理

如图 2-18（a）所示，在一般位置直线 AB 与其水平投影 ab 所决定的平面 ABba 上，过线段端点 B 作一水平线与投影线 Aa 相交于点 C，可得到一直角三角形 ABC。其中，斜边 AB 的长度是一般位置直线本身的真长，直角边 BC 的长度等于投影 ba 的长度，直角边 AC 的长度即是线段两端点 A、B 到 H 面的距离差（$Aa - Bb = AC = a'c'$）。BC 与 AB 的夹角反映直线与投影面 H 的夹角 α 所在的位置（不反映真实夹角 α 的大小）。同理，可作出一直角三角形 BAD，从而求出直线与投影面 V 的夹角 β。

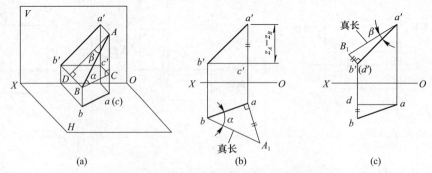

图 2-18 求一般位置直线段的真长及倾角

（a）直观图；（b）求 AB 的真长及倾角 α；（c）求 AB 的真长及倾角 β

2. 作图步骤

（1）以 ab 为一直角边，从 a 端（或 b 端）作一垂直线 aA_1。

（2）在直线 aA 上截取 $aA_1 = a'c'$（$z_A - z_B$）。

（3）连接 bA_1，得三角形 abA_1，bA_1 即为真长，bA_1 与 ab 的夹角为直线对投影面 H 面的倾角 α，如图 2-18（b）所示。

（4）同理可求出角 β 及真长，如图 2-18（c）所示。

2.3.3 直线上的点

1. 直线上点的投影

点在直线上，其投影一定落在该直线的同面投影上，且符合点的投影规律，这一特性称为从属性。如图 2-19（a）所示，因为点 C 在直线 AB 上，所以，点 C 的投影一定落在该直线的同面投影上；点 D 不在直线 AB 上，点 D 的投影一定不落在该直线的同面投影上（V 面投影 d' 与 $a'b'$ 重影）。其投影图如图 2-19（b）所示。

2. 点分直线段成定比

直线上的点分割直线段长度之比等于其同面投影长度之比。如图 2-19 所示，点 C 将直线段 AB 分成 AC 和 CB 两段，点 C 的投影 c 也分 ab 为 ac、cb 两段，则 $AC : CB = ac : cb = a'c' : c'b' = a''c'' : c''b''$。

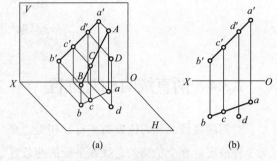

图 2-19 直线上点的投影

（a）直观图；（b）投影图

【例 2-5】 如图 2-20（a）所示，已知直线 AB 的 V 面、H 面投影，在直线 AB 上找一点 C 使其分直线 AB 为 2：3。

作图如图 2-20（b）所示，步骤如下：

（1）过点 a 引一条适当长度的辅助线 aB_1，并将其五等分。

（2）距点 a 两等分处得点 k。

（3）过点 k 作 bB_1 的平行线交 ab 得点 c。

（4）作 V 面的投影点 c'，如图 2-20（b）所示。

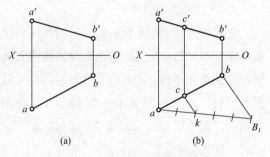

图 2-20 直线上点分割直线及投影

（a）已知条件；（b）作图过程

【例 2-6】 如图 2-21（a）所示，已知侧平线 AB 的 V 面、H 面投影及线上一点 K 在 H 面投影 k，求作 K 点的正面投影点 k'。

分析：

侧平线的 H 面、V 面投影 ab 和 $a'b'$ 在同一铅垂线上，不能根据点 k 直接在 $a'b'$ 上找到投影点 k'。因此，要先作出侧平线 AB 的 W 面投影 $a''b''$，然后根据 k 作出 k''，再根据点 k'' 作出正面投影点 k'。

作图：

如图 2-21（b）所示，详细作图过程省略。

求侧平线上点 K 的正面投影，也可以应用 $bk : ka = b'k' : k'a'$ 的定比关系。过 b' 点作一任意直线，在该线上截取 $b'm' = bk$，$m'n' = ka$，然后连接 $a'n'$，并过 m' 点作直线平行于 $a'n'$，交 $a'b'$ 于所求的点 k'，如图 2-21（c）所示。

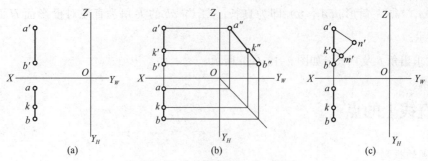

图 2-21 求作直线上点的投影

（a）已知条件；（b）方法一；（c）方法二

2.3.4 两直线的相对位置

空间两直线的相对位置有平行、相交、交叉 3 种情况，相交的两条直线或平行的两条直线都在同一平面上，称为共面直线；交叉的两条直线不在同一平面上，称为异面直线。

1. 平行两直线的投影

空间两直线互相平行，则它们的各同面投影必定互相平行；反之，若两直线的各同面投影都分别互相平行，则此两直线在空间也一定互相平行。如图 2-22 所示，当 *AB // CD* 时，它们的同面投影 *ab // cd*、*a'b'// c'd'*、*a"b"// c"d"*（图中未给出）。

对于一般位置直线和投影面垂直线，只要两条直线的两组同面投影相互平行，即可判断两条直线在空间也平行。但对于投影面平行线，则需要作出所平行的投影面上的投影，才可以判断两条直线是否平行。如图 2-23（a）所示，侧平线 *AB* 及 *CD* 的正面投影和水平投影均相互平行，但是侧面投影不平行，所以，*AB* 不平行于 *CD*。在图 2-23（b）中，侧平线

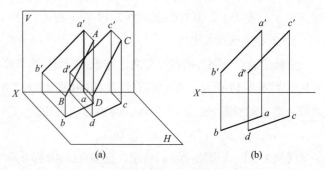

图 2-22 平行两直线的投影

（a）直观图；（b）投影图

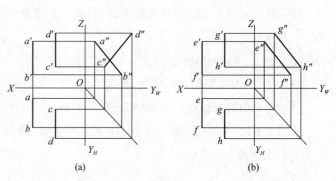

图 2-23 两条直线是否平行的判断

（a）不平行；（b）平行

EF 和 *GH* 的正面投影和水平投影均相互平行，而且侧面投影也相互平行，所以，*EF* 平行于 *GH*。

2. 相交两直线的投影

空间两直线相交，则这两直线的各同面投影也必定相交，并且各同面投影交点之间的关系应符合点的投影规律；反之，若两直线的同面投影都相交，且交点的投影符合空间点的投影规律，则该两空间直线也一定相交。如图 2-24（a）所示，直线 *AB* 与 *CD* 相交，交点为 *K*。根据交点为两直线共有点的几何性质，*K* 的 *H* 面投影 *k* 一定在直线 *AB* 的 *H* 面投影 *ab* 上，同时，也一定在直线 *CD* 的 *H* 面投影 *cd* 上，即 *k* 是 *ab* 与 *cd* 的交点。同样 *k'* 是 *a'b'* 与 *c'd'* 的交点，*k"* 是 *a"b"* 与 *c"d"* 的交点，并且 *k'k* 垂直于 *OX* 轴，*k'k"* 垂直于 *OZ* 轴，如图 2-24（b）所示。

两直线之一为投影面特殊位置直线，则在判断它们是否相交时应特别注意。

如图 2-25 所示，直线 CD 为一般位置直线，AB 为侧平线，尽管其正面投影和水平投影均相交，且正面投影交点和水平投影交点的投影连线也垂直于 OX 轴，但侧面投影交点和正面投影交点的连线不垂直于 OZ 轴，故两直线并不相交。

上述问题也可以利用定比关系进行判断。如图 2-25 所示，$a'k' : k'b' \neq ak : kb$，可以判定点 K 不在直线 AB 上，即点 K 不是直线 AB 和 CD 的交点，所以，AB 与 CD 不相交。

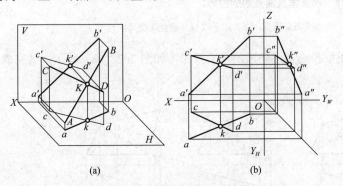

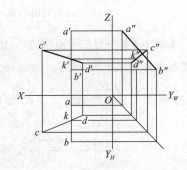

图 2-24　相交两直线的投影

（a）直观图；（b）投影图

图 2-25　两条直线是否相交的判断

3. 交叉两直线的投影

既不平行也不相交的空间两直线，称为交叉两直线。

交叉两直线的投影既不符合平行两直线的投影特性，也不符合相交两直线的投影特性。交叉两直线的同面投影可能都相交，但各同面投影交点之间的关系不符合空间点的投影规律。在特殊情况下，交叉两直线的同面投影可能互相平行，但它们在 3 个投影面上的同面投影不会全部互相平行。

如图 2-26 所示，AB 与 CD 为交叉两直线，其 H 面投影 ab 与 cd 的交点 g (j) 实际上是 AB 上的

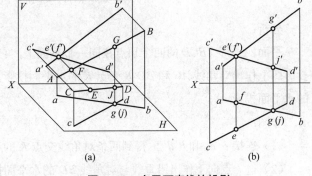

图 2-26　交叉两直线的投影

（a）直观图；（b）投影图

点 G 与 CD 上的点 J 在 H 面上的重影点，点 G 在上，点 J 在下。也就是说，向 H 面投影时，直线 AB 在点 G 处挡住了直线 CD 上的点 J。因此，点 G 可见，点 J 不可见。同样，其正面投影 a'b' 与 c'd' 的交点 e' (f') 实际上是直线 CD 上的点 E 与直线 AB 上的点 F 在正面上的重影点，点 E 在前，点 F 在后。直线 CD 在点 E 处挡住了直线 AB 上的点 F，因此，点 E 可见，点 F 不可见。

4. 相互垂直两直线

如果两条直线相互垂直，且其中一条直线平行于投影面，则此两直线在该投影面上的投影也相互垂直。

如图 2-27（a）所示，直线 AB 垂直于直线 BC，其中 AB 是水平线，所以 AB 必然垂直于投影线 Bb，并且 AB 垂直于 BC 和 Bb 所决定的平面 BCcb。因为 ab 平行于直线 AB，所以 ab 也垂直于平面 BCcb，因而也必然垂直于该平面内的 bc 线，如图 2-27（b）所示。

如图 2-27（c）所示，正平线 AB 与一般直线 CD 是交叉两直线，延长 a'b' 和 c'd'，如果它们的夹角是直角，即 a'b' 垂直于 c'd'，则直线 AB 与直线 CD 交叉垂直。

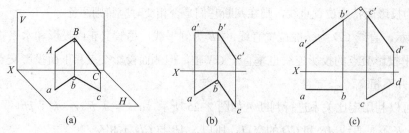

图 2-27 相互垂直两直线的投影

（a）直观图；（b）水平线与一般直线相交垂直；（c）正平线与一般直线交叉垂直

【例 2-7】 已知平面四边形 ABCD 的正面投影及两条边的水平投影，如图 2-28（a）所示，试完成该平面四边形的水平面投影。

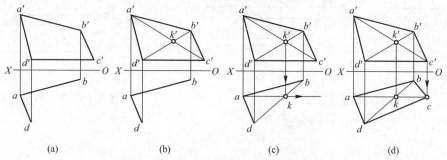

图 2-28 求作平面四边形的水平投影

（a）已知条件；（b）作图一；（c）作图二；（d）完成图

分析：

平面四边形 ABCD 的四个顶点在同一个平面上，它的对角线 AC 和 BD 必定相交于点 K。因此，可先在投影图上作出对角线 AC 和 BD 及交点 K 的水平面投影，从而确定点 C 的位置，完成整个平面四边形 ABCD 的水平面投影。

作图：

（1）连接 a'c' 和 b'd'，得到两条对角线交点 K 的正面投影点 k'，如图 2-28（b）所示。

（2）过 k' 点向下作出铅垂线与对角线 BD 的水平面投影 bd 交于 k 点。连接 ak 并延长，顶点 C 的水平面投影必定在 ak 的延长线上，如图 2-28（c）所示。

（3）过 c' 点向下作出铅垂线并与 ak 的延长线交于 c 点。连接 cb、cd，完成平面四边形 ABCD 的水平面投影，如图 2-28（d）所示。

【例 2-8】 已知直线 AB 和点 C 的投影，如图 2-29（a）所示，作出经过点 C 并与直线 AB 平行的直线 CD 的投影。

分析：

对于一般位置两直线，如果它们的两组同面投影互相平行，则此两直线在空间也一定互相平行。所求直线 CD 的投影应该在各个投影面上经过点 C 的投影并与直线 AB 的投影相平行。

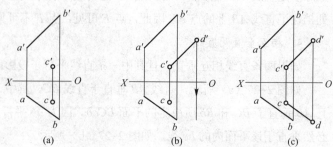

图 2-29 过已知点作已知直线的平行线

（a）已知条件；（b）作图过程；（c）完成图

作图：

（1）过点 c' 作 a'b' 的平行线 c'd'，并从点 d' 向下作 OX 轴的铅垂线，如图 2-29（b）所示。

（2）过点 c 作 ab 的平行线 cd，与过点 d' 所作的 OX 轴的铅垂线的延长线交于点 d，则 cd 和 $c'd'$ 即为所求，如图 2-29（c）所示。

【例 2-9】 已知点 A 和水平线 BC 的投影，如图 2-30（a）所示，求点 A 至直线 BC 的距离。

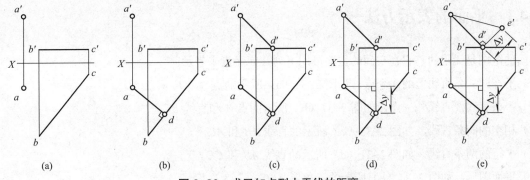

图 2-30　求已知点到水平线的距离

（a）已知条件；（b）作图一；（b）作图二；（c）作图三；（d）作图四；（e）完成图

分析：

求一点到某一直线的距离，即是求由该点到该直线所引的垂线长度。因此，本题的求解应该分为两个步骤来完成，即先过已知点 A 作水平线 BC 的垂线，然后求该垂线的真长。

作图：

（1）过点 a 作直线 BC 的垂线 AD 的水平投影，使 $ad \perp bc$，如图 2-30（b）所示。

（2）作垂线 AD 的正面投影 $a'd'$，如图 2-30（c）所示。

（3）作 A、D 两点的 y 坐标差 Δy，如图 2-30（d）所示。

（4）以 $a'd'$ 为一直角边，$d'e'$（长度为 A、D 两点的 y 坐标差 Δy）为另一直角边，作三角形 $a'd'e'$，斜边 $a'e'$ 的长度即为点 A 到直线 BC 的距离的真长，如图 2-30（e）所示。

💼 知识扩展建议

空间两条直线的相对位置［两条直线平行、两条直线相交（垂直相交）、两条直线交叉］应加强学习。

⌨ 要点回顾

（1）根据空间直线相对于投影面的位置不同，直线可分为一般位置直线、投影面平行线和投影面垂直线三种。

（2）一般位置直线的 3 个投影均不反映真长，也不反映空间直线对投影面的真实倾角。

（3）点在直线上，其投影一定落在该直线的同面投影上。

（4）空间两直线的相对位置有平行、相交、交叉三种情况。

任务2.4　绘制平面的投影

💼 学习目标

掌握平面的表示方法，掌握各种位置平面的投影（一般位置平面、投影面平行面、投影面垂直面），掌握平面上的直线和点（平面上的直线、平面上的点）的求法。

相关知识链接

2.1.2 正投影的基本特征，2.1.3 三面投影，2.2.1 点的三面投影及投影规律，2.3.1 各种位置直线的投影。

2.4.1 平面的表示方法

平面的范围是无限的，它在空间的位置可用下列几何元素来表示：

（1）不在同一条直线上的 3 个点，如图 2-31（a）所示的点 A、B、C。

（2）一条直线及直线外一点，如图 2-31（b）所示的点 A 和直线 BC。

（3）相交的两条直线，如图 2-31（c）所示的直线 AB 和 AC。

（4）平行的两条直线，如图 2-31（d）所示的直线 AB 和 CD。

（5）平面图形，如图 2-31（e）所示的三角形 ABC。

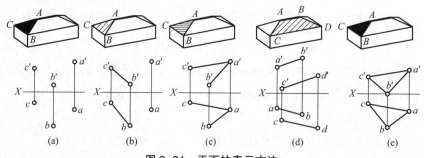

图 2-31　平面的表示方法

（a）不同线 3 个点；（b）直线及线外一点；（c）相交两直线；（d）平行的两条直线；（e）平面图形

2.4.2 各种位置平面的投影

三面投影体系中的平面，相对于投影面有 3 种不同位置，可分为一般位置平面、平行于投影面的平面（简称投影面平行面）、垂直于投影面的平面（简称投影面垂直面）。后两种平面统称为特殊位置平面。

平面对 H 面的倾角用 α 表示，对 V 面的倾角用 β 表示，对 W 面的倾角用 γ 表示。

1. 一般位置平面

当平面与 3 个投影面都倾斜时，称为一般位置平面，如图 2-32 所示。

图中用 $\triangle ABC$ 来表示一个平面，该平面与 V 面、H 面、W 面 3 个投影面都倾斜，投影面上的投影 $\triangle abc$、$\triangle a'b'c'$ 和 $\triangle a''b''c''$ 均为 $\triangle ABC$ 的类似形，也不反映该平面对投影面的真实倾角。

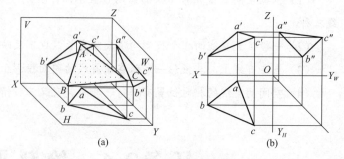

图 2-32　一般位置平面

（a）直观图；（b）投影图

一般位置平面的投影特性：3 个投影都没有积聚性，仍是平面图形，反映了原空间平面图形的类似形状。在读图时，一个平面的 3 个投影如果都是平面图形，它必然是一般位置平面。

2. 投影面平行面

投影面平行面有 3 种，即平行于水平面的平面称为水平面平行面（简称为水平面），平行于正面的平面称为正面平行面（简称为正平面），平行于侧面的平面称为侧面平行面（简称为侧平面）。

投影面平行面的直观图、投影图和投影特性见表2-3。

表2-3 投影面平行面

项目	水平面（平行H面）	正平面（平行V面）	侧平面（平行W面）
直观图	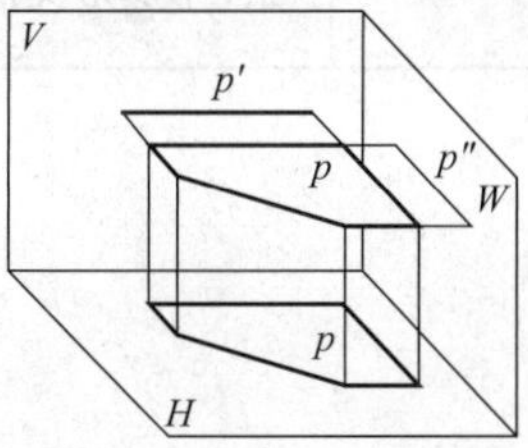	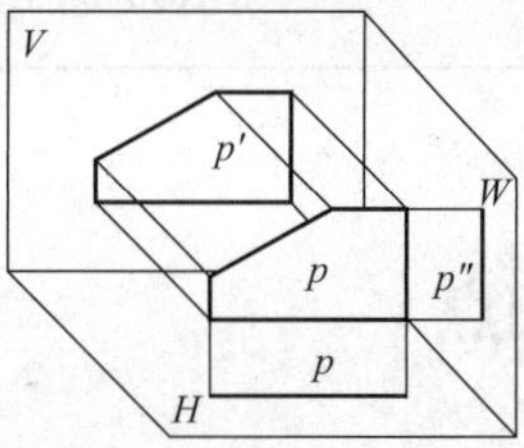	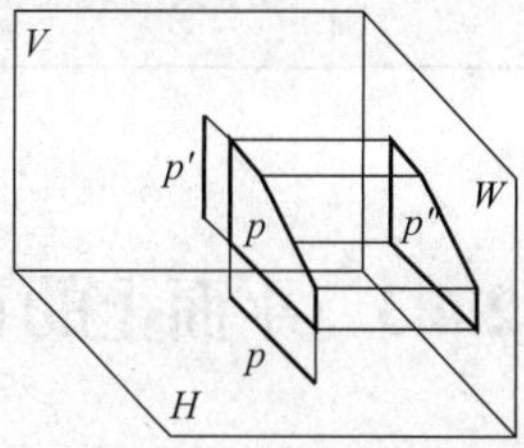
投影图	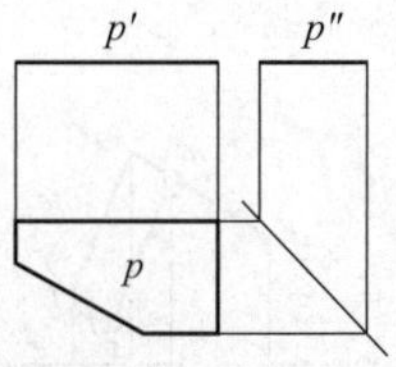	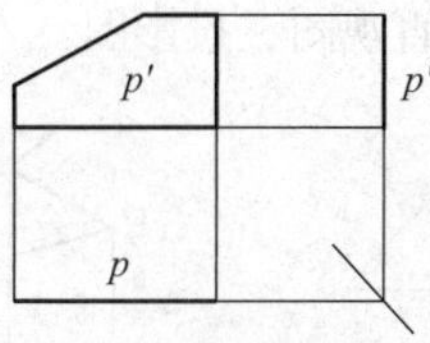	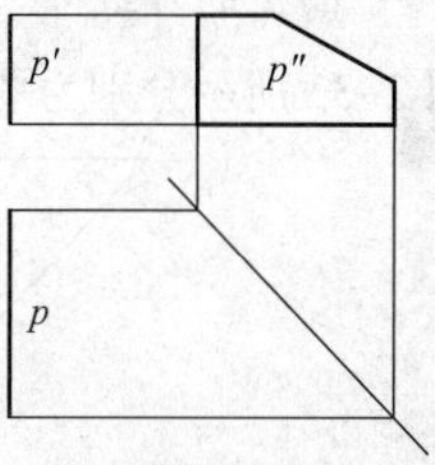
投影特性	1. H面投影反映平面图形的真形； 2. V面、W面投影积聚为一条直线，且分别平行于相应的投影轴OX轴和OY_W轴	1. V面投影反映平面图形的真形； 2. H面W面投影积聚为一条直线、且分别平行于相应的投影轴OX轴和OZ轴	1. W面投影反映平面图形的真形； 2. H面、V面投影积聚为一条直线，且分别平行于相应的投影轴OZ轴和OY_W轴

3. 投影面垂直面

投影面垂直面，可分为3种，即垂直于水平面而倾斜于V面、W面的平面称为水平面垂直面（简称为铅垂面），垂直于正面而倾斜于H面、W面的平面称为正面垂直面（简称为正垂面），垂直于侧面而倾斜于H面、V面的平面称为侧面垂直面（简称为侧垂面）。

投影面垂直面的直观图、投影图和投影特性见表2-4。

表2-4 投影面垂直面

项目	铅垂面（垂直H面）	正垂面（垂直V面）	侧垂面（垂直W面）
直观图	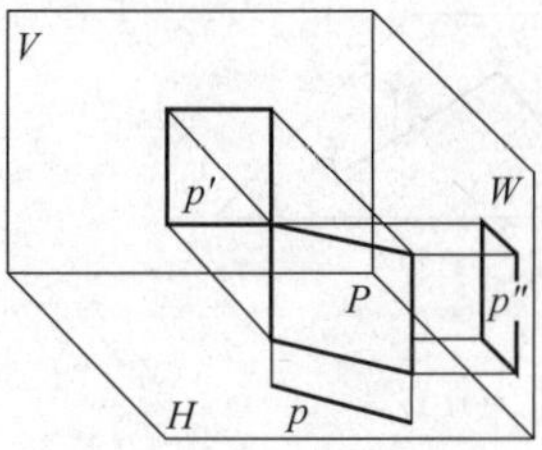	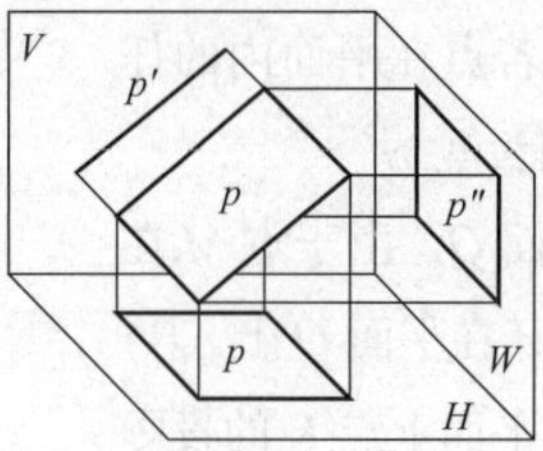	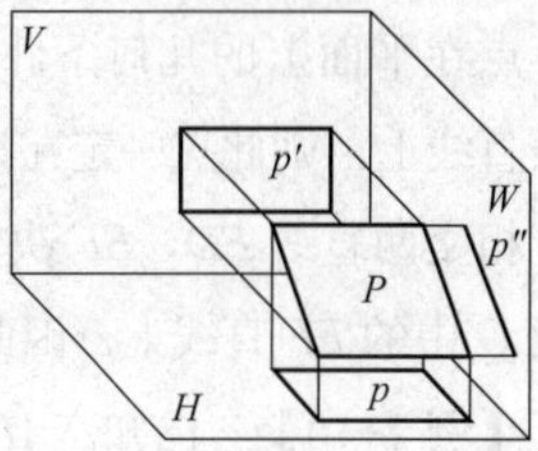
投影图	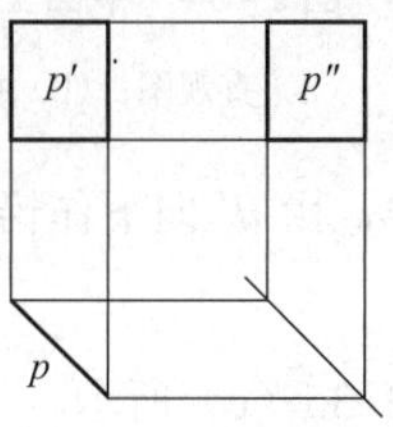	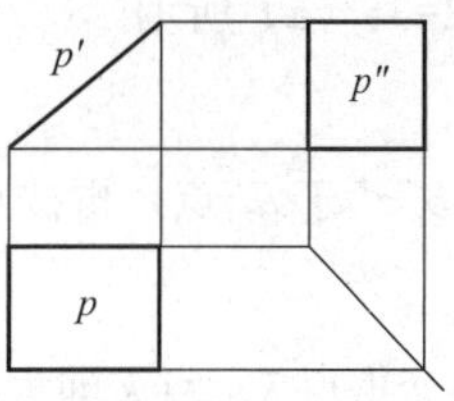	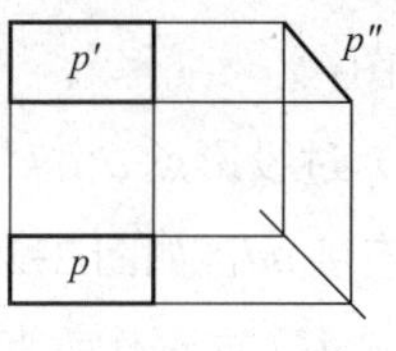

项目	铅垂面（垂直H面）	正垂面（垂直V面）	侧垂面（垂直W面）
投影特性	1.H面投影积聚为一条直线； 2.V面、W面投影均小于平面图形真形的类似形	1.V面投影积聚为一条直线； 2.H面、W面投影均为小于平面图形形的类似形	1.W面投影积聚为一条直线； 2.H面、V面投影均为小于平面图形真形类似形

2.4.3　平面上的直线和点

1. 平面上的直线

图 2-33 所示分别为平面上直线的直观图、投影图。

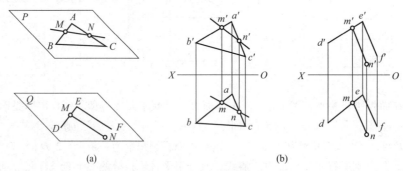

图 2-33　平面上的直线

（a）直观图；（b）投影图

直线在平面上的几何条件如下：

（1）一条直线若通过平面上的两个点，则此直线必定在该平面上。

△ABC 决定一平面 P，由于 M、N 两点分别在直线 AB 和 AC 上，所以 MN 连线在 P 平面上。

（2）一条直线若通过平面上的一个点，又平行于该平面上的另一条直线，则此直线必在该平面上。

相交两直线 ED、EF 决定一平面 Q，由于 M 是直线 ED 上的一个点，若过 M 作直线 MN // EF，则 MN 必定在 Q 平面上。

2. 平面上的点

图 2-34 所示分别为平面上点的直观图、投影图。

点在平面上的几何条件如下：若点在平面内的任一条直线上，则此点一定在该平面上。

相交两直线 ED、EF 决定一平面 Q，由于点 M 在平面 Q 中的 EF 直线上，因此，点 M 在平面 Q 上。

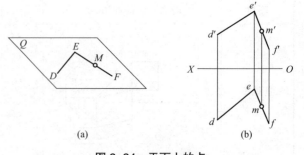

图 2-34　平面上的点

（a）直观图；（b）投影图

【例 2-10】　已知△ABC 及其平面上点 K 的投影点 k′，求作点 K 的水平投影 k，如图 2-35（a）所示。

作图：

（1）过投影点 a′、k′作辅助线交 b′c′于 d′点，再按点的投影规律，由 d′向下作铅垂线，与 bc 相交得点 d，连接 ad，如图 2-35（b）所示。

（2）由 k′向下作垂直线，与 ad 相交得点 k，点 k 即为所求，如图 2-35（c）所示。

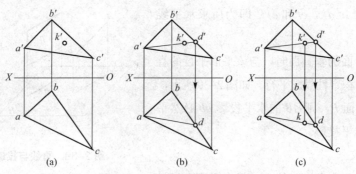

图 2-35　求作平面上点的投影

（a）已知条件；（b）作图过程；（c）完成图

3. 特殊位置平面上点的投影

投影面平行面或投影面垂直面称为特殊位置平面。在它们所垂直的投影面上的投影积聚成直线，所以，在该投影面上的点和直线的投影必在其具有积聚性的同面投影上。如图 2-36 所示，若已知 △ABC 上点 F 的水平投影 f，可利用有积聚性的正面投影 a'b'c' 求得 f'，再由 f 和 f' 求得 f"。

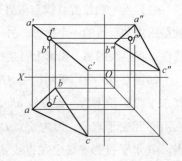

图 2-36　特殊位置平面上点的投影

2.4.4　直线与平面的相对位置

直线与平面的相对位置有平行、相交、垂直三种。垂直是相交的特殊情况。

1. 直线与平面平行

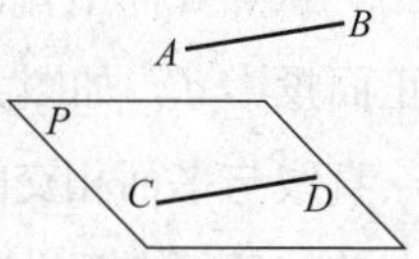

（1）平面外一条直线与平面内一已知直线平行，则该面外直线必定平行于这个平面。如图 2-37 所示，直线 AB 平行于平面 P 上的一条直线 CD，所以，直线 AB 平行于平面 P。

图 2-37　直线与平面平行

根据这一原理，可以判断一条直线是否与平面平行，或者求作一平行于已知平面的直线。

【例 2-11】　如图 2-38（a）所示，过已知点 K 作一条水平线 EF，平行于已知平面 △ABC。

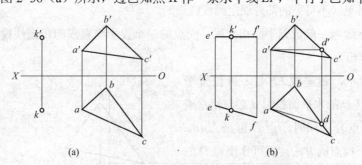

图 2-38　过已知点作已知平面的平行线

（a）已知条件；（b）完成图

分析：

与平面 △ABC 平行的水平线必平行于该平面上的一条水平线，可先在 △ABC 上作出一条水平辅助线，再过已知点 K 作一水平线 EF，平行于 △ABC 上作出的水平辅助线即可。

作图：

如图 2-38（b）所示，先在 △ABC 上过 A 点作一条水平线 AD 的两面投影 a'd' 和 ad，然后过点 k 和 k'

分别作 *ef* ∥ *ad*，*e'f'* ∥ *a'd'*，*ef* 和 *e'f'* 即为所求水平线 *EF* 的两面投影。

（2）当平面为投影面的垂直面时，与该平面平行的直线必有一投影与平面的积聚性投影平行。如图 2-39 所示，若直线 *AB* 平行于铅垂面 *P*，则 *AB* 的水平投影 *ab* 必然平行于 *P* 平面积聚性的水平投影。

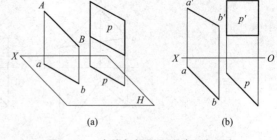

图 2-39　直线与投影面垂直面相平行
（a）直观图；（b）投影图

2. 直线与平面相交

直线与平面相交的交点既在直线上，又在平面上，是直线与平面的共有点。

（1）当一般位置直线与垂直于投影面的平面相交时，平面有积聚性的投影与直线的同面投影的交点，就是所求共有点的一个投影。另一投影可利用其从属特性，在直线的另一投影上直接找出。

如图 2-40（a）所示，△*ABC* 垂直于水平面，其水平投影积聚为一条直线 *abc*。空间一直线 *EF* 与 △*ABC* 相交于点 *D*。因为交点 *D* 是平面 △*ABC* 上的点，其水平投影 *d* 必定在直线 *abc* 上，而交点 *D* 又同时是直线 *EF* 上的点，它的水平投影 *d* 必定在 *ef* 上。显然，直线 *abc* 与 *ef* 的交点 *d* 就是点 *D* 的水平投影。从点 *d* 向上作出铅垂线在 *e'f'* 上可作出交点 *D* 的正面投影 *d'*，如图 2-40（b）所示。

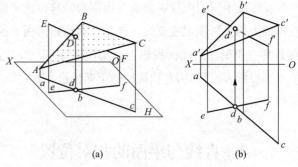

图 2-40　直线与投影面垂直面相交
（a）直观图；（b）投影图

直线与平面相交时，直线的某一部分有可能被平面所遮挡，所以应进行可见性判断。为此可利用上遮下、前挡后的直观方法予以判断，或者可以利用重影点来判断。

对照图 2-40（a）所示的直观图可以看出，在直线 *EF* 贯穿平面 △*ABC* 时，有一段可能被平面遮住而看不见，交点 *D* 即为可见段与不可见段的分界点。如图 2-40（b）所示，从水平投影可见，由于直线段 *ED* 在交点 *D* 的左前方，所以在正面投影中，*e'd'* 为可见（可见的部分规定画成粗实线），而 *d'f'* 的一部分被 △*ABC* 遮挡住了为不可见（不可见的部分规定画成虚线）。

（2）当投影面垂直线与一般位置平面相交时，交点的一个投影与直线的积聚性投影重合，另一个投影可在平面上作辅助线求出。

如图 2-41（a）所示，铅垂线 *EF* 与一般位置平面 △*ABC* 相交，其交点 *D* 的水平面投影 *d* 必与铅垂线 *EF* 的积聚投影 *e*（*f*）重合。同时，点 *D* 也是 △*ABC* 面上的点，利用平面上找点的方法，就可作出点 *D* 的正面投影点 *d'*。

作图过程如图 2-41（b）所示，过 *a*、（*d*）两点作辅助线的水平投影 *a*（*d*）并延长与 *bc* 线相交于点 *g*，则交点 *D* 的正面投影点 *d'* 必在辅助线的正面投影 *a'g'* 上。利用线段 *EF* 与 △*ABC* 的一边 *AB* 线的重影点 Ⅰ、Ⅱ 来判断线段 *EF* 中的 *ED* 段处在 *AB* 线之前，所以，在正面投影中，*e'd'* 画成可见（粗实线）。而交点 *D*

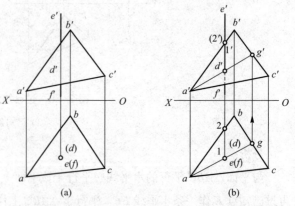

图 2-41　投影面垂直线与一般位置平面相交
（a）已知条件；（b）完成图

到 F 这段的一部分，被平面△ABC 遮挡住了，画成不可见（虚线）。由此可见，交点 D 为直线 EF 可见与不可见部分的分界点。

3. 直线与平面垂直

（1）当直线垂直于投影面垂直面时，则直线必平行于该平面所垂直的投影面，在该投影面上，直线的投影垂直于平面的有积聚性的同面投影。

如图 2-42 所示，直线 DE 垂直于铅垂面△ABC，则 DE 必定是水平线，在水平投影面上 de ⊥ abc，在正面投影中 d'e' // OX 轴，点 E 为垂足。

（2）当直线和平面均为一般位置时，判断它们是否垂直的几何条件：该直线垂直于这个平面上的任意两条相交直线，则直线垂直于平面。因此，一般位置直线与一般位置平面的垂直问题实际上是直线与平面上两相交直线的垂直问题。

如图 2-43 所示，一般位置直线 CF 垂直于一般位置平面△ABC，则必垂直于属于平面△ABC 上任意两条相交直线，当然也包括该平面上两相交的水平线 AE 和正平线 CD，根据直角投影定理，在投影图上一定反映为直线 GF 的水平投影与△ABC 上的水平线 AE 的水平投影垂直，即 gf ⊥ ae，GF 的正面投影与△ABC 上的正平线 CD 的正面投影垂直，即 g'f' ⊥ c'd'。

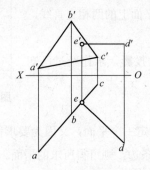

图 2-42　直线与投影面垂直面垂直

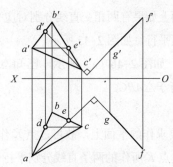

图 2-43　一般位置直线垂直于一般位置平面的投影特性

由此得出一般位置直线与一般位置平面互相垂直的投影特性：直线的正面投影垂直于这个平面上的正平线的正面投影；直线的水平投影垂直于这个平面上的水平线的水平投影；直线的侧面投影垂直于这个平面上的侧平线的侧面投影。利用这种投影特性，可以比较容易地求作垂直于某一平面的直线，或判断一直线是否垂直于某平面。

【例 2-12】　如图 2-44（a）所示，已知点 A 和△CDE 的投影，求作过点 A 并垂直于△CDE 的直线 AB。

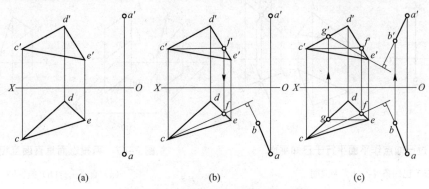

（a）　　　　　　　　　　（b）　　　　　　　　　　（c）

图 2-44　过定点作已知平面的垂线

（a）已知条件；（b）作图过程；（c）完成图

分析：

由于已知△CDE 为一般位置平面，利用上述一般位置直线与一般位置平面互相垂直的投影特性，可以比较容易地作出过点 A 并垂直于△CDE 的直线 AB。

作图：

（1）如图 2-44（b）所示，在 V 面上过点 c'作 OX 轴的平行线交 d'e' 于点 f'，自点 f'向下作 OX 轴的铅垂线，交 de 于点 f，连接 cf 并延长；再自 a 点向 cf 的延长线作垂线，在垂线上任取一点 b。

（2）如图 2-44（c）所示，在 H 面上过点 e 作 OX 轴的平行线交 cd 于点 g，自点 g 向上作 OX 轴的垂线，交 c'd' 于点 g'，连接 g'e' 并延长；再自点 a' 向 g'e' 的延长线作垂线，自点 b 向上作 OX 轴的垂线得到点 b'，ab、a'b' 即为所求直线 AB 的投影。

2.4.5 两平面的相对位置

平面与平面的相对位置有平行、相交、垂直 3 种。垂直是相交的特殊情况。

1. 两平面平行

（1）一个平面上如果有两相交直线分别对应平行于另一个平面上的两相交直线，则这两个平面相互平行，如图 2-45 所示。

【例 2-13】 如图 2-46（a）所示，已知△ABC 和点 K 的投影，求作经过已知点 K 的一平面平行于△ABC。

分析：

因为点 K 在要求作的平面上，故可过点 K 作两条直线来确定一个平面；又因为要求作的平面与△ABC 平行，所以，若过点 K 所作的两条直线分别平行于△ABC 的两条边，则可得所求的平面。

作图：

过点 K 作两条直线分别与△ABC 的两条边 AB、BC 对应平行。在水平投影上过点 k 作出 de // ab，fg // bc；在正面投影上过点 k' 作出 d'e' // a'b'，f'g' // b'c'。则两相交直线 DE 和 FG 所决定的平面平行于△ABC。

（2）当两个平面同为某一投影面的垂直面时，只要它们的积聚投影互相平行，则这两个平面必定互相平行。

如图 2-47 所示，两个互相平行的铅垂面△ABC 和四边形 DEFG，它们具有积聚性的水平投影 abc 必定平行于 d(e)g(f)。

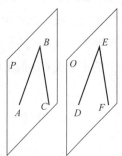

图 2-45 两平面平行

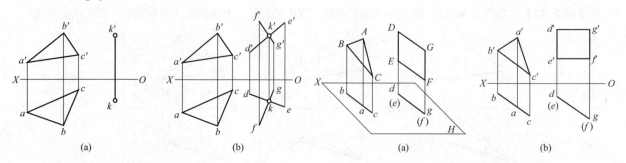

| (a) | (b) | (a) | (b) |

图 2-46 过已知点作平面平行于已知平面

（a）已知条件；（b）完成图

图 2-47 两投影面垂直面互相平行

（a）直观图；（b）投影图

2. 两平面相交

平面与平面相交，其交线必为直线，该交线一定是两相交平面的共有线。

求作两平面交线的方法是先求出这两个平面的共有点，再连接这两个共有点即可形成两平面的交线。

（1）当处于一般位置的平面与投影面垂直面相交时，投影面垂直面有积聚性的投影与一般面上任意两直线的同面投影的交点，就是交线上两点的同面投影，再找出另一面上的投影，同面投影连线即得交线的两投影。

【例2-14】　如图2-48（a）所示，求作一般位置平面△ABC与铅垂面△DEF的相交线MN。

分析：

分别求出△ABC的两条边AC、BC与△DEF的交点M、N，连线MN即为两平面的交线。

作图：

1）如图2-48（a）所示，由于铅垂面DEF的水平投影有积聚性，而交线具有两面共有性，所以，交线MN的水平投影mn与铅垂面DEF的同面投影def重合，故交线的水平投影m、n点为已知。

2）因为点M既在直线AC上，又在平面DEF上，用前述求直线与投影面垂直面交点的方法，由m可直接作出M点的正面投影m'，如图2-48（b）所示。

3）用同样的方法，可确定点N的正面投影n'，连线m'n'即为所求交线的正面投影。

4）可见性判断：在正面投影中，两平面投影的重合范围内存在可见性判别问题，交线是可见与不可见部分的分界线，交线总是可见的，需用粗实线画出。从水平投影［对照图2-48（a）所示直观图］可以看出，交线MN将△ABC分成两部分，平面CMN部分在△DEF之前，因此，在△ABC的正面投影中，c'm'n'为可见部分，而a'm'n'b'被△DEF遮挡住的部分为不可见。

（2）当两平面均为投影面的垂直面时，交线必为该投影面的垂直线，两平面具有积聚性的投影交于一点，该交点即为交线的积聚投影，交线的另一投影可在两平面投影的重合部分作出。

同样，交线作出以后，还需在两面投影的重叠部分判断它们的可见性。判断方法同线与面相交时可见性的判断方法。

如图2-49所示，两个铅垂面P平面与Q平面相交，交线一定为铅垂线，其水平投影积聚成一点。同理，两相交正垂面的交线一定是一条正垂线，其正面投影积聚成一点；两相交侧垂面的交线一定是一条侧垂线，其侧面投影积聚成一点。

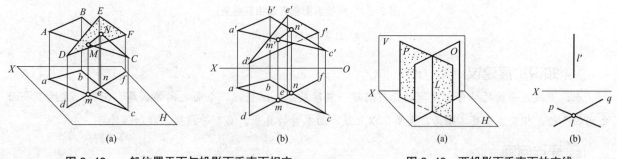

图2-48　一般位置平面与投影面垂直面相交　　　　图2-49　两投影面垂直面的交线
（a）直观图；（b）投影图　　　　　　　　　　　　　（a）直观图；（b）投影图

3．两平面垂直

（1）如果一个平面通过另一个平面的一条垂线，或者一个平面上如果有一条直线垂直于另一平面，那么这两个平面互相垂直。

如图2-50（a）所示，已知△ABC和△DEF的投影，如果要判断它们之间是否相互垂直，可按以下方法进行判断：在△ABC上作一水平线CG和正平线AH，若在△DEF上能作出一条与水平线CG和正平线

AH垂直的直线，则可判断两平面互相垂直。即在△DEF作直线FK，使该线既垂直于CG又垂直于AH，则直线FK垂直于△ABC，所以，这两个三角形互相垂直，如图2-50（b）所示。否则，它们不互相垂直。

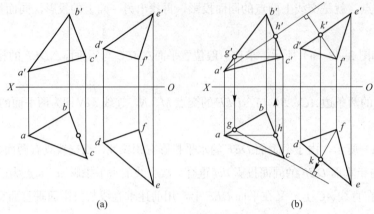

图2-50　判断两平面是否互相垂直

（a）已知条件；（b）完成图

（2）两投影面垂直面互相垂直时，它们有积聚性的同面投影必定互相垂直，且交线是该投影面的垂直线。

如图2-51（a）所示，两铅垂面P、Q互相垂直，则两平面有积聚性的水平投影互相垂直，交线AB必为铅垂线，其水平投影积聚成一个点a（b），如图2-51（b）所示。

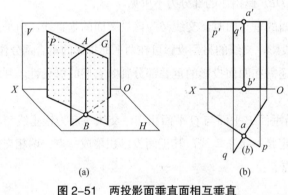

图2-51　两投影面垂直面相互垂直

（a）直观图；（b）投影图

🧰 知识扩展建议

点、直线、平面的综合，空间的几何问题一般涉及：点、直线、平面之间的从属、距离，直线、平面之间的平行、相交、垂直、距离、夹角，以及线、面本身的真长、真形等问题，应加强练习。

📖 要点回顾

直线与平面的相对位置有平行、相交、垂直3种。平面外一条直线与平面内一已知直线平行，则该平面外直线必定平行于这个平面；垂直是相交的特殊情况。直线与平面相交的交点既在直线上，又在平面上，是直线与平面的共有点。

平面与平面的相对位置也有平行、相交、垂直3种。一个平面通过另一个平面的一条垂线，或者一个平面上如果有一条直线垂直于另一平面，那么这两个平面互相垂直。一个平面上如果有两相交直线分别对应平行于另一个平面上的两相交直线，则这两个平面相互平行；垂直是相交的特殊情况，平面与平面相交，其交线必为直线，该交线一定是两相交平面的共有线，两投影面垂直面互相垂直时，它们的有积聚性的同面投影必定互相垂直，且交线是该投影面的垂线。

项目3 绘制立体的投影

知识要点

（1）平面立体（棱柱、棱锥）的投影图及尺寸标注，平面立体表面上求点和线。

（2）曲面立体（圆柱、圆锥和球）的投影图及尺寸标注，曲面立体表面上求点和线。

（3）平面与立体相交，两立体相贯。

（4）组合体的作图及尺寸标注，组合体投影图的识读。

能力要求

（1）能够掌握基本形体的投影图画法及尺寸标注。

（2）能够掌握形体表面上求点和线的画法，并判断可见性。

（3）能够了解平面与立体相交及两立体相贯，了解组合体形成、分析的方法。

（4）能够掌握组合体的投影图画法及尺寸标注，掌握用形体分析法和线面分析法识读组合体投影图。

新课导入

任何复杂的立体都是由简单的基本几何体所组成的。基本几何体可分为平面立体和曲面立体两大类。单纯由平面包围而成的基本体称为平面立体，如棱柱、棱锥等；而表面由曲面或曲面与平面围成的基本体称为曲面立体，如圆柱、圆锥、球体、圆环等。

任务3.1 绘制平面立体的投影

学习目标

掌握棱柱的投影；掌握棱锥的投影，掌握平面立体投影图的尺寸标注；能够求平面立体表面上点和线。

相关知识链接

2.1.2 正投影的基本特征，2.1.3 三面投影。

3.1.1 平面立体（棱柱、棱锥）的投影图

平面立体中最常用的是棱柱和棱锥。

1. 棱柱的投影

棱柱是由两个底面和几个侧棱面构成的。图 3-1（a）、（b）所示为六棱柱的立体图、相对投影面的位置图，其上底面和下底面为两个水平面，它们的水平投影重合且反映六边形实形，正面投影和侧面投影分别积聚成直线；前后两个侧棱面是正平面，它们的正面投影重合且反映实形，水平投影和侧面投影积聚为

直线；其余 4 个侧棱面是垂直面，水平投影积聚为 4 条线，正面投影和侧面投影均反映类似形。由以上分析，可得如图 3-1（c）所示的三面投影图。

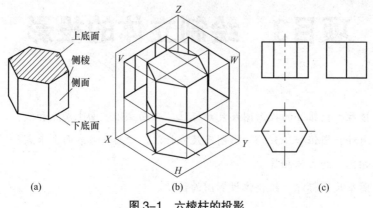

图 3-1 六棱柱的投影

（a）立体图；（b）相对投影面的位置图；（c）投影图

可见，作棱柱的投影图时，可先作反映实形和有积聚性的投影，然后按照"长对正、宽相等、高平齐"的投影规律作其他投影。

2. 棱锥的投影

棱锥只有一个底面，且全部侧棱线交于有限远的一点（锥顶）。图 3-2（a）、（b）所示为三棱锥的立体图、相对投影面的位置图，其底面 ABC 是水平面，它的水平投影反映三角形实形，正面投影和侧面投影积聚成水平的直线；后棱面 SAC 为侧垂面，其侧面投影积聚成直线，正面投影和水平投影均反映类似形；而另两个侧棱面 SBC 和 SAB 为一般位置平面，其投影全部为类似形。

由以上分析，可得如图 3-2（c）所示的三面投影图。

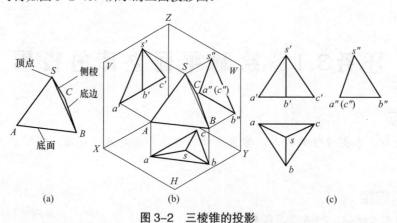

图 3-2 三棱锥的投影

（a）立体图；（b）相对投影面的位置图；（c）投影图

可见，作棱锥的投影图时，可先作底面的各个投影，再作锥顶的各面投影，最后将锥顶的投影与同名的底面各点投影连接，即为棱锥的三面投影。

3.1.2 平面立体投影图的尺寸标注

对于平面立体投影面的尺寸标注，主要是要注出长、宽、高 3 个方向的尺寸，一个尺寸只须注写一次，不要重复。一般底面尺寸应注写在反映实形的投影图上，高度尺寸注写在正面或侧面投影图上，如图 3-3 所示。

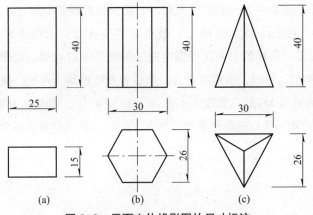

图 3-3　平面立体投影图的尺寸标注

（a）四棱柱；（b）六棱柱；（c）三棱锥

3.1.3　平面立体表面上求点和线

1. 棱柱表面上求点和线

如图 3-4 所示，已知六棱柱表面上的点 A 的正面投影 a' 和直线 MN 的正面投影 $m'n'$，现在要作出它们的水平投影和侧面投影。

由于 a' 是可见的，所以点 A 在六棱柱的左前侧棱面上，这个侧棱面在水平面上投影呈积聚性，其投影是六边形的一边，所以，点 A 的水平投影 a 也在此边上，再由点的两个投影 a' 和 a，作出其第三投影 a''。而 $m'n'$ 也是可见的，所以直线 MN 在六棱柱的右前侧棱面上，同样，此侧棱面的投影也为六边形的一边，所以，直线 MN 的水平投影 mn 也在此边上。在侧面投影中由于六棱柱的左前侧棱面和右前侧棱面的投影重合，直线 MN 所在的侧棱面为不可见，所以，其投影 $m''n''$ 用虚线表示。

2. 棱锥表面上求点和线

如图 3-5 所示，已知三棱锥表面上点 N 的水平投影 n、点 G 的正面投影 g' 和点 M 的正面投影 m'，现在要作出它们的另两面投影，也就得出了直线 NG 的三面投影。

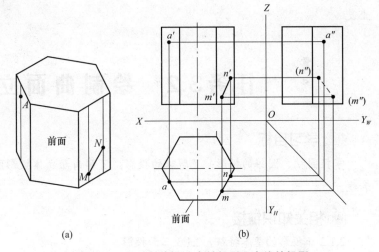

图 3-4　六棱柱表面上点的投影和直线的投影

（a）立体图；（b）投影图

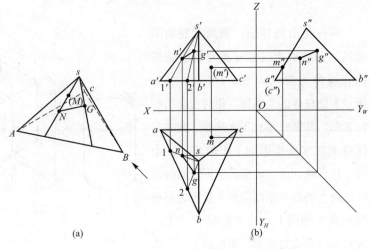

图 3-5　三棱锥表面上点的投影和直线的投影

（a）立体图；（b）投影图

由于点 N 和 G 所在的平面 SAB 为一般位置平面,三面投影都没有积聚性,所以,可连接点 N 的水平投影 n 与锥顶投影 s,交 ab 于点 1,点 1 在 ab 上,故点 $1'$ 在 $a'b'$ 上,求得的 n' 也在 $s'1'$ 上,再由 n' 和 n 求得其第三面投影 n'';同理,点 G 的另两面投影也通过作辅助线 $s2$ 求得,需要注意的是,平面 SAB 在 3 个投影面上的投影均是可见的,所以,求得的点 N、点 G 各投影也均为可见;最后,将所求得的点 N 和点 G 的三面同名投影连接即为直线 NG 的三面投影(ng、$n'g'$、$n''g''$)。而由点 M 的正面投影(m')不可见,可知点 M 在 SAC 面上,SAC 面的侧面投影积聚为一直线,所以,点 M 的侧面投影 m'' 必在此直线上,由 m' 和 m'' 可求出 m。

📦 **知识扩展建议**

通过思考,总结、归纳出平面立体的投影特点及规律。

🖥 **要点回顾**

棱柱是由两个底面和几个侧棱面构成的;棱锥只有一个底面,且全部侧棱线交于有限远的一点(锥顶);对于平面立体的尺寸标注,主要是要标注出长、宽、高 3 个方向的尺寸,一个尺寸只须注写一次,不要重复。

任务3.2　绘制曲面立体的投影

📦 **学习目标**

掌握圆柱、圆锥的投影;了解球的投影;了解曲面立体投影图的尺寸标注;能够求曲面立体表面上点和线。

🖥 **相关知识链接**

2.1.2 正投影的基本特征,2.1.3 三面投影。

3.2.1　圆柱的投影

圆柱是由圆柱面、顶面和底面围成的。圆柱面上任意一条平行于轴线的直线称为素线。图 3-6(a)、(b)所示为圆柱体的立体图、相对投影面的位置图,其轴线垂直于水平面。此时,圆柱面在水平投影面上积聚成为一个圆,且反映顶面、底面的实形,同时,圆柱面上的点和素线的水平投影也都积聚在这个圆周上,在 V 面和 W 面上,圆柱的投影均为矩形,矩形的上、下边是圆柱的顶、底面的积聚性投影,矩形的左右边和前后边是圆柱面上最左、最

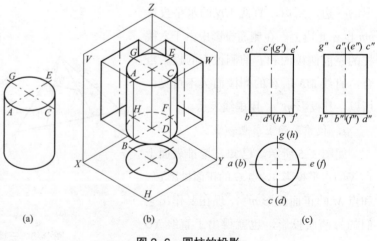

图 3-6　圆柱的投影

(a)立体图;(b)相对投影面的位置图;(c)投影图

右、最前、最后素线的投影。这4条素线比较特殊，为正投影和侧投影可见与不可见的分界线，称为转向轮廓线。其中，在正投影面上，圆柱的最前素线 CD 和最后素线 GH 的投影与圆柱轴线的正投影重合，所以不画出，同理在侧面投影上，最左、最右素线 AB、EF 也不画出，圆柱体的三面投影如图 3-6（c）所示。

由此可见，作圆柱的投影图时，先用细点画线绘制出三面投影图的中心线和轴线位置，然后投影为圆的投影图，最后按投影关系绘制其他两个投影图。

3.2.2 圆锥的投影

圆锥由圆锥面和底面组成。在圆锥面上，通过顶点的任一直线称为素线。图 3-7（a）、（b）所示为圆锥的立体图、相对投影面的位置图。其轴线垂直于水平面，此时圆锥的底面为水平面，它的水平投影为一个圆，反映实形，同时，圆锥面的水平投影与底面的水平投影重合且全为可见。在 V 面和 W 面上，圆锥的投影均为三角形，三角形的底边是圆锥底面的积聚性投影，三角形的左边、右边和前边、后边是圆锥面上最左、最右、最前、最后素线的投影，这四条特殊素线的分析方法与圆柱一样，圆锥体的三面投影图如图 3-7（c）所示。

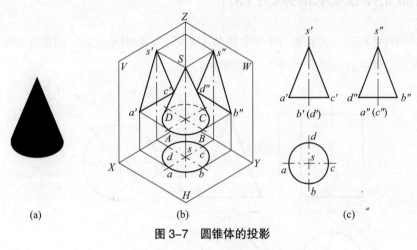

图 3-7　圆锥体的投影

（a）立体图；（b）相对投影面的位置图；（c）投影图

可见，作圆锥的投影图时，先用细点画线绘制出三面投影的中心线和轴线位置，然后画底面圆和锥顶的投影，最后按投影关系绘制出其他两个投影。

3.2.3 球的投影

球是由球面围成的。球面可视为由一条圆母线绕它的直径旋转而成。图 3-8（a）、（b）所示为球体的立体图、相对投影面的位置图。其三面投影都是与球直径相等的圆，但这 3 个投影圆分别是球体上 3 个不同方向转向轮廓线的投影。正面投影是球体上平行于 V 面的最大的圆 A 的投影，这个圆是可见的前半个球面和不可见的后半个球面的分界线。同理，水平投影是球体上平行于 H 面的最大的圆 B 的投影，而侧面投影是球体上平行于 W 面的最大的圆 C 的投影，其分析方法同圆 A 一样。由以上分析可得如图 3-9（c）所示球体的三面投影图。

可见，作球的投影图时，只须先用细点画线绘制出三面投影图的中心线位置，然后分别绘制 3 个等直径的圆即可。

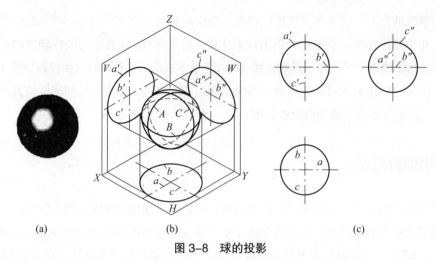

(a)　　　　　　　　(b)　　　　　　　　(c)

图 3-8　球的投影

（a）立体图；（b）相对投影面的位置图；（c）投影图

3.2.4　曲面立体投影图的尺寸标注

对于曲面立体的尺寸标注，其原则与平面立体基本相同。一般对于圆柱、圆锥应标注出底圆直径和高度，而球体只需在直径数字前面加注"$S\phi$"，如图 3-9 所示。

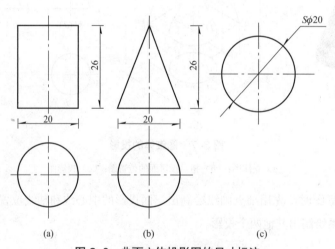

(a)　　　　　　　　(b)　　　　　　　　(c)

图 3-9　曲面立体投影图的尺寸标注

（a）圆柱；（b）圆锥；（c）球体

3.2.5　曲面立体表面上求点和线

1. 圆柱表面上求点和线

在圆柱表面上求点，可利用圆柱面的积聚性投影来作图。如图 3-10 所示，已知圆柱面上有一点 A 的正面投影 a'，现在要作出它的另两面投影，由于 a' 是可见的，所以，点 A 在左前半个圆柱面上，而圆柱面在 H 面上的投影积聚为圆，则 A 点的水平投影也在此圆上，所以可由 a' 直接作出 a，再由 a' 和 a 求得 a''。由于点 A 在左前半个圆柱面上，所以，其

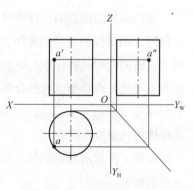

图 3-10　圆柱表面上求点

侧面投影也是可见的。

求圆柱表面上线的投影，可先在线的已知投影上定出若干点，再用求点的方法求出线上若干点的投影，然后依次光滑连接其同名投影，并判别可见性即为圆柱表面上求线的作法。

2. 圆锥表面上求点和线

由于圆锥面的 3 个投影都没有积聚性，所以求圆锥面上点的投影时，必须在锥面上作辅助线，辅助线包括辅助素线或辅助圆。

如图 3-11 所示，已知圆锥面上的点 A、B、C 的正面投影 a'、b'、c'，现在要作出它们的另两面投影。

（1）辅助素线法。如图 3-11 所示，点 B 和点 C 的正面投影一个在最右素线上，一个在底面圆周上，均为特殊点且可见，所以直接过 b'、c' 作 OX 轴的垂线即可得 b、c，进而可求得 b"、c"，且 B、C 都在右半个锥面上，所以 b"、c" 均为不可见。点 A 在圆锥面上，所以过 a' 作素线 s1 的正面投影 s'1'，求出素线的水平投影 s1 和侧面投影 s"1"，过 a' 分别作 OX 轴与 OZ 轴的垂线交 s1、s"1" 于 a、a"，即为所求。点 A 在圆锥面的左前方，则其侧面投影也是可见的。

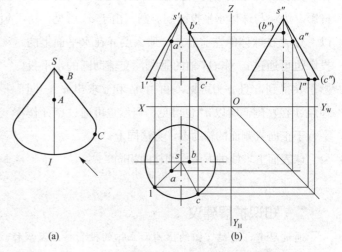

图 3-11　求圆锥表面上的点（辅助素线法）

（a）立体图；（b）投影图

（2）辅助圆法。如图 3-12（b）所示，过 a' 作一垂直于圆锥轴线的平面（水平面），这个辅助平面与圆锥表面相交得到一个圆，此圆的正面投影为直线 1'2'，其水平投影是与底面投影圆同心的直径为 1'2' 的圆。由于 a' 是可见的，所以过 a' 作 OX 轴垂线交辅助圆于 a 点，再由 a' 和 a 求得 a"，由于 a' 在左前方，所以 a" 也是可见的。

圆锥表面上求线的方法与圆柱的相同。

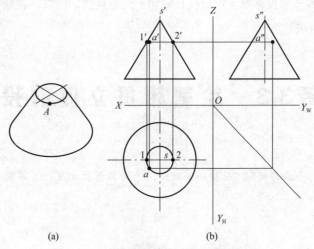

图 3-12　求圆锥表面上的点（辅助圆法）

（a）立体图；（b）辅助圆法

3. 球表面上求点和线

由于球面的各面投影都无积聚性且球面上没有直线，所以，在球体表面上求点可利用球面上平行于投影面的辅助圆来解决。

如图 3-13 所示，已知球面上点 A 的正面投影 a'，现在要作出其另两面投影。过点 a' 作一个平行于水平面的辅助圆，即在正面投影上过 a' 作平行于 OX 轴的直线，交圆周于 $1'$、$2'$，此 $1'2'$ 即为辅助圆的正面投影，其长度等于辅助圆的直径。再作此辅助圆的水平投影，为一与球体水平投影同心圆。由于 a' 可见，所以，点 A 在球体的左前上方，那么点 A 在水平面上的投影也可通过 a' 作 OX 轴的垂线，交辅助圆的水平投影于 a 得到，且 a 为可见，再由 a' 和 a 求出 a''，同理点 A 在左侧，所以 a'' 也可见。当然也可通过点 A 作平行于正面或侧面的辅助圆，方法同上。

球表面上求线的方法与圆柱的相同。

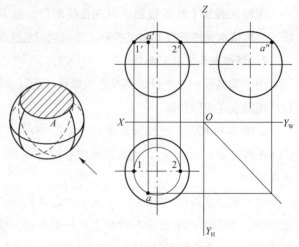

图 3-13　球表面上的点

知识扩展建议

通过思考，总结、归纳出曲面立体的投影特点及规律。

要点回顾

圆柱是由圆柱面、顶面和底面围成的；圆锥由圆锥面和底面组成；球是由球面围成的，球面可视为由一条圆母线绕它的直径旋转而成。

对于曲面立体的尺寸标注，其原则与平面立体基本相同。

在圆柱表面上求点，可利用圆柱面的积聚性投影来作图。

由于圆锥面的 3 个投影都没有积聚性，求圆锥面上点的投影时可在锥面上作辅助线，辅助线包括辅助素线或辅助圆；由于球面的各面投影都无积聚性且球面上没有直线，所以，在球表面上求点可利用球面上平行于投影面的辅助圆来解决。

任务3.3　绘制相贯立体的投影

学习目标

了解平面与立体相交，平面与棱锥（三棱锥）相交，平面与圆柱相交；了解两立体相贯（平面立体相贯，两曲面立体相贯）。

相关知识链接

3.1 绘制平面立体的投影，3.2 绘制曲面立体的投影。

3.3.1　平面与立体相交

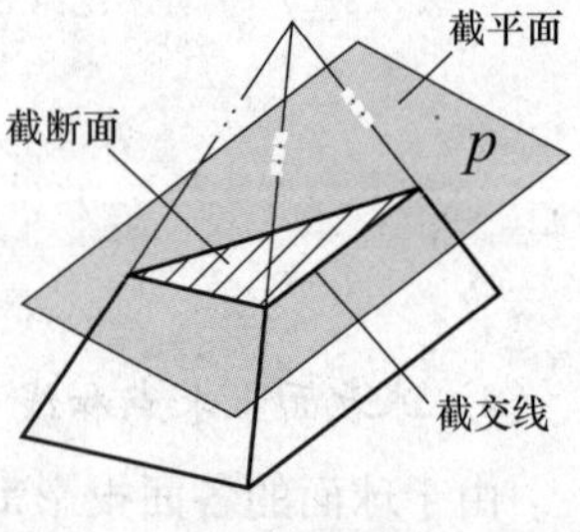

如图 3-14 所示，当平面切割立体时，立体表面（内表面或外表面）要

图 3-14　平面与平面立体相交

产生截交线，则这个平面称为截平面，由截交线围成的平面图形称为截断面。截平面与立体的相对位置不同，截交线的形状也各不同。

截交线具有下列性质：

（1）截交线既在截平面上，又在立体表面上，因此，截交线是截平面与立体表面的共有线，截交线上的点是截平面与立体表面的共有点。

（2）由于立体表面是封闭的，因此，截交线是封闭的平面图形。

1. 平面与棱锥（三棱锥）相交

如图 3-15 所示，一个三棱锥被一个正垂面（P_v）切割，求作其截交线，并绘制出立体的三面投影。

作图步骤如下：

（1）利用截平面（P_v）的积聚的特点，先找出截交线各顶点的正面投影 a'、b'、c'。

（2）根据 a'、c'可求出 a、c 和 a''、c''。

（3）由 b'、b'按投影规律求出 b。

（4）分别连接 a、b、c 和 a''、b''、c''，完成作图。

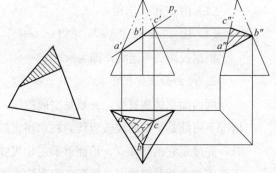

图 3-15　平面与三棱锥相交

2. 平面与圆柱相交

求圆柱表面的截交线，可利用圆柱轴线垂直于某一投影面时其表面投影的积聚性，用表面取点法直接作图。取点时，先求特殊点，即最高、最低、最左、最右、最前、最后的点及转向轮廓线上的点，再求中间点。特殊点要取全，中间点要适当，如图 3-16 所示。

作图步骤如下：

（1）求特殊点。根据 a、b、c、d 和 a'、b'、c'、d'求得 a''、b''、c''、d''。

（2）求中间点。根据 e、f、g、h 和 e'、f'、g'、h'求得 e''、f''、g''、h''。

（3）依次光滑连接 e''、f''、g''、h''，即为所求截交线（椭圆）的侧面投影。

当（P_v）面与轴线成 45° 时，椭圆长轴、短轴的侧面投影相等，其投影为圆。

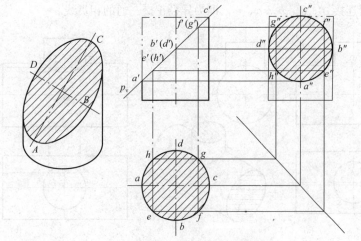

图 3-16　平面与圆柱截交线的画法

3.3.2　两立体相贯

两立体相交也称为两立体相贯，该两立体称为相贯体，两立体表面的交线称为相贯线。相贯线是两立体的共有线，相贯线上的每一个点都是两立体的共有点。相贯线一般是空间闭合线。

1. 平面立体相贯

如图3-17（a）所示，求作高低房屋相交的表面交线。

作图步骤如下：

如图3-17（b）所示，详细过程略。

（1）由 b、f 和 b′、f′求得 b″（f″）。

（2）由 d′和 d″求得 d。

（3）由 c′、e′和 c″（e″）求得 c、e。

根据投影关系连线，即为所求。

2. 两曲面立体相贯

两曲面立体相贯线，一般是空间曲线，特殊情况下可能是平面曲线或直线。在求相贯线的点时，先确定它的特殊点，即能够确定相贯线的投影范围和变化趋势的点，然后，根据需要求作相贯线的一些中间点，再依次光滑连线，求得相贯线的投影。

如图3-18（a）所示，求作异径正交三通相贯线。

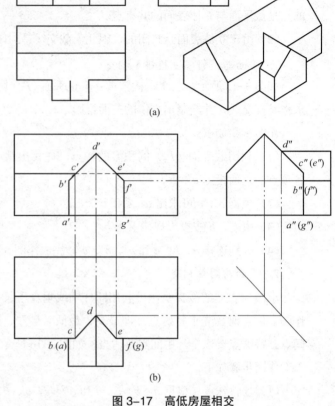

图 3-17 高低房屋相交

（a）已知条件；（b）作图过程

作图步骤如下：

如图3-18（b）所示，详细过程略。

（1）确定 a、b 和 a′、b′及 a″、b″。

（2）求特殊点。根据 c 和 c″求得 c′。

（3）求中间点。先确定 d、e，根据 d、e 得到 e″（d″），再由 d、e 和 e″（d″）求得 d′、e′。

（4）依次光滑连接 a′、d′、b′、c′、e′，即为异径正交三通的相贯线。

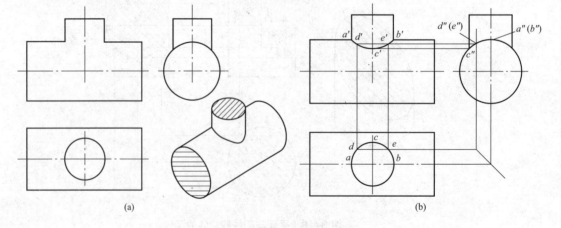

图 3-18 异径正交三通相贯线

（a）已知条件；（b）作图过程

🧰 知识扩展建议

本部分对平面与立体相交及两立体相贯做了简洁的介绍，希望能解决较复杂的两立体相贯的问题。

当平面切割立体时，立体表面（内表面或外表面）要产生截交线，这个平面称为截平面，由截交线围成的平面图形称为截断面。截平面与立体的相对位置不同，截交线的形状也各不同。

求圆柱表面的截交线，可利用圆柱轴线垂直于某一投影面时其表面投影的积聚性，用表面取点法直接作图。

两立体相交也称为两立体相贯，该两立体称为相贯体，两立体表面的交线称为相贯线。相贯线是两立体的共有线，相贯线上的每一个点都是两立体的共有点。相贯线一般是空间闭合线。

任务3.4 识读组合体的投影

🧰 **学习目标**

了解组合体常见的三种组成形式（叠加、切割、混合）；掌握组合体投影的识读方法。

📺 **相关知识链接**

3.1 绘制平面立体的投影，3.2 绘制曲面立体的投影，3.3 绘制相贯立体的投影。

3.4.1 组合体简介

在建造建筑物时，首先要打基础。通常将建筑物地面以下承受建筑物全部荷载的结构称为基础。图 3-19 所示为基础的立体图，由平面立体与曲面立体（圆柱）组合而成。

图 3-20 所示为桥墩立体图。墩帽位于桥墩的上部，用钢筋混凝土材料制成，由顶帽和托盘组成。整个桥墩由基础、墩身和墩帽等组成。其中，基础有两个平面体，桥墩是曲面体，墩帽由多个平面体组合而成。

图 3-21 所示为桥台立体图。桥台位于桥梁的两端，是桥梁与路基连接处的支柱。其一方面支撑着上部桥跨；另一方面支挡着桥头路基的填土。桥台是平面组合体。

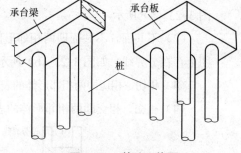

图 3-19 基础立体图

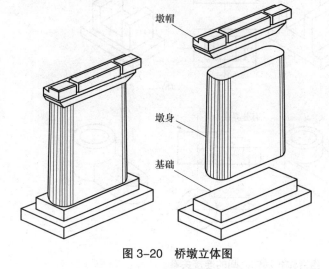

图 3-20 桥墩立体图

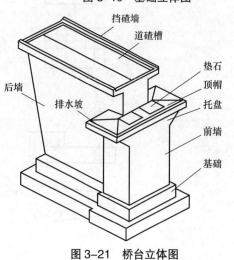

图 3-21 桥台立体图

1. 组合体的组成形式

组合体常见的组成形式有以下三种：

（1）叠加。叠加即组合体是由基本几何体叠加组合而成的。图 3-22（a）所示的物体是由两个圆柱体叠加而成的。

（2）切割。切割即组合体是由基本几何体切割组合而成的。图 3-22（b）所示的物体是由一个四棱柱中间切一个槽，前面切去一个四棱柱而成的。

（3）混合。混合即组合体是由基本几何体叠加和切割组合而成的。图 3-23（c）所示的物体是由两个四棱柱体叠加而成的，其中，靠上方的四棱柱又在中间切割掉一个半圆柱。

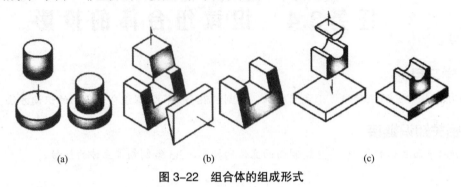

(a)　　　　　　　　　　　(b)　　　　　　　　　　　(c)

图 3-22　组合体的组成形式

（a）叠加；（b）切割；（c）混合

2. 组合体各形体之间的表面连接关系

构成组合体的各基本形体之间的表面连接关系一般可分为以下四种：

（1）共面。共面即两相邻形体的表面共面时表面平齐，投影图上平齐的表面之间不存在分界线，如图 3-23（a）所示。

（2）不共面。不共面即两相邻形体的表面不共面时表面不平齐，也就是不平齐的表面之间相交，投影图上存在分界线，如图 3-23（b）所示。

（3）相切。相切即两相邻形体的表面相切时相切处光滑过渡，投影图上没有分界线，如图 3-23（c）所示。

（4）相交。相交即两相邻形体的表面相交时，在投影图上相交处应绘制出交线，如图 3-23（d）所示。

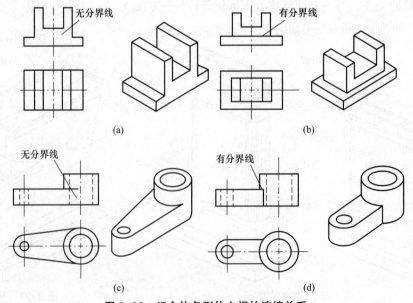

(a)　　　　　　　　　　　(b)

(c)　　　　　　　　　　　(d)

图 3-23　组合体各形体之间的连接关系

（a）共面；（b）不共面；（c）相切；（d）相交

3.4.2　组合体投影图的识读

组合体的读图就是运用前面讲述的正投影原理和特性，根据所给的投影图进行分析，想象出组合体的空间形状。

1. 读图前应熟练掌握的内容

（1）投影图中的线框和图线的含义。投影图中的线框和图线的含义如下：

1）投影图中的每一条图线都可能是物体上面与面的交线或曲面的转向轮廓线的投影，或是物体上的一些面的积聚性投影。

2）投影图中的每一个线框都可能是物体的某个平面、曲面或孔、槽的投影。

（2）各个投影图对照读图时，要注意抓住一般位置平面及垂直面的非积聚性投影都有类似性这个特点，如图 3-24 所示。

（3）掌握形体的相邻各表面之间的相对位置。经过分析知道了构成组合体的各基本形体的形状特征，但如果不分析各基本形体相邻各表面之间的相对位置关系，整个组合体的形状还是不能准确得出的。如图 3-25（a）所示，如果只观察物体的正面、水平面投影图，物体上的 1 和 2 两部分的位置关系就无法确定，那么整个物体也无法准确读出；如果结合物体的侧面投影图看，就会看到物体上 1 和 2 两部分的相对位置关系，整体形状也就确定了，如图 3-25（b）所示。

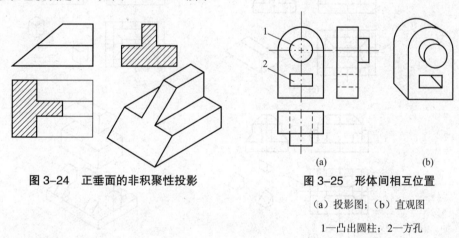

图 3-24　正垂面的非积聚性投影　　　图 3-25　形体间相互位置

（a）投影图；（b）直观图

1—凸出圆柱；2—方孔

2. 读图的基本方法

组合体读图常用的方法是形体分析法和线、面分析法。

（1）形体分析法。根据投影特性在投影图上分析组合体的图形特征，分析组合体各组成部分的形状和相对位置，将组合体分线框、对投影、辨形体、定位置，然后综合起来想象出整个组合体的形状。读图时，一般以正面投影为主，同时，联系水平面、侧面投影进行形体分析。

（2）线、面分析法。根据线、面的投影特性，按照组合体上的线及线框来分析各形体的表面形状、形体的表面交线。先分析组合体各局部的空间形状，然后想象出整体的形状。一般在组合体读图时以形体分析法为主。对于在投影图中有些不易看懂的部分或有些切割组合方式的形体，还应辅之以线、面分析法。

3. 读图步骤

读图时，首先应粗读所给出的各个投影，从整体上了解整个组合体的大致形状和组成方式，然后从最能反映组合体形状特征的投影（一般是正面投影）入手进行形体分析。根据投影中的各封闭线框，将组合体分成几部分，按投影关系结合各个投影，逐步看懂各个组成部分的形状特征，最后综合各部分的相对位置和组合方式，想象出组合体的整体形状。

【例 3-1】　已知组合体的立体图、三面投影图［图 3-26（a）、（b）］，通过读图想象出该组合体的空间形状。其步骤如图 3-26 所示。

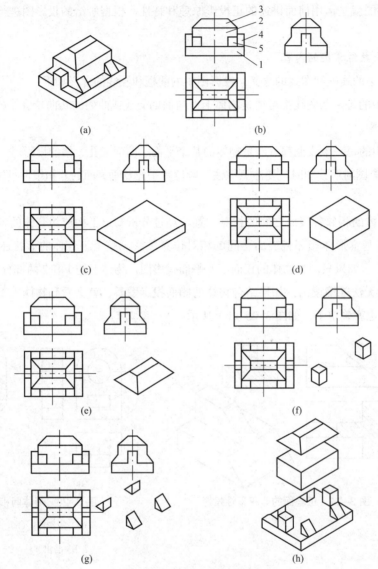

图 3-26　组合体的识读步骤

（a）立体图；（b）投影图；（c）形体 1；（d）形体 2；（e）形体 3；（f）形体 4；（g）形体 5；（h）组合示意

1、2、4—四棱柱；3—棱台；5—三棱柱

读图的方法如下：

（1）看投影图，分解形体（分线框）。首先粗读所给出的各个投影图，经过投影分析可大致了解组合体的形状及组成方式。在此基础上，应用形体分析法，将组合体分解为 1、2、3、4、5 五部分，如图 3-26（b）所示。

（2）对照投影，确定形状。根据投影的"三等"对应关系，将每个部分的各个投影划分出来，仔细地进行分析、想象，确定每个基本部分的形状。

在形体 1、形体 2 中，三面投影均为矩形，这就可以确定形体分别是两个如图 3-26（c）、（d）所示的四棱柱形。

在形体 3 中，水平面投影外部轮廓线为矩形、内部轮廓线为矩形；正面与侧面投影为梯形，其空间形状是如图 3-26（e）所示的四棱台。

在形体 4 中，三面投影均为矩形，可以确定形体是两个图 3-26（f）所示的四棱柱。

在形体 5 中，水平面投影、正面投影为矩形，侧面投影为三角形，其空间形状是图 3-26（g）所示的四棱柱。

（3）分析相对位置和表面连接关系。由投影图可以看到，该组合体前后对称，左右对称，是由多个平面体组合而成。

（4）合起来想整体。在看懂每部分形体和它们之间的相对位置及连接关系的基础上，最后综合起来想象出组合体的空间形状，如图 3-26（h）所示，结果如图 3-26（a）所示。

🧰 知识扩展建议

本内容要求有较高的空间思维能力，要注意空间思维能力的培养。

⌨ 要点回顾

组合体常见的组成形式有叠加、切割、混合三种。

读图时，根据所给的投影图进行分析，想象出组合体的空间形状；根据投影特性在投影图上分析组合体的图形特征，分析组合体各组成部分的形状和相对位置，将组合体分线框、对投影、辨形体、定位置，然后综合起来想象出整个组合体的形状。

任务3.5　绘制组合体投影并标注尺寸

🧰 学习目标

了解组合体的画法；了解组合体投影图的尺寸标注。

⌨ 相关知识链接

3.4 识读组合体的投影。

3.5.1　组合体的画法

绘制组合体的投影图时，由于形体较为复杂，所以，应采用形体分析法。现以图 3-26（a）为例，说明组合体投影图的画法步骤。

（1）形体分析。分析一个组合体，可以根据其特点，将它看成由若干个基本几何体所组成的，或是基本几何体切掉了某些部分，然后分析这些基本几何体的形状、相对位置和组合方式、连接关系。

如图 3-26（a）所示，它是由四棱柱 1、四棱柱 2、棱台 3、四棱柱 4、三棱柱 5 五部分组成的。该组合体的组合形式主要是叠加。

（2）投影图布置。投影图在布置时应合理、排列匀称。通常作图之前，应将物体安放好且选取最能反映物体的形状特征和各组成部分相对位置的投影作为正面投影，以便使较多表面的投影反映真形。同时，还应注意使各投影图尽量少出现虚线。正面投影图选定后，水平面投影图和侧面投影图也就随之确定了。

（3）绘制组合体的投影图。当形体分析及投影图布置好后，就可按以下顺序画组合体的各个投影图了。

1）选比例、定图幅。根据组合体的复杂程度，先要确定用几个投影图才能完整地表达组合体的形状，进而根据物体的大小选择比例和图纸幅面。一般情况下，为了画图和读图的方便，最好采用 1∶1 的比例。

2）布置图面。根据所选比例和投影图的数量进行图面布置。要求布图匀称，各投影图之间应留有标注尺寸的位置，布置投影图时可先绘制出投影图的对称线、基准线、圆的中心线等，以便确定各个投影图的位置。

3）绘制组合体的具体步骤。绘制对称中心线、底板的三面投影，如图 3-27（a）所示；绘制中间部分四棱柱、四棱台的三面投影，如图 3-27（b）所示；绘制四周部分四棱柱、三棱柱的三面投影，如图 3-27（c）所示；底稿完成后，应仔细检查，修正错误，擦去多余的线条，按规定的线形加深，如图 3-27（d）所示。

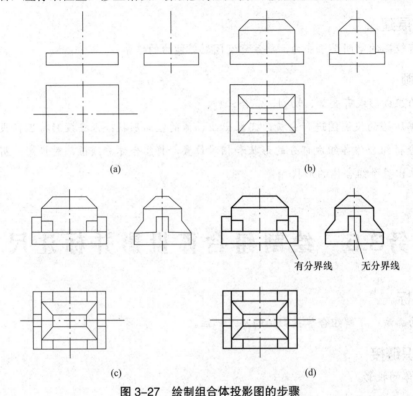

图 3-27　绘制组合体投影图的步骤

（a）绘制对称线、底板；（b）绘制四棱柱、四棱台；（c）绘制四棱柱、三棱柱；（d）检查、加深

3.5.2　组合体投影图的尺寸标注

投影图只能用来表达组合体的形状，而组合体的大小和其中各构成部分的相对位置，还应在绘制完成组合体的各投影后标注尺寸。

（1）尺寸种类。尺寸的种类如下：

1）外形尺寸：确定构成组合体的各基本几何体的形状大小的尺寸。

2）定位尺寸：确定构成组合体的各基本几何体间相互位置关系的尺寸。

3）总体尺寸：确定整个组合体的总长、总宽、总高的尺寸。

（2）尺寸注法。尺寸的注法如下：

1）确定尺寸基准。所谓尺寸基准，就是标注尺寸的起点。通常以组合体的对称中心线、端面、底面及回转体的回转轴线等作为尺寸基准。

2）标注定形尺寸。标注尺寸的投影图如图3-28所示，水平投影中的（180+2×60）mm、180 mm、（60+2×70）mm、60 mm，正面投影中的180 mm、60 mm，是棱台长、宽、高的尺寸。

3）标注定位尺寸。标注定位尺寸时，应选择一个或几个标注尺寸的起点，长度方向一般可选择左侧或右侧作为起点，宽度方向可选择前侧或后侧作为起点，高度方向一般可选择底面或顶面作为起点。如果物体自身是对称的，也可选择对称中心线作为尺寸的起点，以图3-28所示为例，应选择对称中心线作为起点。

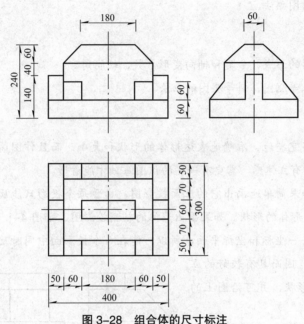

图3-28 组合体的尺寸标注

4）标注总体尺寸。在上述标注后，还应标注物体的总长、总宽和总高尺寸。以图3-28所示为例，总长为400 mm，总宽为300 mm，总高为240 mm。

🧰 知识扩展建议
应了解房屋建筑制图、机械制图尺寸标注的方法。

🖥 要点回顾
绘制组合体投影图的步骤：布置图面→选比例→定图幅→绘制出组合体。

投影图只能用来表达组合体的形状，而组合体的大小和其中各构成部分的相对位置，还应在绘制完成组合体的各投影后标注尺寸。

项目4 绘制轴测投影图

知识要点

（1）投影的形成、种类、特点及各个部位名称。

（2）正等测图、斜等测图画法。

能力要求

（1）能够了解轴测投影的形成、分类和轴向变形系数、轴间角。

（2）能够掌握立体的正等测图、斜等测图的画法。

新课导入

正投影图的优点是能够完整地、准确地表达形体的形状和大小，而且作图简便，所以，在工程实践中被广泛运用。但是这种图没有立体感，需要有一定的识图基础才能看懂。

图4-1所示的形体，如果简单地画出它的三面投影图，由于每个投影只能反映出物体的长、宽、高三个方向中的两个，不易看出形体的形状。如果画出形体的轴测投影图，如图4-1（b）所示，虽然图形简单，但由于投射方向不平行于任一坐标和坐标平面，所以，能在一个投影面中同时反映出形体的长、宽、高和与投影方向不平行的平面，因而具有较好的立体感，易于看出各部分的形状，并可沿图上的长、宽、高三个方向量尺寸。

轴测图优点是有立体感，但对形体的表达不全面。同时，轴测图没有反映出形体的各个侧面的实际形状。由于倾斜而变形的原因，使得轴测图作图较为困难，特别是外形较复杂的形体，作图更为麻烦。因此，在生产施工图纸中，轴测图一般只作为辅助图样，用以帮助阅读正投影图。但有些较简单的形体也可以用轴测图来代替部分正投影图。

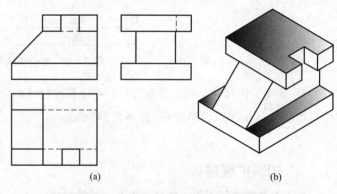

图4-1 物体的正投影图和轴测投影图

（a）正投影图；（b）轴测投影图

任务4.1 认识轴测投影

🧰 学习目标

了解轴测投影的形成及轴测投影的分类；了解正轴测投影、斜轴测投影；了解轴测投影的特性。

📖 相关知识链接

2.1.2 正投影的基本特征。

4.1.1　轴测投影的形成

采用平行投影方法，并选取适当的投影方向，将物体向一个投影面上进行投影时可以得到一个能同时反映物体长、宽、高三个方向的情况且富有立体感的投影图，如图 4-2 所示。

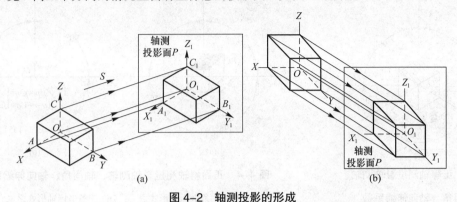

图 4-2　轴测投影的形成

（a）投影方向垂直于投影面；（b）投影方向倾斜于投影面

这种用平行投影的方法，将形体连同确定形体长、宽、高三个向度的直角坐标轴，一起投射到一个投影面（该投影面称为轴测投影面）上所得到的投影，称为轴测投影。应用轴测投影的方法绘制的投影图称为轴测投影图，简称轴测图。

4.1.2　轴测投影的分类及轴测轴、轴间角、轴向伸缩系数

1. 轴测投影的分类

根据投影方向与轴测投影面的相对位置不同，轴测投影可分为正轴测投影和斜轴测投影两大类。当投射方向垂直于投影面时，所得到的投影称为正轴测投影，如图 4-2（a）所示。当投射方向倾斜于投影面时，所得到的投影为斜轴测投影，如图 4-2（b）所示。

在轴测投影中，投影面称为轴测投影面，3 条坐标轴称为轴测轴，轴测轴之间的夹角称为轴间角，轴测轴上的某段线段的投影长度与实际长度之比称为轴向伸缩系数，方向 S 称为轴测投影方向。

2. 轴测投影的轴测轴、轴间角、轴向伸缩系数

（1）轴测轴。形体的直角坐标轴 OX、OY、OZ 在轴测投影面上的投影称为轴测轴，分别标记为 O_1X_1、O_1Y_1、O_1Z_1。

（2）轴间角。相邻两轴测轴之间的夹角 $\angle X_1O_1Y_1$、$\angle Y_1O_1Z_1$、$\angle X_1O_1Z_1$ 称为轴间角。正等测图的轴间角 $\angle X_1O_1Y_1 = \angle Y_1O_1Z_1 = \angle X_1O_1Z_1 = 120°$（图 4-3）。正面斜测图的轴间角、正面斜等轴测图的轴间角：$\angle X_1O_1Z_1 = 90°$，$\angle X_1O_1Y_1 = \angle X_1O_1Z_1 = 135°$〔图 4-4（a）〕；$\angle X_1O_1Z_1 = 90°$，$\angle X_1O_1Y_1 = 45°$〔图 4-4（b）〕。

（3）轴向伸缩系数。在轴测投影中，平行于空间坐标轴方向的线段，其投影长度与其空间实际长度之比称为轴向伸缩系数。即：$O_1X_1/OX = p$，p 为 X 轴的轴向伸缩系数；$O_1Y_1/OY = q$，q 为 Y 轴的轴向伸缩系数；$O_1Z_1/OZ = r$，r 为 Z 轴的轴向伸缩系数。绘制正轴测图测图时，当选取轴向伸缩系数 $p = q = r$ 时，根据计算 $p = q = r \approx 0.82$（图 4-3），所绘制的轴测图，简称正等测图。为了作图简便，人们在实际画图时，通常采用简化系数作图，在正等测图中取 $p = q = r = 1$。用简化系数绘制出的正等测图放大了 $1/0.82 \approx 1.22$ 倍。

当选取轴向伸缩系数 $p = 2q = r$ 时，所绘制的轴测图，简称为正二测图。

正面斜轴测投影一般可分为斜等轴测图（斜等测图）、斜二轴测图（斜二测图）等。

斜等测图：$p = q = r = 1$［图4-4（a）］。

斜二测图：$p = 2q = r = 1$［图4-4（b）］。

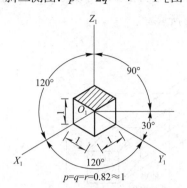

图4-3　正等轴测投影轴测轴、
轴间角、轴向伸缩系数

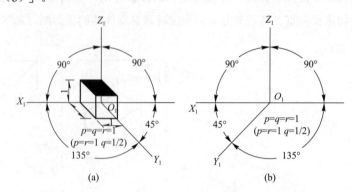

图4-4　正面斜轴测投影轴测轴、轴间角、轴向伸缩系数

（a）3条坐标轴形式之一；（b）3条坐标轴形式之二

4.1.3　轴测投影的特性

轴测投影是根据平行投影原理作出的，它必然具有以下特性：

（1）根据投影的平行性，空间相互平行的直线，其轴测投影仍然相互平行。因此，形体上平行于3条坐标轴的直线，在轴测投影上，都分别平行于相应的轴测轴。

（2）根据投影的定比性，直线的轴测投影长度与实际长度之比等于相应的轴向伸缩系数。只要给出各轴测轴的方向及各轴向伸缩系数，便可根据形体的正投影图，作出轴测投影。

在绘制轴测投影时，只能沿着平行于轴测轴的方向和按相应轴向伸缩系数，绘制出形体的长、宽、高3个方向的线段，所以称为轴测投影。

🧰 知识扩展建议

除可绘制立体轴测图外，还可绘制轴测剖面图，建议阅读一些轴测剖面图的相关资料，多掌握一些轴测图方面的知识。

⌨ 要点回顾

采用平行投影方法，并选取适当的投影方向，将物体向一个投影面上进行投影时可以得到一个能同时反映物体长、宽、高3个方向的情况且富有立体感的投影图。

任务4.2　绘制正等测图

🧰 学习目标

掌握正等测图的画法（平面立体的画法、回转体的画法）。

⌨ 相关知识链接

2.1.2正投影的基本特征，4.1认识轴测投影。

4.2.1　正等测图的画法

正等测图的画法一般有坐标法、叠加法和切割法 3 种。

（1）坐标法是根据物体表面上各点的坐标，画出各点的轴测图，然后依次连接各点，即得到该物体的轴测图。

（2）切割法适用切割型的组合体，先画出整体的轴测图，然后将多余的部分切割掉，最后得到组合体的轴测图。

（3）叠加法适用叠加型的组合体，先用形体分析的方法分成几个基本形体，再依次绘制每个形体的轴测图，最后得到整个组合体的轴测图。

根据形体的特点，通过形体分析可选择不同的作图方法，下面分别介绍。

4.2.2　正等测图的画法实例

1. 平面立体的画法

（1）用坐标法作长方体的正等测图。作图步骤如下：

1）在正投影图上定出原点和直角坐标轴的位置，确定长、宽、高分别为 a、b、h，如图 4-5（a）所示。

2）画出轴测轴，在 O_1X_1 和 O_1Y_1 上分别量取 a 和 b，过点 n 和 m 作 O_1X_1 和 O_1Y_1 的平行线得底面上的另一顶点 p，由此可以作出长方体底面的轴测图，如图 4-5（b）所示。

3）过底面各顶点作 O_1Z_1 轴的平行线并量取高度 h，求出长方体各棱边的高，如图 4-5（c）所示。

4）连接各顶点，擦去多余的图线并描深，即得到长方体的正等测图，图中的虚线不必画出，如图 4-5（d）所示。

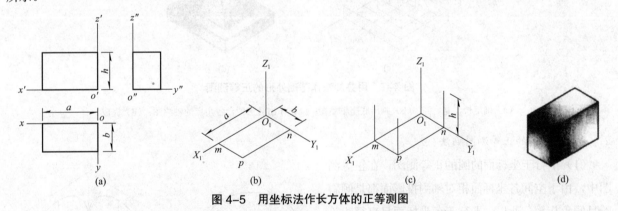

图 4-5　用坐标法作长方体的正等测图

（a）确定长、宽、高；（b）画出轴测轴；（c）求各棱边的高；（d）完成

（2）用切割法作组合体的正等测图。作图步骤如下：

1）在正面投影图上定出原点和坐标轴的位置，确定长、宽、高，如图 4-6（a）所示。

2）画轴测轴并作出整体的轴测图，如图 4-6（b）所示。

3）切出前部和中间的槽，如图 4-6（c）所示。

4）擦去多余的图线并描深，即得到组合体的正等测图，如图 4-6（d）所示。

（3）用叠加法作基础外形的正等测图。作图步骤如下：

1）在正面投影图上定出原点和坐标轴的位置确定长、宽、高，如图 4-7（a）所示。

2）画轴测轴并作出底座的轴测图，如图 4-7（b）所示。

3）作出叠加棱台各角点的轴测图，如图4-7（c）所示。

4）擦去多余的图线并描深，即得到基础外形的正等测图，如图4-7（d）所示。

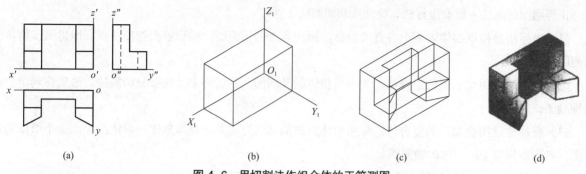

（a）　　　　　　　　　　　（b）　　　　　　　　　（c）　　　　　　　　（d）

图4-6　用切割法作组合体的正等测图

（a）确定长、宽、高；（b）画出整体轴测图；（c）切出前部和中间的槽；（d）完成

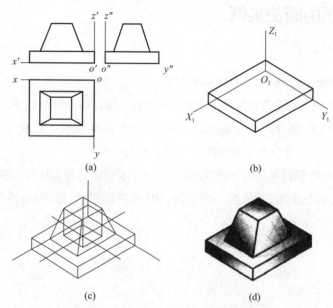

（a）　　　　　　　　　　　　　（b）

（c）　　　　　　　　　　（d）

图4-7　用叠加法作基础外形的正等测图

（a）确定长、宽、高；（b）画出底座轴测图；（c）作出叠加棱台各角点的轴测图；（d）完成

2．回转体的正等测图画法

（1）平行于坐标面的圆的正等测。在正等测图中，由于空间各坐标面相对轴测投影面都是倾斜的且倾角相等，所以，平行于各坐标面且直径相等的圆，正等测投影为椭圆，椭圆的形状一样，通过椭圆中心沿轴测轴的方向的长度是相等的，等于圆的直径，如图4-8所示。

画法几何中常用到四心法作椭圆。用四心法作椭圆是一种近似画法，作图步骤如下：

1）在正面投影图上定出原点和坐标轴的位置，并作出圆的外切正方形，如图4-9（a）所示。

2）画轴测轴及圆的外切正方形的正等测图，得菱形 *EFGH*，如图4-9（b）所示。

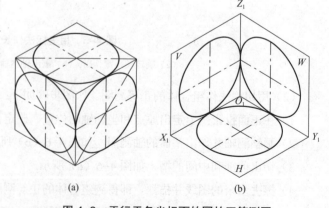

（a）　　　　　　（b）

图4-8　平行于各坐标面的圆的正等测图

（a）在正立方体上；（b）在轴测投影面上

3）连接 *FA*、*FD*、*HB*、*HC* 分别交于点 *M*、点 *N*，分别以点 *F* 和点 *H* 为圆心，以 *FA* 或 *HC* 为半径画大圆弧，分别交于点 *A*、*D* 与 *B*、*C*，如图4-9（c）所示。

4）分别以点 *M*、点 *N* 为圆心，以 *MA* 或 *NC* 为半径画小圆弧，分别交于点 *C*、点 *D* 与点 *A*、点 *B* 即得平行于水平面的圆的正等测图，如图4-9（d）所示。

（2）作圆柱体的正等测图。图4-10（a）所示为圆柱体的投影图。作图步骤如下：

1）作上、下底面圆菱形图，两菱形中心的距离等于圆柱高，如图4-10（b）所示。

2）用四心法作上、下底面圆的轴测图为椭圆，如图4-10（c）所示。

3）作上、下底面椭圆的公切线，擦去多余的图线，并描深，即得到圆柱体的正等测图，如图4-10（d）所示。

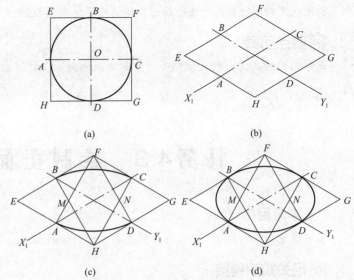

图4-9 用四心法画椭圆

（a）画外切正方形；（b）画菱形 *EFGH*；（c）画大圆弧；（d）画小圆弧（完成）

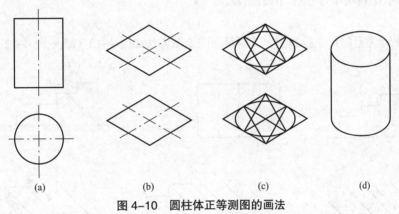

图4-10 圆柱体正等测图的画法

（a）投影图；（b）画菱形；（c）作椭圆；（d）圆柱体的正等测图

（3）作圆角平板的正等测图。图4-11（a）所示为圆角平板的正投影图。作图步骤如下：

1）建立轴测坐标，作与正投影图长、宽、高相符的轴测立方体并根据水平面圆弧对应的尺寸分别作棱线的垂线找到圆心点 *O*，如图4-11（b）所示。

2）以点 *O* 为圆心，以 *OM* 或 *ON* 为半径画弧。下底圆弧、靠右边的圆弧的画法与其相同，如图4-11（c）所示。

3）作右边两圆弧切线，擦去多余的图线并描深，即得到圆角平板的正等测图，如图4-11（d）所示。

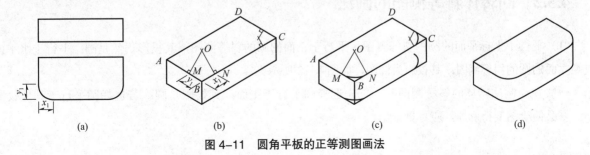

图4-11 圆角平板的正等测图画法

（a）投影图；（b）找圆心；（c）画圆弧；（d）圆角平板的正等测图

利用一定时间绘制较复杂平面组合体的正等轴测剖面图。

⌨ 要点回顾

正等测图的画法一般有坐标法、叠加法和切割法 3 种，应根据形体特点，通过形体分析选择不同的作图方法。

任务4.3　绘制正面斜等测图

📋 学习目标

掌握斜等测图的画法（平面立体的画法、回转体的画法）。

⌨ 相关知识链接

2.1.2 正投影的基本特征，4.1 认识轴测投影。

4.3.1　平面立体斜等测图的画法

图 4-12（a）所示为台阶的正投影图，其斜等测图绘图方法如图 4-12（b）～图 4-12（e）所示。

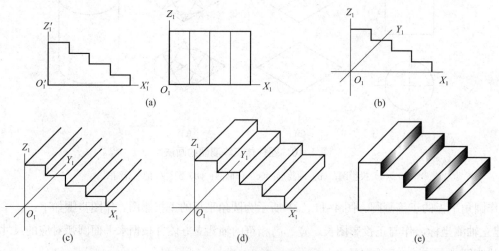

图 4-12　台阶的斜等测图的画法

（a）投影图；（b）画 V 面的平行面（前面）；（c）画 V 面的垂直线；（d）画 V 面的平行面（后面）；（e）完成

4.3.2　回转体斜等测图的画法

（1）平行于坐标平面的圆的斜等测图。平行于正面的圆的斜等测图，其投影仍然是圆；平行于水平面或侧立面的圆的斜等测图，其投影为椭圆，如图 4-13 所示。

一般在绘制回转体的斜等测图时，首先选择圆平行于正面，其投影是圆。若选择圆平行于其他投影面，将会使绘图变得麻烦，应尽量避免。

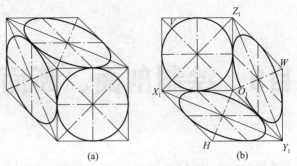

图 4-13 平行于坐标面的圆的斜等测图

（a）在正立方体上；（b）在轴测投影面上

（2）组合体的斜等测图。图 4-14（a）所示为带回转体的组合体投影图。作图步骤如下：画出含有回转体部分［图 4-14（b）］，画出前面四棱柱及修改［图 4-14（c）］，检查、描深，即得到带回转体组合体的斜等测图［图 4-14（d）］。

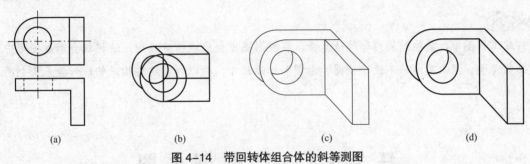

图 4-14 带回转体组合体的斜等测图

（a）投影图；（b）画出含有回转体部分；（c）画出前面四棱柱及修改；（d）完成

（3）组合体的斜二测图。图 4-15（a）所示为投影图；图 4-15（b）所示为斜二测图；图 4-15（c）所示为斜等测图。

斜二测图［图 4-15（b）］与斜等测图［图 4-15（c）］相比，由于宽度较窄，后面被遮挡的较少，其立体感更强一些。

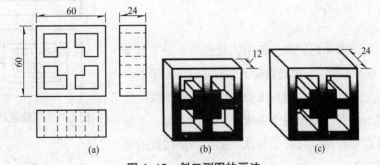

图 4-15 斜二测图的画法

（a）投影图；（b）斜二测图；（c）斜等测图

🧰 知识扩展建议

利用一定时间绘制较复杂平面组合体的斜等轴测剖面图。

📖 要点回顾

形体放置成使其的 XOY 坐标面平行于轴测投影面，然后用斜投影的方法向轴测投影面进行投影，一般有斜等测图、斜二测图可供选择。

项目5　绘制剖面、断面图

任 务 5.1　绘 制 剖 面 图

学习目标

掌握剖面图的分类及画法，能绘制剖面图。

相关知识链接

三面投影图基本知识。

在工程图中，对物体可见的轮廓一般用实线绘制，对不可见的轮廓用虚线绘制。图5-1所示的钢筋混凝土双杯基础的投影图，以及其他内部构造复杂的物体，在投影图中会出现很多虚线，这样就会导致形成图形中的实线与虚线交错重叠、层次不清，不便于绘图、看图和标注尺寸，所以，对于有孔、槽等内部构造的物体，一般采用剖面图表达。

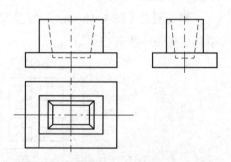

图5-1　钢筋混凝土双杯基础的投影图

5.1.1　剖面图的形成

用假想剖切平面剖开物体，将观察者与剖切平面之间的部分移去，将剩余的部分向投影面进行投影，所得图形称为剖面图，简称剖面，如图5-2所示。

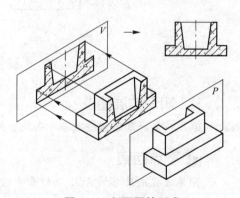

图5-2　剖面图的形成

5.1.2 剖面图的画法及标注

面剖面图时，首先应选择合适的剖切位置。剖切平面一般选择投影面平行面，并且一般应通过物体的对称面，或者通过孔的轴线。

1. 剖面图的画法

（1）剖切平面与物体接触部分的轮廓线用粗实线绘制，剖切平面没有切到，但沿投射方向可以看到的部分，用中实线绘制。

（2）剖切平面与物体接触的部分，一般要绘出材料图例。在不指明材料时，用45°细斜线绘出图例线，间隔要均匀。在同一物体的各剖面图中，图例线的方向、间隔要一致。表5-1给出了工程图中的常用建筑材料图例。

表 5-1　常用建筑材料图例

名称	图例	备注
自然土墙		包括各种自然土壤
夯实土壤		
砂、灰土	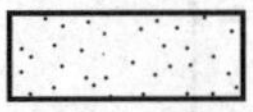	
毛石	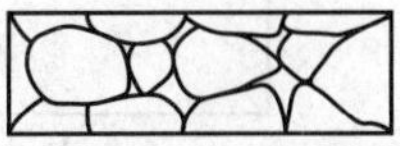	
饰面砖	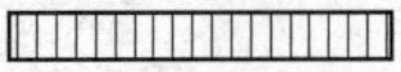	包括铺地砖、玻璃马赛克、陶瓷马赛克、人造大理石等
实心砖、多孔砖	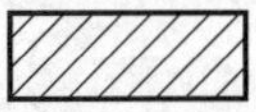	包括普通砖、多孔砖、混凝土砖等砌体
混凝土	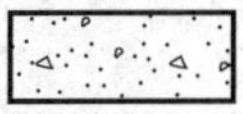	1. 包括各种强度等级、集料、添加剂的混凝土； 2. 在剖面图上绘制表达钢筋时，则不需绘制图例线； 3. 断面图形较小，不易绘制表达图例线时，可填黑或深灰（灰度宜70%）
钢筋混凝土		
焦渣、矿渣	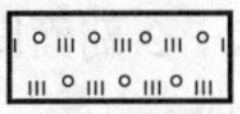	包括与水泥、石灰等混合而成的材料
多孔材料		包括水泥珍珠岩、沥青珍珠岩、泡沫混凝土、软木、蛭石制品等
石膏板	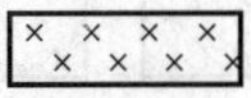	包括圆孔或方孔石膏板、防水石膏板、硅钙板、防火石膏板等
金属		1. 包括各种金属； 2. 图形小时，可填黑或深灰（灰度宜70%）
防水材料		构造层次多或比例大时，采用上面图例
粉刷	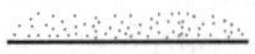	本图例采用较稀的点

（3）剖面图中一般不绘出虚线。

（4）因为剖切是假想的，所以除剖面图外，绘制物体的其他投影图时，仍应完整地画出，不受剖切影响，如图5-3所示。

2．剖面图的标注

剖面图本身不能反映剖切平面的位置及投影方向，必须在其他投影图上标注出剖切平面的位置、剖切形式及投影方向。在工程图中用剖切符号表示剖切平面的位置及投影方向。剖切符号由剖切位置线和投射方向线组成，均应以粗实线绘制。剖切位置线的长度一般为6～10 mm，剖视方向线应垂直于剖切位置线，长度应短于剖切位置线，长度一般为4～6 mm。如图5-4所示，绘制时剖切符号应尽量不穿行图形上的图线。

剖切符号的编号宜采用粗阿拉伯数字，需要转折的剖切位置线在转折处外侧加注相同的编号，在剖面图的下方应标注出相应的图名并在图名下方画一条粗实线，如"$X—X$剖面图"。

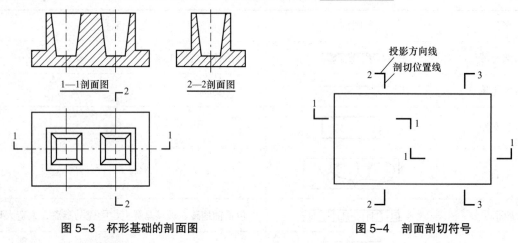

图5-3　杯形基础的剖面图　　　　　图5-4　剖面剖切符号

5.1.3　剖面图的分类

剖面图的剖切平面的位置、数量、方向、范围应根据物体的内部结构和外形来选择。剖面图宜选用下列几种：

（1）全剖面图。用一个剖切平面完全地剖开物体后所画出的剖面图称为全剖面图。全剖面图适用外形结构简单而内部结构复杂的物体。图5-3所示的1—1剖面图和2—2剖面图，均为全剖面图。

（2）半剖面图。当物体具有对称平面，并且内外结构都比较复杂时，以图形对称线为分界线，一半绘制物体的外形（投影图），另一半绘制物体的内部结构（剖面图），这种图称为半剖面图。如图5-5所示，半剖面图可同时表达出物体的内部结构和外部结构。

半剖面图以对称线作为外形图与剖面图的分界线，一般将剖面图绘制在垂直对称线的右侧和水平对称线的下侧。在剖面图的一侧已经表达清楚的内部结构，在绘制外形的一侧其虚线不再画出。

（3）阶梯剖面图。用两个或两个以上的平

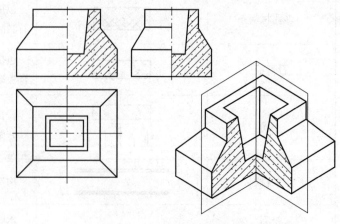

图5-5　杯形基础的半剖面图

行平面剖切物体后所得的剖面图，称为阶梯剖面图。如图5-6所示，水平投影为全剖面图，侧面投影为阶梯剖面图。如果侧面投影只用一个剖切平面剖切，门和窗就不可能同时剖切到，因此，假想用两个平行于 W 面的剖切平面，一个通过门，一个通过窗将房屋剖开，这样能同时显示出门和窗的高度。在绘制阶梯剖面图时应注意，由于剖切是假想的，因此，在剖面图中不应绘制出两个剖切平面的分界交线。

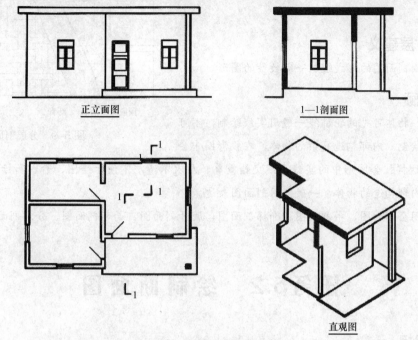

图5-6　房屋的阶梯剖面图

（4）展开剖面图。用两个或两个以上的相交平面剖切物体后，将倾斜于基本投影面的剖面旋转到平行基本投影面后再投影，所得到的剖面图称为展开剖面图。

例如，图5-7所示的过滤池，由于池壁上3个孔不在同一水平轴线上，仅用一个剖切平面不能都剖到，但池体具有回转轴线，可以采用两个相交的剖切平面，并让其交线与回转轴重合，使两个剖切平面通过所要表达的孔，然后将与投影面倾斜的剖切部分绕回转轴旋转到与投影面平行，再进行投影，这样就得池体上的孔及内部结构表达清楚了。

（5）局部剖面图。用一个剖切平面将物体的局部剖开后所得到的剖面图称为局部剖面图，简称局部剖。局部剖适用外形结构复杂且不对称的物体，图5-8所示为杯形基础的局部剖面图。

局部剖切在投影图上的边界用波浪线表示，波浪线可以视作物体断裂面的投影。绘制波浪线时，不能超出图形轮廓线，在孔洞处要断开，也不允许波浪线与图样上的其他图线重合。

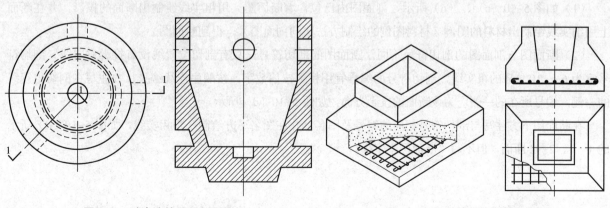

图5-7　过滤池的展开剖面图　　　　图5-8　杯形基础的局部剖面图

（6）分层剖面图。分层剖切是局部剖切的一种形式，用以表达物体内部的构造。如图 5-9 所示，用这种剖切方法得到的剖面图，称为分层剖面图，简称分层剖。分层剖面图用波浪线按层次将各层隔开。

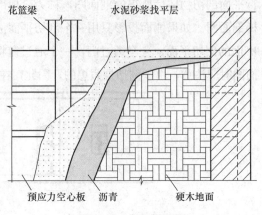

图 5-9　分层剖面图

知识扩展建议

最好能用轴测剖面图的形式绘制一定数量的图形。

要点回顾

在工程图中，物体可见的轮廓线一般用实线绘制，不可见的轮廓用虚线绘制。内部构造复杂的物体，在投影图中会出现很多虚线，这样就会图形中的实线虚线交错重叠、层次不清，不便于绘图、看图和标注尺寸，所以，对于有孔、槽等内部构造的物体，一般采用剖面图表达。

剖面图宜选用全剖面图、半剖面图、阶梯剖面图、展开剖面图、局部剖面图、分层剖面图。

任 务 5.2　绘 制 断 面 图

学习目标

掌握断面图的分类及画法，能绘制断面图。

相关知识链接

剖面图基本知识。

5.2.1　断面图的形成

如图 5-10（a）所示，假想用一个剖切平面将物体剖开，只绘制出剖切平面剖到的部分的图形称为断面图，简称断面。图 5-10（d）所示的 1—1 断面和 2—2 断面。断面图一般适用表达实心物体，如柱、梁、型钢的断面形状，在结构施工图中，也用断面图表达构配件的钢筋配置情况。

注意下列有关规定：

（1）如图 5-10（c）、（d）所示，剖面图内已包含着断面图。用粗实线绘制出断面的投影，并在断面上用细实线绘制出材料的图例（材料图例的绘制方法法同剖面图），得到断面图。

（2）断面图与剖面图的剖切符号不同，断面图的剖切符号，只有剖切位置线没有投影方向线。剖切符号宜为 6～10 mm 的粗实线，剖切符号的编号宜用粗阿拉伯数字，按顺序连续编排，并注写在剖切位置线的一侧，编号所在的一侧应为该断面的投影方向，如图 5-10（d）所示。

在断面图下方注写与剖切符号相应的编号及图名，并在图名下方绘制一根粗实线，如图 5-10（d）所示的 1—1、2—2 断面，但不写"断面图"字样。

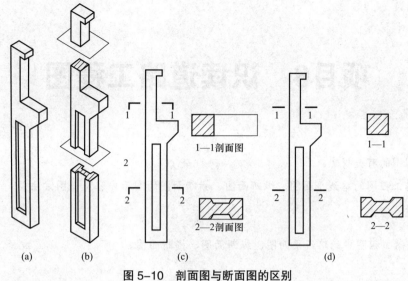

图 5–10　剖面图与断面图的区别

（a）轴测图；（b）剖切示意图；（c）剖面图；（d）断面图

5.2.2　断面图的分类和画法

断面图按其配置的位置不同，可分为移出断面图、中断断面图和重合断面图。

（1）移出断面图。绘制在投影图之外的断面图，称为移出断面图。移出断面的轮廓线用粗实线绘制，并在断面上绘制出材料图例，图 5–10（d）所示的 1—1、2—2 断面均为移出断面图。

（2）中断断面图。绘制在投影图的中断处的断面图称为中断断面图。中断断面图只适用杆件较长、断面形状单一且对称的物体。中断断面的轮廓线用粗实线绘制，并在断面上绘制出材料图例。投影图的中断处用波浪线或折断线绘制。中断断面图不必标注剖切符号，如图 5–11 所示。

（3）重合断面图。断面图绘制在投影图之内，称为重合断面图。重合断面图的轮廓线用细实线绘制。重合断面图也不必标注剖切符号，截面尺寸较小时，可以涂黑表示，如图 5–12 所示。

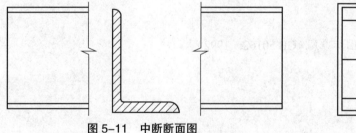

图 5–11　中断断面图　　　　　　　　图 5–12　重合断面图

🧰 知识扩展建议

建议看机械制图中断面图的表达方法。

📖 要点回顾

假想用一个剖切平面将物体剖开，只绘制出剖切平面剖到的部分的图形称为断面图，简称断面。剖面图宜选用移出断面图、中断断面图、重合断面图等。

项目6　识读道路工程图

知识要点

（1）道路工程图的有关规定。

（2）道路线路工程图的路线平面图、纵断面图、横断面图的图示内容及识图方法。

能力要求

能正确识读道路工程图中的路线平面图、纵断面图、横断面图。

新课导入

道路是行人步行和车辆行驶用地的统称，根据道路的组成和特点不同，可以分为公路、城市道路、林区道路、工业区道路、农村道路等。

无论是哪种类型，其基本组成都包括路线、路基及防护、路面及排水、桥梁、涵洞与通道、隧道、交叉口、交通工程及沿线设施和环境保护等。

道路工程图一般有路线平面图、纵断面图、横断面图等。

在识读和绘制道路工程图时，要以《道路工程制图标准》（GB 50162—1992）为依据。

任务6.1　认识道路工程

学习目标

掌握道路工程图的路线平面图、纵断面图、横断面图的图示内容及识图方法。

相关知识链接

1.2 运用制图标准，《道路工程制图标准》（GB 50162—1992）。

6.1.1　路线平面图

1. 有关规定

（1）图线。图线应符合表6-1的规定。

表6-1　图线的用途

名称	线型	一般用途
加粗粗实线	————	设计路线
粗实线	————	路基边缘线
中实线	————	变坡点圆

名称	线型	一般用途
细实线	——————	导线、边坡线、护坡道边缘线、边沟线、切线、引出线、原有通路边线等
中粗点画线	——·——·——	用地界线
细点画线	——·——·——	道路中线
粗双点画线	——··——··	规划红线

（2）里程桩。里程桩号的标注应在道路中线上从路线起点至终点，按从小到大、从左到右的顺序排列。千米桩宜标注在路线前进方向的左侧，用符号"♀"表示；百米桩宜标注在路线前进方向的右侧，用垂直于路线的短线表示。也可标注在路线的同一侧，均采用垂直于路线的短线表示千米桩和百米桩。

（3）平曲线。平曲线特殊点如第一缓和曲线起点、圆曲线起点、圆曲线中点、第二缓和曲线终点、第二缓和曲线起点、圆曲线终点的位置，宜在曲线内侧用引出线的形式表示，并应标注点的名称和桩号。在图纸的适当位置，应列表标注平曲线要素，包括交点编号、交点位置、圆曲线半径、缓和曲线长度、切线长度、曲线总长度、外距等（图6-1）。

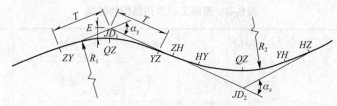

图6-1　平曲线几何要素

符号的含义：

JD—交角点；JD_1—第1号交点交角点；JD_2—第2号交点交角点；α—偏角；α_z—左偏角（向左偏转的角度）；α_y—右偏角（向右偏转的角度）；R—设计半径；T—切线长；E—外距（曲线中点到交点的距离）；L—曲线长；ZY—曲线起点（直圆）；QZ—中点（曲中）；YZ—曲线终点（圆直）；ZH—直缓点；HZ—缓直点；HY—缓圆点；YH—圆缓点

（4）道路工程常用图例。道路工程常用图例见表6-2。道路工程常用结构物图例见表6-3。

表6-2　道路工程常用图例

名称	图示	名称	图示	名称	图示
机场		港口		井	
学校		交电室		房屋	
土堤		水渠		烟囱	
河流		冲沟		人工开挖	

名称	图示	名称	图示	名称	图示
铁路		公路	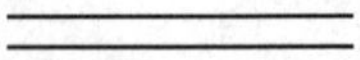	大车道	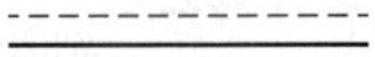
小路		低压电力线 高压电力线	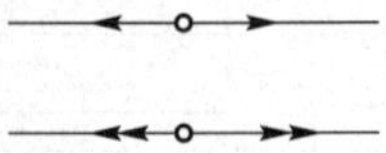	电信线	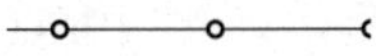
果园		旱地		草地	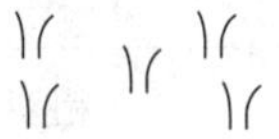
林地		水田	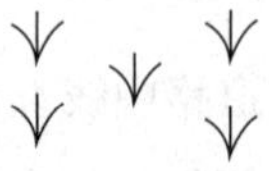	菜地	
导线点	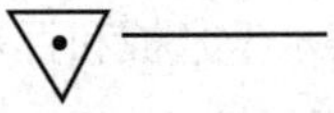	三角点		图根点	
水准点	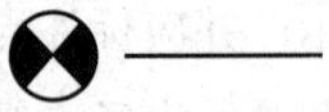	切线交点		指北针	

表6-3 道路工程常用结构物图例

序号	名称	图例	序号	名称	图例
1	涵洞		6	通道	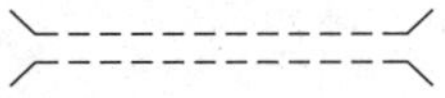
2	桥梁（大、中桥按实际长度绘制）	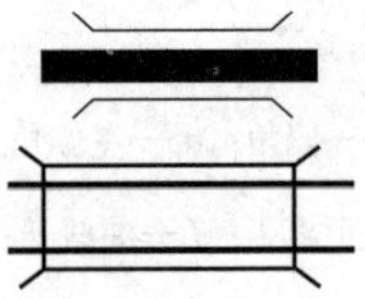	7	分离式立交 （a）主线上跨 （b）主线下穿	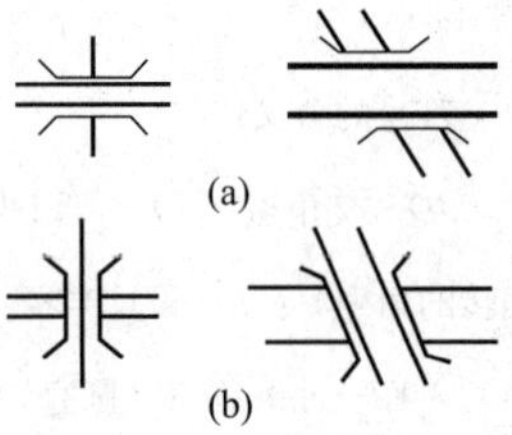
3	隧道		8	互通式立交 （采用形式绘）	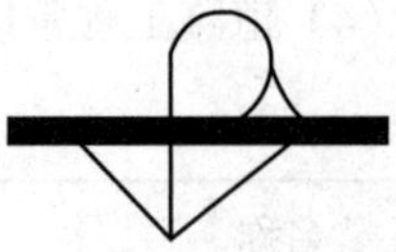
4	养护机构		9	管理机构	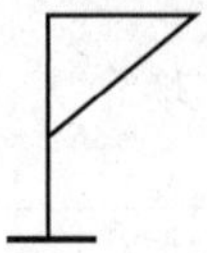
5	隔离墩		10	防护栏	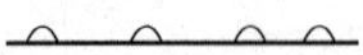

2. 路线平面图识读

路线平面图是指绘有道路中心线的地形图，用以表达路线的方向、平面线型、沿线两侧一定范围内的地形、地物情况及结构物的平面情况。

图6-2所示为某公路路线平面图。

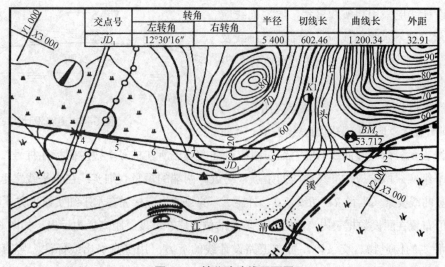

交点号	转角		半径	切线长	曲线长	外距
	左转角	右转角				
JD_1	12°30′16″		5 400	602.46	1 200.34	32.91

图 6-2　某公路路线平面图

图 6-2 中的符号 ① 表示指北针，箭头所指为正北方向。而图中的符号"半"是方位的坐标网表示法，其中，X 轴为南北方向，Y 轴为东西方向，坐标值的标注应靠近被标注点，书写方向应平行网格或在网格延长线上。该图 X 坐标为 3 000 m，Y 坐标分别为 1 000 m、2 000 m。

公路所在地带的地形起伏情况是用等高线表示的。图中两根等高线之间的高差为 2 m，对照图例可知，地形图上的地貌地物有河流、桥梁等。

图 6-2 中的"K1"表示距离起点 1 km。在 K1 千米桩的前方注写的"2"表示桩号为 K1+200，说明该点距路线起点为 1 200 m。

新设计的这段公路是从 K0+000 处开始，在交角点 JD_1 处向左转折，$\alpha_y = 12°30′16″$，圆曲线半径为 $R = 5 400$ m，路线总体走向由西向东。

图 6-2 中的"$\overset{BM_2}{\underset{53.712}{\otimes}}$"表示该水准点为第 2 个水准点，高程为 53.712 m。

6.1.2　路线纵断面图

1. 有关规定

（1）纵断面图的图样应布置在图幅上部。测设数据应采用表格形式布置在图幅下部。高程标尺应布置在测设数据表的上方左侧（图 6-3），测设数据表宜按图 6-3 所示的顺序排列，表格可根据不同设计阶段和不同道路等级的要求而增减。纵断面图中的距离与高程宜按不同比例绘制。

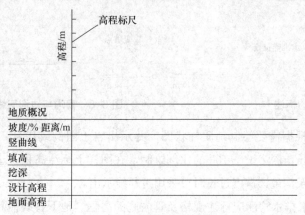

图 6-3　纵断面图的布置

（2）道路设计线应采用粗实线表示，原地面线应采用细实线表示，地下水水位线应采用细双点画线及水位符号表示，地下水水位测点可仅用水位符号表示，如图6-4所示。

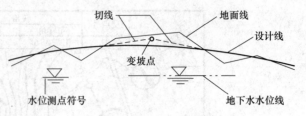

图6-4　道路设计线

（3）当路线坡度发生变化时，变坡点应用直径为2 mm中粗线圆圈表示，切线应采用细虚线表示，竖曲线应采用粗实线表示。标注竖曲线的竖直细实线应对准变坡点所在桩号，线左侧标注桩号，线右侧标注变坡点高程。水平细实线两端应对准竖曲线的始点、终点。两端的短竖直细实线在水平线之上为凹曲线；反之为凸曲线。竖曲线要素（半径R、切线长T、外距E）的数值均应标注在水平细实线上方［图6-5（a）］。竖曲线标注也可布置在测设数据表内，此时，变坡点的位置应在坡度、距离栏内示出，如图6-5（b）所示。

（4）道路沿线的构造物、交叉口，可在道路设计线的上方，用竖直引出线标注。竖直引出线应对准构造物或交叉口中心位置，线左侧标注桩号，水平线上方标注构造物名称、规格、交叉口名称，如图6-6所示。

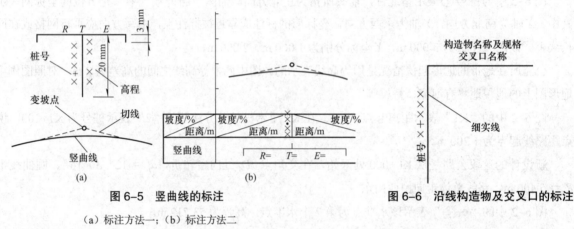

图6-5　竖曲线的标注

（a）标注方法一；（b）标注方法二

图6-6　沿线构造物及交叉口的标注

（5）水准点宜按图6-7所示标注。竖直引出线应对准水准点桩号，线左侧标注桩号，水平线上方标注编号及高程，线下方标注水准点的位置。

（6）盲沟和边沟底线应分别采用中粗虚线和中粗长虚线表示。变坡点、距离、坡度宜按图6-8所示标注，变坡点用直径1～2 mm的圆圈表示。

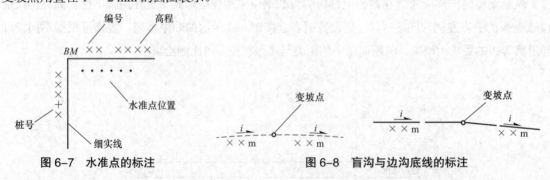

图6-7　水准点的标注

图6-8　盲沟与边沟底线的标注

（7）在纵断面图中可根据需要绘制地质柱状图，并示出岩土图例或代号。各地层高程应与高程标尺对应。探坑应按宽为0.5 cm、深为1∶100的比例绘制，在图样上标注高程及土壤类别图例。钻孔可按宽0.2 mm绘制，仅标注编号及深度，深度过长时可采用折断线示出。

（8）纵断面图中，给水排水管涵应标注规格及管内底的高程。地下管线横断面应采用相应图例。无图例时可自拟图例，并应在图纸中说明。

（9）在测设数据表中，设计高程、地面高程、填高、挖深的数值应对准其桩号，单位以 m 计。

（10）里程桩号应由左向右排列。应将所有固定桩及加桩桩号示出。桩号数值的字底应与所表示桩号位置对齐。整千米桩应标注"K"，其余桩号的千米数可省略，如图 6-9 所示。

（11）在测设数据表中的平曲线栏中，道路左、右转弯应分别用凹、凸折线表示。当不设缓和曲线段时，按图 6-10（a）所示标注；当设缓和曲线段时，按图 6-10（b）所示标注。在曲线的一侧标注交点编号、桩号、偏角、半径、曲线长。

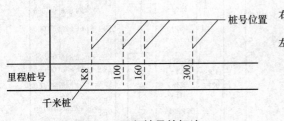

图 6-9　里程桩号的标注

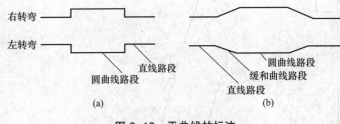

图 6-10　平曲线的标注
（a）不设缓和曲线段；（b）设缓和曲线段

2．路线纵断面图识读

（1）路线纵断面图的形成。路线纵断面图是用假设的铅垂面沿道路中心线进行剖切得到的。由于道路中心线是由直线与曲线组合而成的，故剖切断面既有平面，又有曲面。为了清晰表达路线纵断情况，故用展开剖面法将断面展成一平面，即为路线的纵断面图。图 6-11 所示为假设铅垂面沿公路中心线进行剖切的示意。

（2）路线纵断面图的识读。图 6-12 所示为某路线纵断面图。

图 6-11　断面图的形成

1）比例。图 6-12 中的铅垂向比例采用 1 : 200；水平向比例采用 1 : 2 000。从图 6-12 可知，纵断面图纸共有 5 张，本张图纸序号为 2。

2）地面线。图上不规则的折线是地面线，用细实线画出，表格有地面线上各点地面标高。

3）设计坡度线。图上比较规则的直线与曲线相间的粗实线称为设计坡度，简称设计线。其是道路设计中线的纵向设计线型，表示路基边缘的设计高程，是根据地形、技术标准等设计出来的。

4）竖曲线。在图 6-12 中 K0+210 桩号处表示了凸形竖曲线，半径 R 为 2 500 m，切线长 T 为 15.43 m，外距（曲线中点到交点的距离）E 为 0.05 m。铅垂直线旁标有高程为 982.76 m。

5）资料表包括地质概况，设计高程，地面高程，坡度、坡长、挖填高度、里程桩号和平曲线等。

6）坡度、坡长。如分格内注有 1.314/210.00，表示顺路线前进方向是上坡，坡度为 1.314%，坡长为 210.00 m。

7）高程。设计高程和地面高程见资料表，它们与图样相对应，两者之间的差数，就是填挖的数值。

8）桩号。里程桩号有 K0+000、K0+590，中间有百米桩号。

9）平曲线。在图 6-12 中，JD_1：$\alpha = 63°49'04''$（Z）；R—30，L_s—25 分别表示 1 号交角点沿路线前进方向左转弯，转折角 $\alpha = 63°49'04''$，平曲线半径 $R = 30$ m，曲线长 $L_s = 25$ m。

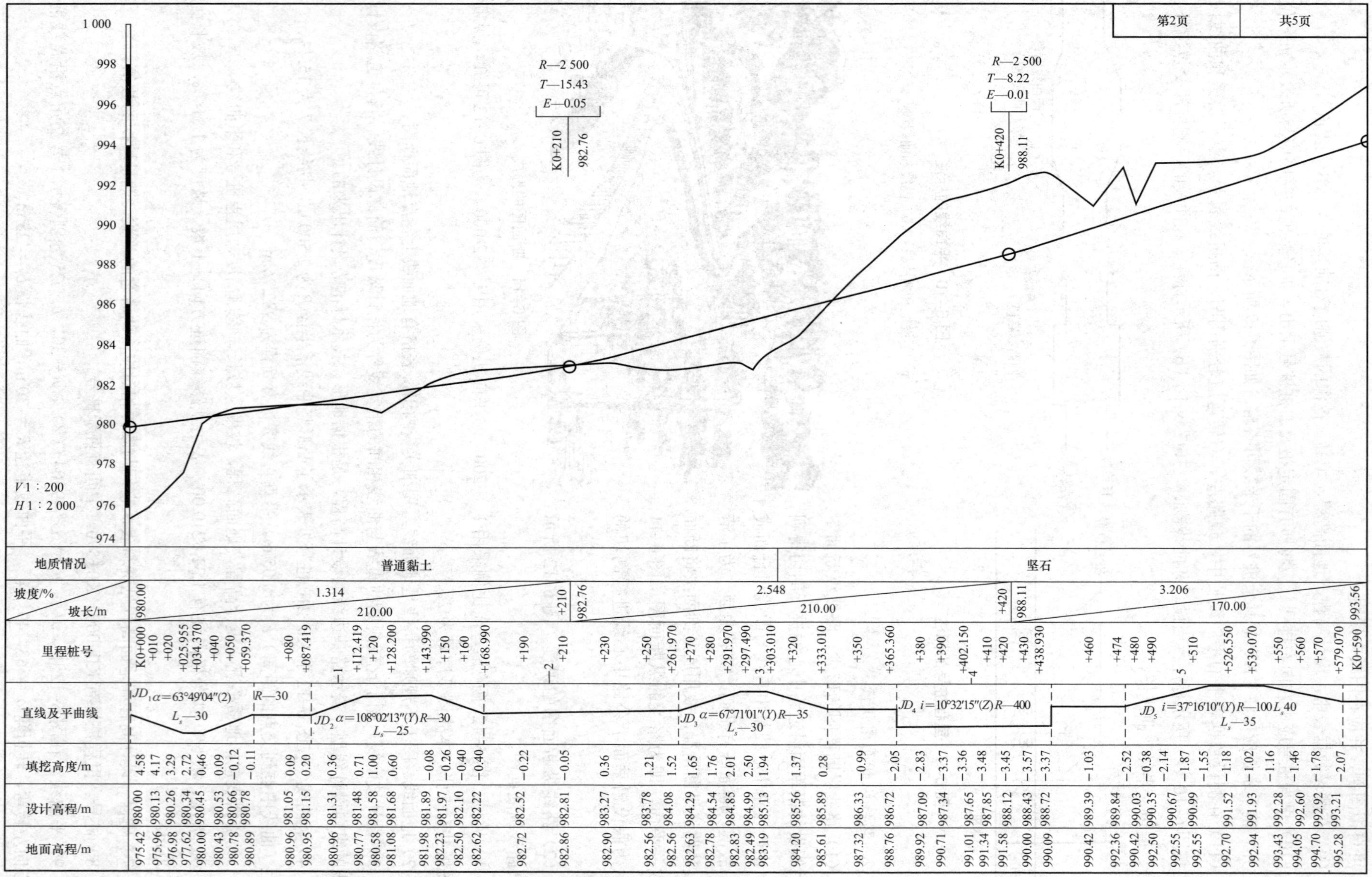

图6-12　某路线纵断面图

地质情况

坡度/%　坡长/m

里程桩号

直线及平曲线

填挖高度/m

设计高程/m

地面高程/m

V 1:200
H 1:2000

6.1.3 路线横断面图

1. 有关规定

（1）路面线、路肩线、边坡线、护坡线均应采用粗实线表示；路面厚度应采用中粗实线表示；原有地面线应采用细实线表示，设计或原有道路中线应采用细点画线表示，如图 6-13 所示。

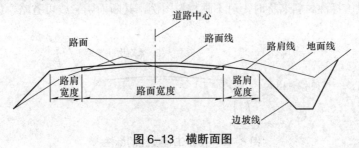

图 6-13　横断面图

（2）当道路分期修建、改建时，应在同一张图纸中示出规划、设计、原有道路横断面，并注明各道路中线之间的位置关系。规划道路中线应采用细双点画线表示。规划红线应采用粗双点画线表示。在设计横断面图上，应注明路侧方向，如图 6-14 所示。

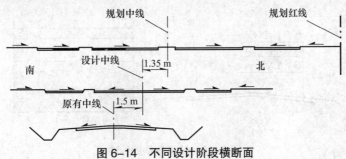

图 6-14　不同设计阶段横断面

（3）在路线横断面图中，管涵、管线的高程应根据设计要求标注。管涵、管线横断面应采用相应图例，如图 6-15 所示。

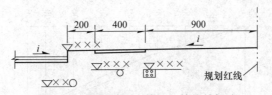

图 6-15　横断面图中管涵、管线的标注

（4）道路的超高、加宽应在横断面图中示出（图 6-16）。

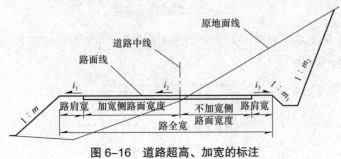

图 6-16　道路超高、加宽的标注

（5）用于施工放样及土方计算的横断面图应在图样下方标注桩号，图样右侧应标注填高、挖深、填方、挖方的面积，并采用中粗点画线示出征地界线，如图 6-17 所示。

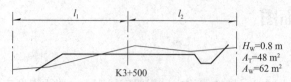

图 6-17 横断面图中填挖方的标注

（6）当防护工程设施标注材料名称时，可不画材料图例，其断面阴影线可省略，如图 6-18 所示。

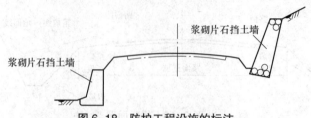

图 6-18 防护工程设施的标注

（7）路面结构图应符合下列规定：当路面结构类型单一时，可在横断面图上用竖直引出线标注材料层次及厚度，如图 6-19（a）所示；当路面结构类型较多时，可按各路段不同的结构类型分别绘制，并标注材料图例（或名称）及厚度，如图 6-19（b）所示。

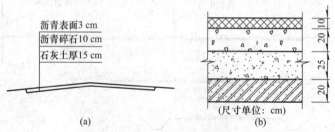

图 6-19 路面结构的标注

（a）用竖直引出线标注层次及厚度；（b）标注材料图例及厚度

（8）路拱曲线大样图在垂直和水平方向上，应按不同比例绘制，如图 6-20 所示。

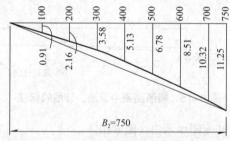

图 6-20 路拱曲线大样

（9）在同一张图纸上的路基横断面，应按桩号的顺序排列，并从图纸的左下方开始，先由下向上，再由左向右排列，如图 6-21 所示。

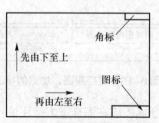

图 6-21 横断面的排列顺序

2. 路线横断面图识读

在路线每一中桩处假设用一平面垂直于设计中心线进行剖切，绘制出剖切面与地面的交线，再根据填挖高度和规定的路基宽度与边坡，绘制出路基横断面设计线，称为路线横断面图。

路线横断面图的作用是表达各里程桩处道路横断面与地形的关系、路基的形式、边坡坡度、路基标高、排水设施的布置情况、防护加固工程及有关尺寸。

图 6-22 所示为路基结构设计图。比例竖向为 1：150、横向为 1：200；水塘地段采用抛石挤淤方案，挤淤深度按 0.500 m 计算；边坡坡度为 1：1.5；路基中心线顶部标高为 -0.465 m。

图中还反映一些相关尺寸，如 8.00 为 1/2 路宽。另外，附注中还有其他说明。

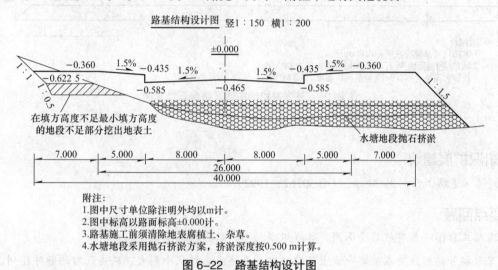

图 6-22 路基结构设计图

图 6-23 所示为某道路人行道及平缘石结构图。

该图用示意图的方式画出并附图例表示路面结构中的各种材料、各层厚度（用尺寸数字表示），图 6-23 中从下到上：土基压实 ≥ 83%、级配碎石 5 cm、C10 水泥混凝土 10 cm、1：3 水泥砂浆卧底 2 cm、预制彩色压缩砖（22.5×11.25×8）8 cm。其中，22.5×11.25×8 为彩色压缩砖，长为 22.5 cm、宽为 11.25 cm、高为 8 cm。

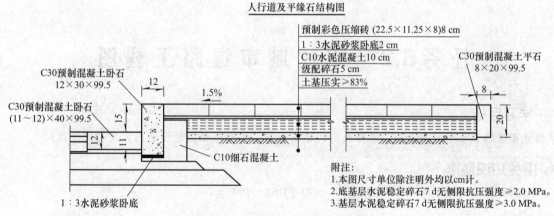

图 6-23 某道路人行道及平缘石结构

另外，图 6-23 中标出了其他部分的结构形式及相关尺寸，如 C30 预制混凝土卧石 12× 30×99.5；标出了相关的尺寸，如 12、30 分别为 C30 预制混凝土卧石的厚度、高度；标出了坡度为 1.5%，还用附注说明其他内容。

图 6-24 所示为某道路机动车道及路缘石结构图。此图的读图方法同前，请读者自己分析。

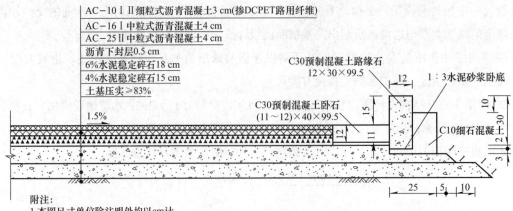

附注：
1.本图尺寸单位除注明外均以cm计。
2.底基层水泥稳定碎石7d无侧限抗压强度≥2.0 MPa；
基层水泥稳定碎石7d无侧限抗压强度≥3.0 MPa。

图 6-24　某道路机动车道及路缘石结构图

知识扩展建议

全面阅读《道路工程制图标准》（GB 50162—1992）。

要点回顾

（1）道路工程图一般有线路平面图、路线纵断面图、路线横断面图等。

（2）里程桩号的标注应在道路中线上从路线起点至终点，按从小到大、从左到右的顺序排列。

（3）路线纵断面图是用假设的铅垂面沿公路中心线进行剖切得到的。由于公路中心线是由直线与曲线组合而成的，故剖切断面既有平面，又有曲面。为了清晰表达路线纵断情况，故用展开剖面法将断面展成一平面，即为路线的纵断面图。

（4）在路线每一中桩处假设用一平面垂直于设计中心线进行剖切，绘制出剖切面与地面的交线，再根据填挖高度和规定的路基宽度与边坡，绘制出路基横断面设计线，称为路线横断面。

任务6.2　识读城市道路工程图

学习目标

掌握城市道路工程图的平面图、纵断面图、横断面图、路面结构图的图示内容及识图方法。

相关知识链接

1.2 运用制图标准，《道路工程制图标准》（GB 50162—1992）。

城市道路一般由行车道、人行道、绿化带、分隔带、交叉口、交通广场及高架桥高速路、地下通道等各种设施组成。平面图、纵断面图和横断面图依然是城市道路线型设计基本图示方式，它们的图示方法与公路路线工程图完全相同。但由于城市道路的设计是在城市规划与交通规划的基础上实施的，交通性质和组成部分比公路复杂得多，因此，体现在横断面图上，城市道路比公路复杂得多，需详细的路面结构图予以图示说明。

6.2.1 城市道路平面图识读

城市道路平面图与公路路线平面图相似，它是用来表示城市道路的方向、平面线型和行车道布置及沿路两侧一定范围内的地形和地物情况。

图 6-25 所示为某城市道路平面图（局部）。由此图可以得到以下信息：

（1）由于城市道路具有狭长曲折的特点，往往需要分段绘制在若干张图纸上，使用时将图拼接起来，在图上显示 2 个指北针，说明是由 2 张图纸拼接起来，图上给出了拼接线。

（2）沿道路中心线里程桩号，如 K2+420、K2+460 分别表示该点距离起点（K0+000）为 2 000+420 ＝ 2 420（m）、2 000+460 ＝ 2 460（m）。

（3）重要点的方位坐标，如 X56 598.012/Y78 980.875，此点的坐标为 X 方向为 56 598.012 m、Y 方向为 78 980. 875 m。

（4）从 K2+200 到 K2+400 以道路中心线为中点，两侧的道路及绿化带的分布情况，即 2 m 宽绿化带、5 m 宽人行道、8 m 宽车行道、道路中心线、10.5 m 宽车行道、5 m 宽人行道、2 m 宽绿化带，10.5 m 宽车行道处于行进方向的左侧，

（5）远于 K2+200 到 K2+400 道路还标有尺寸，总宽为 26 m（人行道为 5.0 m、车行道为 8 m）。

（6）不同方向的道路连接弧线半径 R ＝ 20 m。

（7）图中标有某江桥的信息：3×20 m 预应力空心板，斜度为 0°，桥中心桩号 K2+454. 492。

6.2.2 城市道路纵断面图识读

城市道路纵断面图识读与 6.1.2 中路线纵断面图识读所介绍的方法相同，请读者结合图 6-26 分析。

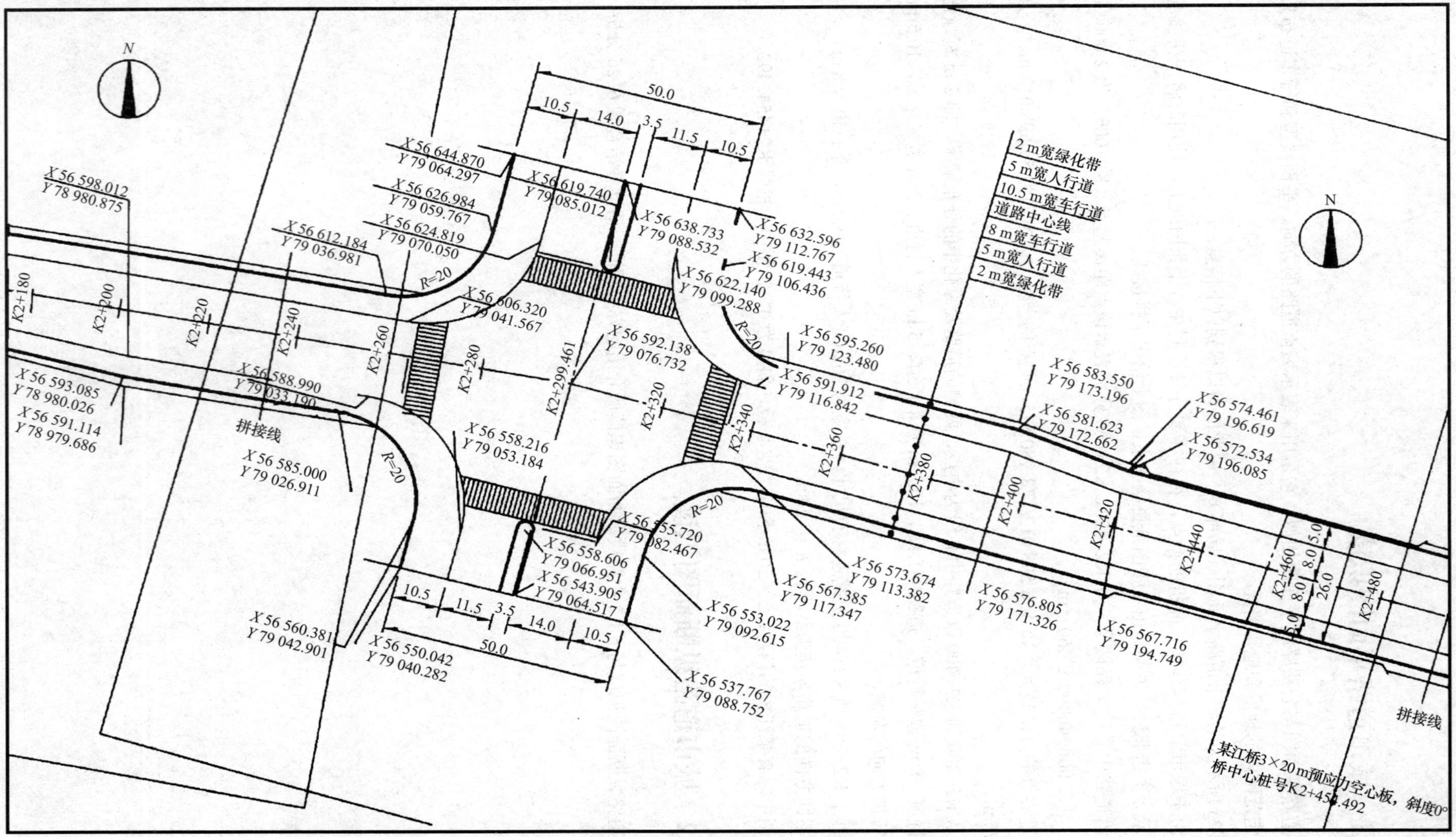

图6-25 某城市道路平面图（局部）

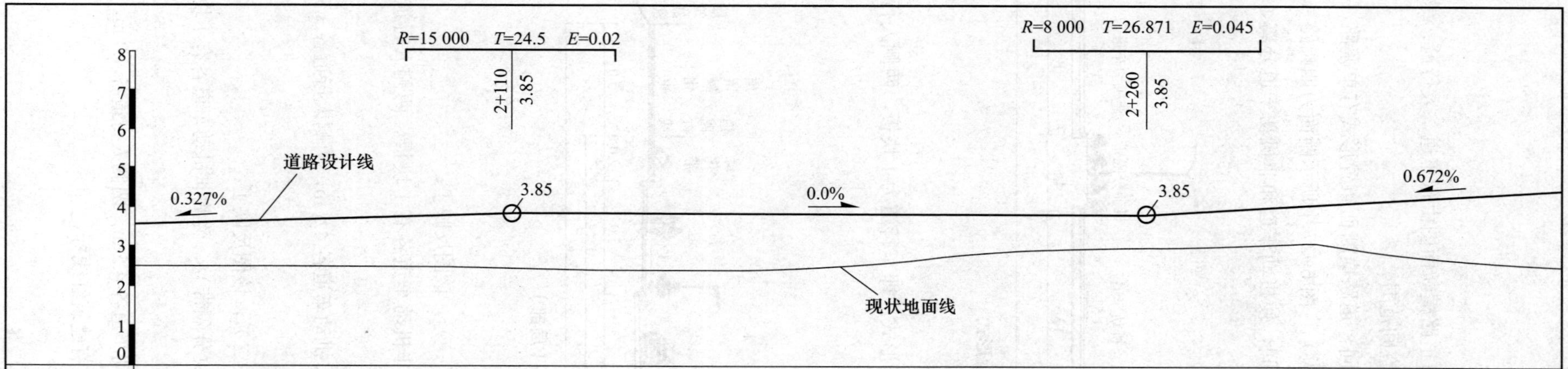

图 6-26 某城市道路纵断面图（局部）

桩号	路中填挖高	设计高程/m	地面高程/m	设计坡度与距离	竖曲线	地质概况	平曲线
K2+020	2.476	3.556	1.080				
K2+040	2.504	3.621	1.117	0.327%			
K2+060	2.505	3.687	1.182	90.000	3.770		
K2+080	2.490	3.752	1.262		3.810		
K2+080.500	2.485	3.770	1.285		3.830		
K2+100	2.470	3.817	1.340		3.850		
K2+110	2.452	3.850	1.378				
K2+120	2.434	3.850	1.409				
K2+134.500	2.431	3.850	1.419				
K2+140	2.430	3.850	1.420				
K2+160	2.450	3.850	1.400		3.850		
K2+180	2.487	3.850	1.363	0.000%			
K2+200	1.224	3.850	1.224	150.000		黏土	
K2+220	2.862	3.850	0.988				
K2+233.129	2.935	3.850	0.915		3.850		
K2+240	2.973	3.850	0.880		3.853		
K2+250	2.975	3.850	0.893		3.868		
K2+260	2.976	3.850	0.919		3.895		
K2+270	2.998	3.937	0.937		3.935		
K2+280	3.019	3.984	0.968		3.987		
K2+289.461	3.057	4.031	0.974		4.031		
K2+300	3.129	4.119	0.990	0.672%			
K2+320	2.816	4.253	1.437				
K2+340	2.633	4.387	1.754	100.000			
K2+360	2.563	4.522	1.959				

6.2.3　城市道路横断面图识读

城市道路的横断面图是道路中心线法线方向的断面图。城市道路横断面图由行车道、人行道、绿化带和分隔带等部分组成。城市道路用地为沿街两侧建筑红线之间的空间范围。

根据机动车道和非机动车道（不含人行道）的布置形式不同，道路横断面布置形式有单幅路（一块板）、双幅路（二块板）、三幅路（三块板）、四幅路（四块板）。图6-27中所示断面为四幅路（四块板）布置形式。用中央分隔带、机非分隔带分离各不同功能区间，使机动车道和非机动车道分离、分向行驶。

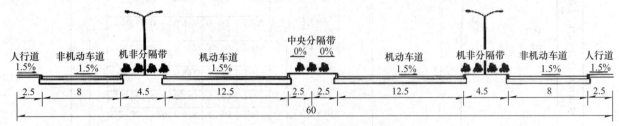

图6-27　某城市道路横断布置形式

1. 城市道路标准横断面图

图6-28所示为城市道路标准横断面图，是"三块板"布置形式，即车行道为1块板，两侧人行道各有1块板。

图6-28　城市道路标准横断面图（局部）

2. 某城市道路横断面图

（1）"五块板"布置。图6-29所示为某城市道路横断面图（一），该图反映了：

1）道路采用"五块板"布置，即车行道为1块板、两侧非机动车道各有1块板、两侧人行道各有1块板。

2）道路总宽为36.0 m：车行道8.0+8.0＝16（m），两侧非机动车道各4.5 m，两侧人行道各3.5 m，两侧机非分隔带各2.0 m；两侧绿化带各5.0 m，有建筑红线标记。

（2）"六块板"布置。图6-30所示为某城市道路横断面图（二），该图反映了：

1）道路采用"六块板"布置，即车行道为2块板（设有中央分隔带）、两侧非机动车道各有1块板、两侧人行道各有1块板。

2）道路总宽为50.0 m：车行道2条各为11.5 m，两侧非机动车道各4.5 m，两侧人行道各4.0 m，中央分隔带6.0 m，两侧机非分隔带各2.0 m；两侧绿化带各10.0 m，有建筑红线标记。

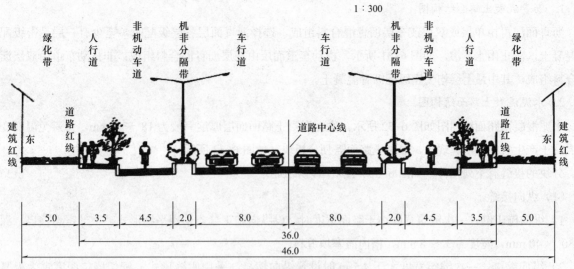

图 6-29　某城市道路横断面图（一）

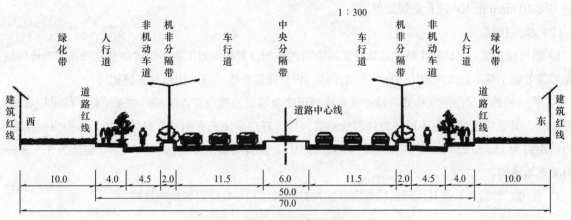

图 6-30　某城市道路横断面图（二）

知识扩展建议

多阅读一些道路工程图实例。

要点回顾

（1）城市道路平面图与公路路线平面图相似，它是用来表示城市道路的方向、平面线型和行车道布置，以及沿路两侧一定范围内的地形和地物情况。

（2）城市道路的横断面图是道路中心线法线方向的断面图，城市道路横断面图由行车道、人行道、绿化带和分隔带等部分组成。城市道路用地为沿街两侧建筑红线之间的空间范围。

6.2.4　城市道路路面结构图及路拱详图识读

路面是用各种筑路材料铺筑在路基上直接承受车辆荷载作用的层状构筑物。道路路面结构按路面的力学特性及工作状态，可分为柔性路面（沥青混凝土路面等）和刚性路面（水泥混凝土路面等）。路面结构可分为面层、基层、底基层、垫层等。结构图中须注明每层结构的厚度、性质、标准等内容，并标注必要的尺寸（如平侧石尺寸）、坡向等。

1. 沥青混凝土路面结构图

沥青面层可由单层或双层或三层沥青混合料组成。选择沥青面层各层级配时，至少有一层是密级配沥青混凝土，防止雨水下渗。如图 6-31 所示，机动车道面层由三层沥青混合料组成；非机动车道由双层沥青混合料组成，其中最上层均为密级配沥青混凝土。

2. 水泥混凝土路面结构图

水泥混凝土路面结构图如图 6-32 所示。水泥混凝土路面面层厚度一般为 18 ~ 25 cm，为避免温度变化使混凝土产生裂缝和拱起现象，混凝土路面需划分板块，如图 6-33 所示。

分块的接缝有下列几种，如图 6-33、图 6-34 所示。

（1）纵向接缝。

1）纵向施工缝：一次铺筑宽度小于路面宽度时，设纵向施工缝，采用平缝形式，上部锯切槽口，深度为 30 ~ 40 mm，宽度为 3 ~ 8 mm，槽内灌塞填缝料。

2）纵向缩缝：一次铺筑宽度大于 4.5 m 时设置纵向缩缝，采用假缝形式，锯切槽口深度宜为板厚的 1/3 ~ 2/5。纵缝应与路中心线平行，一般做成企口缝形式或拉杆形式；拉杆采用螺纹钢筋，设在板厚中央，拉杆中部 100 mm 范围内进行防锈处理。

（2）横向接缝。

1）横向施工缝：每日施工结束或临时施工中断时必须设置横向施工缝，位置尽量选择在缩缝或胀缝处。设在缩缝处施工缝，应采用加传力杆的平缝形式，设在胀缝处施工缝，构造与胀缝相同。

2）横向缩缝：采用假缝形式，特重或重交通道路及邻近胀缝或自由端部的 3 条缩缝，应采用设传力杆假缝形式，其他情况可采用不设传力杆假缝形式。传力杆应采用光面钢筋，最外侧传力杆距纵向接缝或自由边的距离为 150 ~ 250 mm。横向缩缝顶部锯切槽口，深度为面层厚度的 1/5 ~ 1/4，宽度为 3 ~ 8 mm，槽内灌塞填缝料。

3）胀缝：邻近桥梁或其他固定构造物处或与其他道路相交处应设置横向胀缝。

3. 路拱

路拱根据路面宽度、路面类型、横坡度等，选用不同方次的抛物线形、直线接不同方次的抛物线形与折线形等路拱曲线形式。图 6-31 所示为改进二次抛物线路拱形式。路拱大样图中应标出纵、横坐标，供施工放样使用。

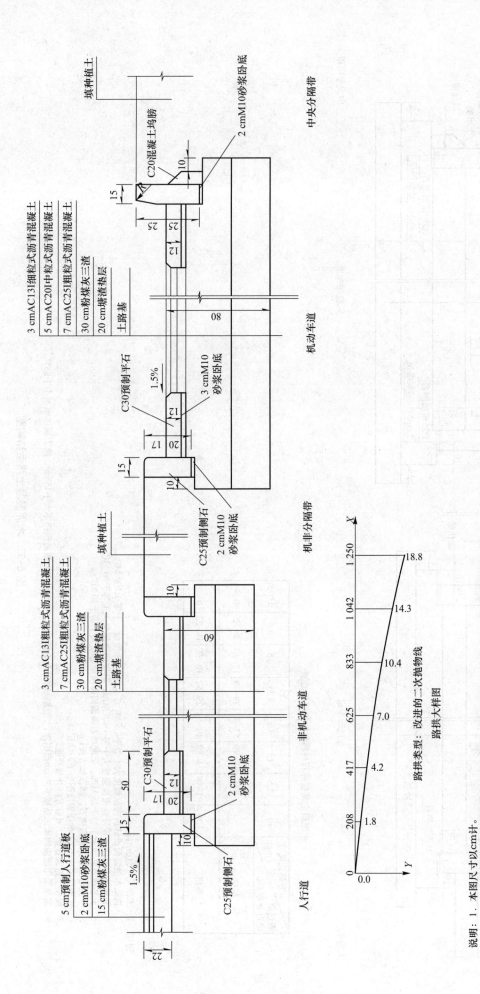

图 6-31 沥青混凝土路面结构图

说明：
1. 本图尺寸以cm计。
2. 机动车道沥青混凝土路面顶面允许弯沉值为0.048 cm，基层顶面允许弯沉值为0.06 cm。
   非机动车道沥青混凝土路面顶面允许弯沉值为0.056 cm，基层顶面允许弯沉值为0.07 cm。
3. 粉煤灰三渣基层配合比（质量比）为粉煤灰：石灰：碎石=32：8：60。
4. 土路基模量必须大于25 MPa，塘渣顶面回弹模量必须大于35 MPa，塘渣须有较好级配，最大粒径大于等于10 cm。
5. 土基模量必须大于等于25 MPa，机非隔离带采用普通侧石。
6. 中央绿化带采用高侧石，机非绿化带采用普通侧石。

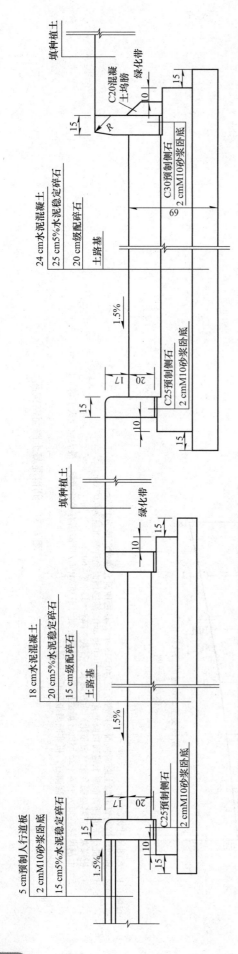

人行道　　　　　非机动车道　　　　　机动车道　　　　　中央分隔带

图 6-32　水泥混凝土路面结构图

水泥稳定基层碎石材料集料的级配范围

通过质量百分率/%	方筛孔尺寸/mm							
	40	31.5	19	9.5	4.75	2.36	0.6	0.075
基层	—	100	88~99	57~77	29~49	17~35	8~22	0~7
垫层	100	93~98	74~89	49~69	29~52	18~38	18~22	0~7

说明：
1. 本图尺寸以cm计。
2. 机动车道路面设计抗弯拉强度大于等于4.5 MPa，基层回弹模量大于等于100 MPa。
3. 非机动车道路面设计抗弯拉强度大于等于4.5 MPa，基层回弹模量必须大于等于80 MPa。
4. 土基模量必须大于等于25 MPa，级配碎石顶面回弹模量必须大于等于30 MPa。
5. 中央分隔带采用高侧石，侧石每节长1 m。
6. 水泥稳定碎石7 d抗压强度不小于3.0 MPa。
7. 混凝土路面养护28 d后方可开放交通。
8. 路基采用塘渣回填，基层下30 cm范围内，塘渣粒径不大于10 cm；30 cm以下，塘渣粒径不大于15 cm，填方固体率不小于85%。

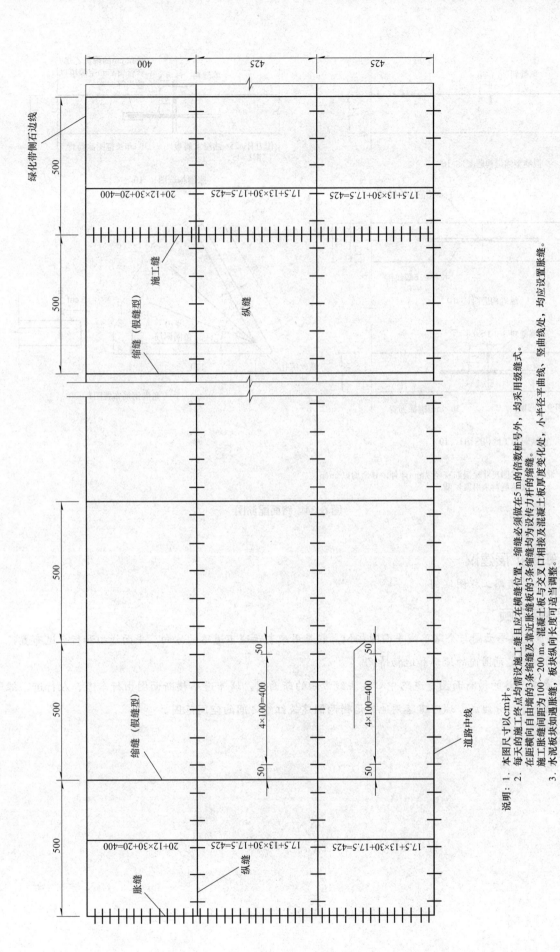

图 6-33　车道路面板块划分示意

说明：1. 本图尺寸以cm计。

2. 每天的施工终点均需设施工缝且应在横缝位置。缩缝必须做在5 m的倍数桩号外，均采用缩缝式。在距横向自由端的3条缩缝及常近胀缝板的3条缩缝均为设传力杆的缩缝。施工胀缝间距为100～200 m。混凝土板与交叉口相接及混凝土板厚度变化处、小半径平曲线、竖曲线处，均应设置胀缝。

3. 水泥板板块如遇加强胀缝、板块纵向长度可适当调整。

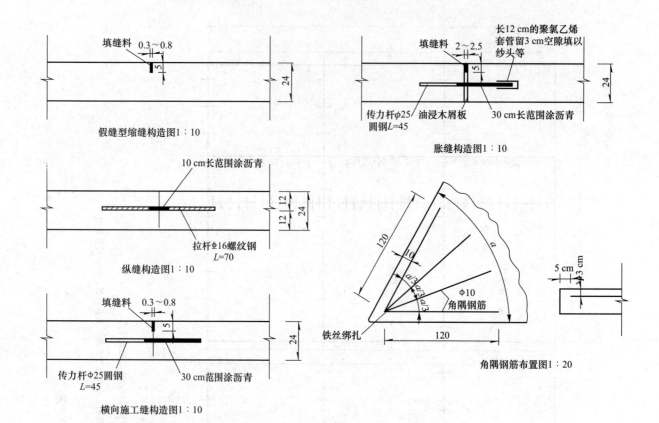

假缝型缩缝构造图1:10

胀缝构造图1:10

纵缝构造图1:10

角隅钢筋布置图1:20

横向施工缝构造图1:10

说明：1.本图尺寸除钢筋直径以mm计外，其余均以cm计。
　　　2.填缝料采用聚氨酯。

图6-34　路面配筋图

💼 知识扩展建议

多阅读一些道路工程图实例。

⌨ 要点回顾

（1）城市道路平面图与公路路线平面图相似，它是用来表示城市道路的方向、平面线型和行车道布置，以及沿路两侧一定范围内的地形和地物情况。

（2）城市道路的横断面图是道路中心线法线方向的断面图，城市道路横断面图由行车道、人行道、绿化带和分隔带等部分组成。城市道路用地为沿街两侧建筑红线之间的空间范围。

道路工程图实例1
（沥青路面）

道路施工图设计说明

一、主要设计依据

1. 甲方委托我院的工程设计合同；

2. 《长兴县龙山新区澜长路北延、十四号路道路工程方案设计》；

3. 《城市道路工程设计规范（2016年版）》（CJJ 37—2012）；

4. 《公路路基设计规范》（JTG D30—2015）；

5. 《公路沥青路面设计规范》（JTG D50—2017）；

6. 《公路工程技术标准》（JTG B01—2014）；

7. 《城市道路照明设计标准》（CJJ 45—2015）；

8. 《城市道路平面交叉口规划与设计章程》（上海）；

9. 《道路交通标志和标线》（GB 5768）；

10. 《无障碍设计规范》（GB 50763—2012）。

二、主要设计资料

1. 甲方提供工程范围内 1 : 500 地形图；

2. 甲方提供的相关交通路资料；

3. 《长兴龙山新区二期河道水系、竖向排水规划》。

三、道路设计标准

1. 道路设计等级：十四号路为 I 级次干道，设计车速为 40 km/h；

2. 沥青路面设计年限为 15 年；路面结构设计标准轴载 100 kN，交通等级为中型。

四、路面结构

机动车道：4 cm 细粒式沥青混凝土（AC-13C）+8 cm 粗粒式沥青混凝土（AC-25C）+乳化沥青封层（1 kg/m²）+30 cm 5% 水泥稳定碎石 +30 cm 塘渣 =72（cm）。

非机动车道：4 cm 细粒式沥青混凝土（AC-13C）+6 cm 粗粒式沥青混凝土（AC-25C）+乳化沥青封层（kg/m²）+25 cm 5% 水泥稳定碎石 +30 cm 塘渣 =65（cm）。

人行道：6 cm 透水砖 +2 cm M10 砂浆卧底 +20 cm C20 水泥混凝土 +25 cm 塘渣 = 53（cm）。

土基顶面设计回弹模量不小于 20 MPa，若不满足要求应进行换填处理。水泥稳定碎石无侧限抗压强度大于等于 2.5 MPa。

五、施工注意事项

1. 道路路基采用塘渣分层回填，每层厚度不大于 30 cm，路基填筑应采用 20 t 以上重型压路机振动分层破压，当压路机从结构物顶上通过时，若结构物顶面填土高度小于 50 cm，应禁止采用振动碾压。对于不同性质的填料，其压实厚度和碾压数据应根据现场压实试验确定。对于同一填筑路段，要求同一层的路基填料强度和粒径均匀。

1

要求后才能进行施工。

9. 路基填方及路面结构施工时应严格按有关规范及验收指标执行，合格后方可进行下一道工序施工。

10. 道路边坡 50 cm 范围内采用黏土回填，并尽早铺草皮绿化，边坡坡坡脚用块石加固。

11. 兴国路为现状道路，十四号路道路实施时路段平面和标高接顺现状兴国路。施工前应实测兴国路衔接处现状标高。

六、软土地基处理特殊说明

1. 由于目前本项目的地质勘察报告尚未提供，参考同边画溪大道、明珠北路地质勘察报告，对路基填方高度大于 2 m 路段及河塘段进行水泥搅拌桩处理。水泥搅拌桩桩径为 0.5 m，间距为 1.3 m 以梅花形布置，桩长暂按 8 m，待地质报告出来后进行核算调整。具体范围见道路平面图。

2. 设计标准：路基稳定系数一般要求 $F_s > 1.25$，工后沉降要求：路基与桥头衔接段沉降差异 $S<10$ cm，一般路基 $S < 30$ cm，纵向坡率小于<0.4%。

3. 作业程序及材料要求：水泥搅拌桩处理路段，先去除表层耕植土，整平场地再打入水泥搅拌桩，桩顶与现状地坪平，梅花形布置。水泥搅拌桩施工完成后至路基开始填筑期间间歇期不得小于一个月。桩头处理后铺 30 cm 砂砾垫层，铺土工格栅，上填 20 cm 砂砾。

七、工程质量验收标准

道路工程质量验收和评定按《城镇道路工程施工与质量验收规范》（CJJ 1—2008）执行。

---

2. 路基压实标准及压实度

项目分类		路面底面以下深度/cm	填料最大粒径/cm	填料最小强度（CBR）/%	重型压实度/%	固体体积率/%
填方路基	上路床	0～30	10	8	≥93	≥85
	下路床	30～80	10	5	≥93	≥85
	上路堤	80～150	15	4	≥93	≥83
	下路堤	≥150	15	3	≥90	≥81
零填及堑路床		0～30	10	8	≥93	≥85

3. 为保护填方段道路边侧人行道结构免受破坏，设计道路红线外侧各设置 0.5 m 土路肩。填方边坡坡比为 1：1.5。

4. 对于淤泥质土和池塘等不良地质的路段，应先抽干水，清除淤泥，然后进行塘渣回填，分层回填至现状地面。注意高要软地基处理的路段，现状标高以下范围采用素土回填。

5. 填方高度小于 1.0 m 低填的路段，要求换填 0.5 m 清塘渣，路基位于现状农田上时，先清除表面 30 cm 耕植土。路基要求分层回填，每层厚度不大于 30 cm。

6. 道路软基处理后，若路基施工与水泥搅拌桩有冲突时，先进行搅拌桩施工，方可开挖进行管线施工。

7. 道路范围内均有老路基、房屋的建筑垃圾、施工注意路基衔接。对于房屋拆除段，可利用质好的建筑垃圾，严禁用生活垃圾回填。新老路基须进行衔接，碾压密实，以防不均匀沉降。

8. 施工前应进行各项室内试验（侧石抗压强度等）各项指标，满足

图名	道路施工图设计说明（二）	页次	2

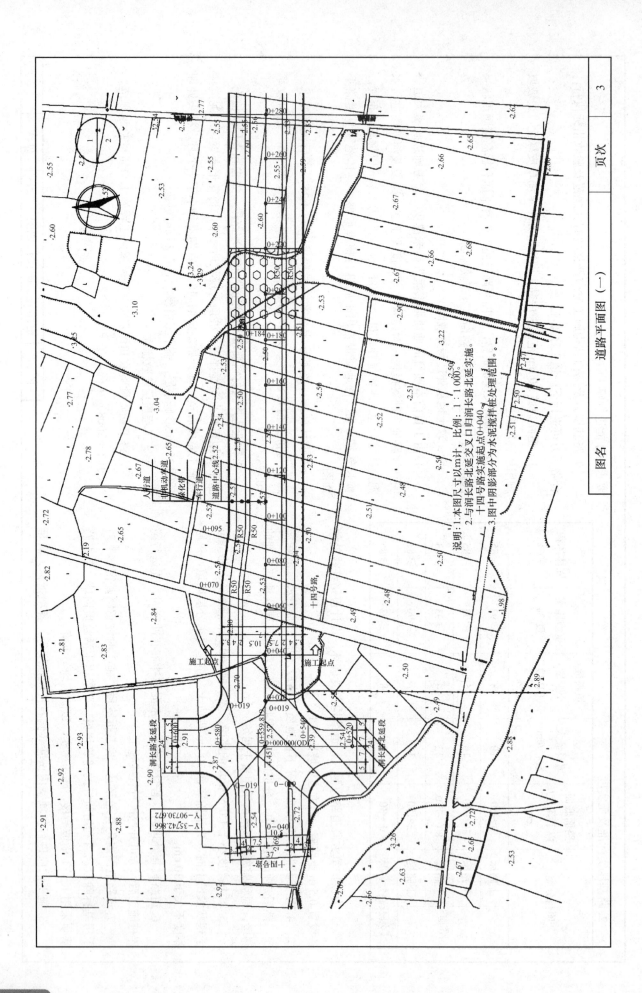

说明：1.本图尺寸以m计，比例：1：1 000。
    2.与涌长路北延交叉口归涌长路北延实施。
十四号路实施起点0+040处。
    3.图中阴影部分为水泥搅拌桩处理范围。

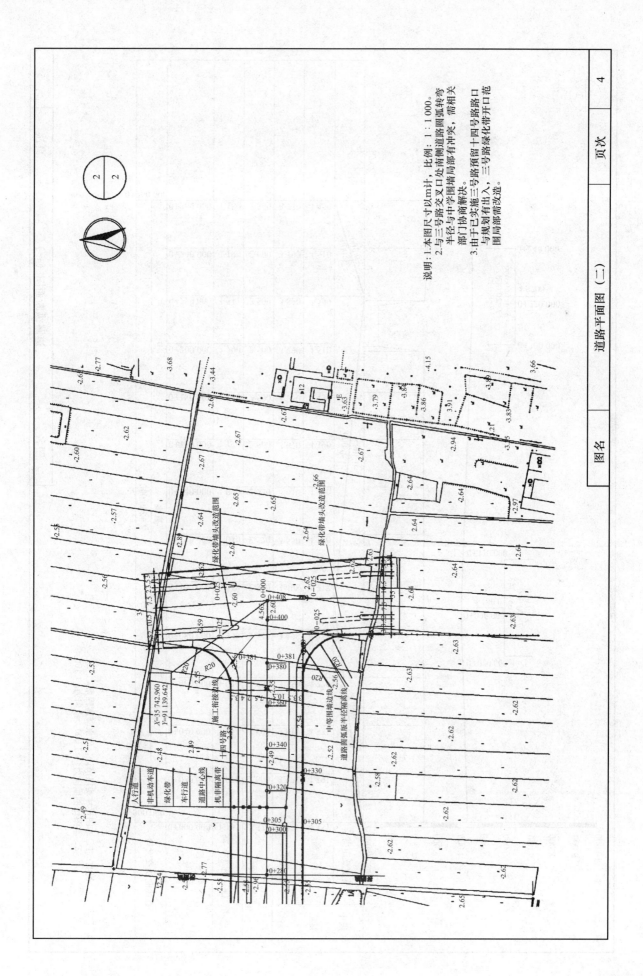

2.与三号路交叉口处南侧道路圆弧转弯半径与中学围墙局部有冲突，需相关部门协商解决。
3.由于已实施三号路预留十四号路路口与规划三号路绿化带开口范围局部有出入，三号路绿化带开口范围局部需改造。

道路平面图（二）

图名　　　　页次　　4

95

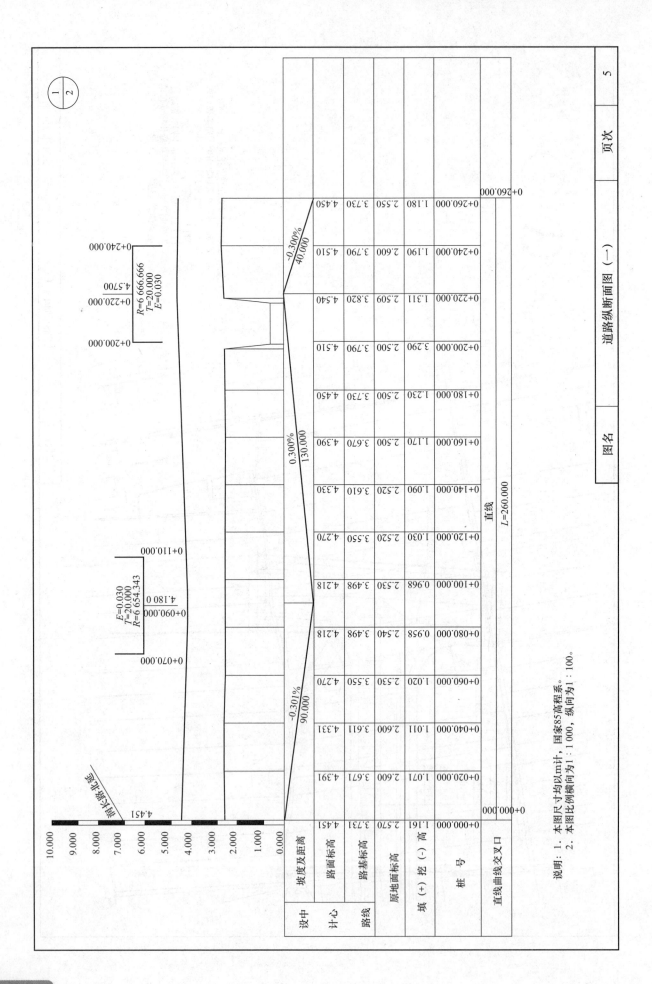

道路纵断面图（一）

说明：1. 本图尺寸均以m计，国家85高程系。
　　　2. 本图比例横向为1：1000，纵向为1：100。

		0+000.000	0+020.000	0+040.000	0+060.000	0+080.000	0+100.000	0+120.000	0+140.000	0+160.000	0+180.000	0+200.000	0+220.000	0+240.000	0+260.000
设计	坡度及距离														
计	路面标高	4.451	4.391	4.331	4.270	4.218	4.218	4.270	4.330	4.390	4.450	4.510	4.540	4.510	4.450
路线	路基标高	3.731	3.671	3.611	3.550	3.498	3.498	3.550	3.610	3.670	3.730	3.790	3.820	3.790	3.730
	原地面标高	2.570	2.600	2.600	2.530	2.540	2.530	2.520	2.520	2.500	2.500	2.500	2.509	2.600	2.550
	填（+）挖（-）高	1.161	1.071	1.011	1.020	0.958	0.968	1.030	1.090	1.170	1.230	3.290	1.311	1.190	1.180
	桩　号	0+000.000	0+020.000	0+040.000	0+060.000	0+080.000	0+100.000	0+120.000	0+140.000	0+160.000	0+180.000	0+200.000	0+220.000	0+240.000	0+260.000
	直线曲线交叉口														

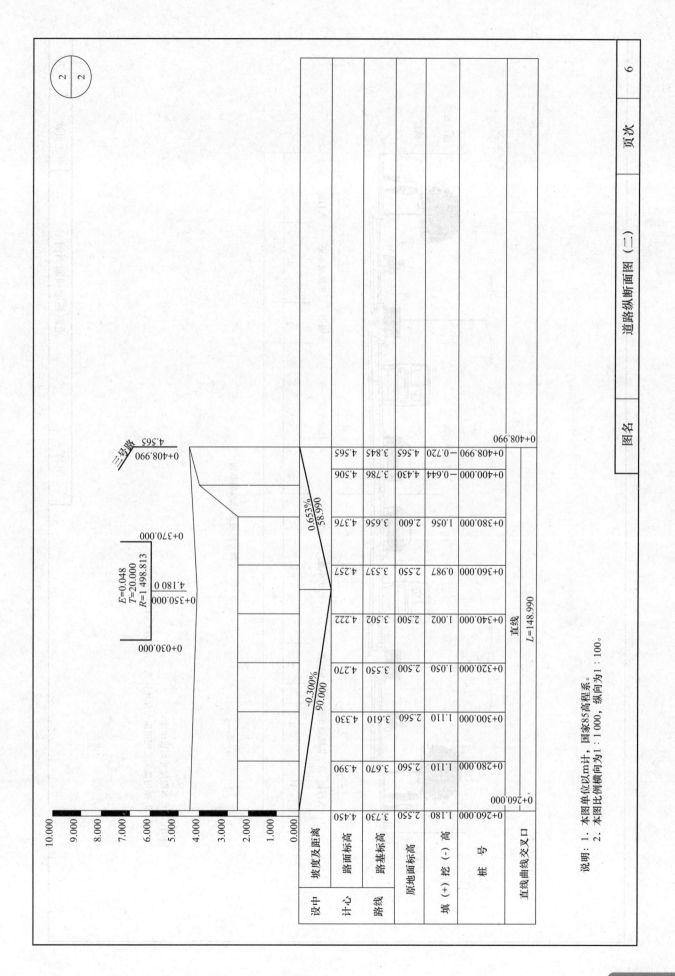

道路纵断面图（二）

说明：1. 本图单位以m计，国家85高程系。
2. 本图比例横向为1：1000，纵向为1：100。

十四号路道路标准横断面

说明:
1. 本图尺寸均以m计。
2. 采用放坡处理道路与原地面高差, 填方1：1.5, 挖方1：1。

| 图名 | 道路标准横断面图 | 页次 | 7 |

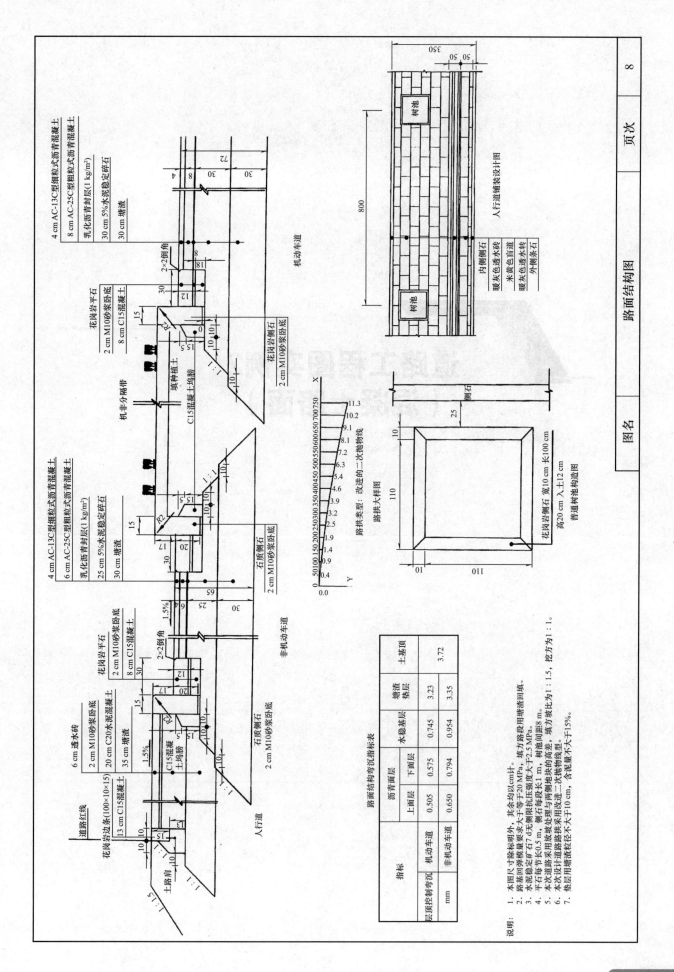

路面结构弯沉指标表

指标		沥青面层		水稳基层	塘渣垫层	土基顶
		上面层	下面层			
层顶控制弯沉 mm	机动车道	0.505	0.575	0.745	3.23	3.72
	非机动车道	0.650	0.794	0.954	3.35	

说明:
1. 本图尺寸除标明外, 其余均以cm计。
2. 路基回弹模量要求大于等于20 MPa, 填方路段采用塘渣回填。
3. 水泥稳定矿石7d抗压强度大于2.5 MPa。
4. 平石每节长0.5 m, 侧石每节长1 m, 树池间距8 m。
5. 本次道路采用放坡处理与两侧地块的高差, 填方坡比为1∶1.5, 挖方为1∶1。
6. 本次设计道路路拱采用改进的二次抛物线型。
7. 垫层用塘渣粒径不大于10 cm, 含泥量不大于15‰。

道路工程图实例2
（混凝土路面）

道路施工图设计说明

一、主要设计依据

1. 甲方委托我院的工程设计合同；
2. 《诸暨华东国际珠宝城市政配套工程方案评审会会议纪要》；
3. 《城市道路工程设计规范》（2016年版）（CJJ 37—2012）；
4. 《公路路基设计规范》（JTG D30—2015）；
5. 《公路软土地基路堤设计与施工技术细则》（JTG/T D31—02—2013）；
6. 《公路水泥混凝土路面设计规范》（JTG D40—2011）；
7. 《公路桥涵施工技术规范》（JTG/T 3650—2020）；
8. 《公路工程技术标准》（JTG B01—2014）；
9. 《城市道路照明设计标准》（CJJ 45—2015）；
10. 《城市道路交通综合体系规划标准》（GB/T 51328—2018）；
11. 《道路交通标志和标线》（GB 5768）；
12. 《无障碍设计规范》（GB 50763—2012）；
13. 诸暨华东国际珠宝城有限公司提供的现状已平整的场地标高为 5.20 m；
14. 关于诸暨华东国际珠宝城（一期市场）岩土工程地质勘察报告的函。

二、主要设计资料

1. 甲方提供工程范围内1：500地形图；
2. 诸暨华东国际珠宝城（一期市场）岩土工程勘察报告（浙江省化工工程地质勘察院）。

三、本次道路设计范围

珠珠路：桩号 0+535 ～现状珍珠路。

四、道路设计标准

1. 道路设计等级：

珍珠路：

城市次干道，设计车速： 30 km/h。

2. 设计年限： 水泥路面设计年限 30 年；路面结构设计标准轴载 100 kN。

3. 交通等级：

主干道：重型；次干道：中等。

五、道路纵断面设计

工程地块原状主要为农田及蚌塘，目前一期市场范围现状地坪已用塘渣填平至 5.20 m 标高。本道路纵断面设计结合最高水位、现状地块地形地貌、现状道路标高衔接等因素，综合考虑道路坡长、最高水位参考 1997 年 7 月 14 日防洪时的最高排水位标高 4.903 m。道路最低标高控制在 5.40 m 以上，最小纵坡为 0.3%，最小设计坡长为 110 m。

六、路面结构

车行道：

主干道、次干道：22 cm（水泥混凝土）+25 cm（5%水泥稳定碎石）+30 cm（塘渣）=77（cm）。

人行道：5 cm 彩色预制人行道板 +3 cm M10 水泥砂浆 +15 cm 5% 水泥稳定碎石 =23（cm）。

主干道路面设计抗弯拉强度大于等于 4.5 MPa，基层回弹模量大于等于 100 MPa；次干道路面设计抗弯拉强度大于等于 4.5 MPa，基层回弹模量大于等于 80 MPa。

土基顶面回弹模量大于等于 20 MPa，塘渣顶面回弹模量大于等于 35 MPa。水泥稳定碎石 7 d 无侧限抗压强度大于等于 2.5 MPa。

七、施工注意事项

1. 道路路基采用塘渣分层回填，每层厚度不大于 30 cm。路基填筑应采用 20 t 以上重型压路机振动分层碾压，当压路机从结构物顶上通过时，若结构物顶面填土高度小于 50 cm 时，应采用振动碾压。对于不同性质的填料，其压实厚度和遍数根据现场压实试验确定。对于同一填筑路段，要求一层的路基填料强度和粒径均匀。

2. 路基压实标准及压实实度

项目分类		路面底面以下深度/cm	填料最大粒径/cm	填料最小强度（CBR）/%	重型压实度/%	固体体积率/%
填方路基	上路床	0~30	10	8	≥95	≥85
	下路床	30~80	10	5	≥95	≥85
	上路堤	80~150	15	4	≥94	≥83
	下路堤	>150	15	3	≥93	≥81
零填及路堑路床		0~30	10	8	≥95	≥85

3. 为保护填方段道路边侧人行道结构免受破坏，设计道路红线外侧各设置 0.5 m 土路肩。填方边坡坡比为 1：1.5。

4. 对于淤泥质土和池塘等不良地质的路段，应先抽干水，清除淤泥，然后进行塘渣回填，宜采用自然砂，分层回填至现状地面。注意：需要软基处理的路段，现状标高以下范围采用素土回填。

5. 填方高度小于 1.0 m 低填的路段，要求换填 0.5 m 清塘渣，宜夹自然砂。路基位于现状农田上时，须清除表面 30 cm 耕植土。路基要求分层回填，每层厚度不大于 30 cm。

6. 施工前应进行各项室内试验（侧石抗压强度等）各项指标，满足要求后才能进行施工。

7. 路基填方及路面结构施工时应严格按有关规范及验收指标执行，合格后可进行下一道工序施工。

8. 因一期市场现场现状地已基本填平，填平标高仅供参考，具体以实际为准。

9. 道路浅塘范围采用堆载预压方式进行地基处理，深塘范围及渠道改道范围地基处理方法另行确定。

10. 道路缩缝如遇检查井缩缝可适当调整，使检查井端缝（缩缝位于检查井直径处），或使检查井边与缩缝间距大于 1 m，距检查井两端缩缝要求锯缝大于 1/3 板厚。

八、软土地基处理特殊说明

本次设计结合诸暨当地情况及甲方意见，道路遇暗塘处需进行软土地基处理。暂建议采用 C10 低强度混凝土桩进行软基处理。

1. 沉管灌注桩混凝土强度等级为 C10，要求如下：

（1）严格按试验配合比要求配料，做好试块。

（2）沉管桩混凝土的坍落度宜为 6～8 cm。

（3）混凝土的充盈系数大于等于 1.15。

2. 每次向桩内灌注混凝土时应尽量多灌，第一次拔管高度应按施工规范严格控制在能容纳第二次所需要灌入的混凝土为限，不宜拔得过高。

3. 采用单打法成桩，拔管速度应均匀，拔管速度宜控制为 0.6～0.8 m/min；桩管内灌入混凝土后，先振动 5～10 s，再开始拔管。应边振边拔，每拔 0.5～1 m，停振动 5～10 s；如此反复，直至桩管全部拔出。

4. 沉管桩施工时必须跳打，纵向隔排跳打。

5. 砂垫层厚度 50 cm，垫层以上部分铺设土工格栅。土工格栅要求：采用经编高强涤纶丝土工格栅，纵向拉伸强度≥80 kN/m，横向拉伸强度≥50 kN/m，延伸率≤15%。土工材料搭接宽度均不小于 30 cm，要求对土工格栅搭接每隔 20 cm 进行绑扎处理。

6. 沉管灌注桩施工允许偏差：

（1）桩长控制根据管的入土深度确定，成桩时应超灌 50 cm。

（2）桩径偏差为 −20 mm。

（3）垂直度允许偏差为 1%。

（4）桩位允许偏差为 150 mm。

7. 桩基检测项目：单桩静载试验试桩 3 根，动测检测桩数不少于总桩数的 30%。

九、工程质量验收标准

道路工程质量验收和评定按《城镇道路工程施工与质量验收规范》（CJJ 1—2008）进行验收。

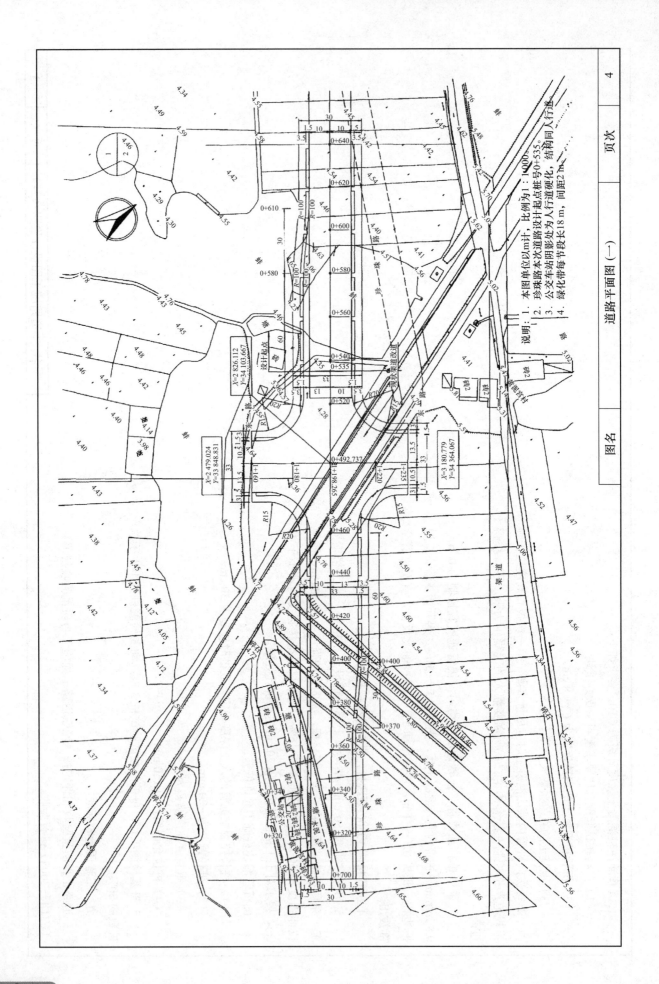

道路平面图（一）

页次 4

图名

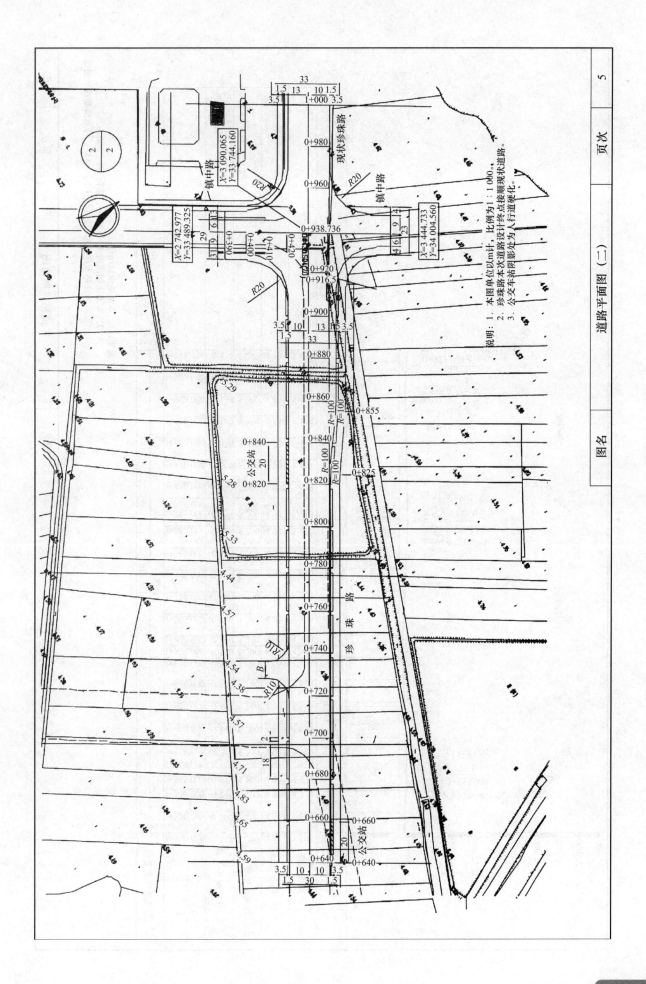

道路平面图 (二)

说明：1. 本图单位以m计，比例为1：1 000。
2. 珍珠路本次道路设计终点接顺现状道路。
3. 公交车站明暗影处为人行道硬化。

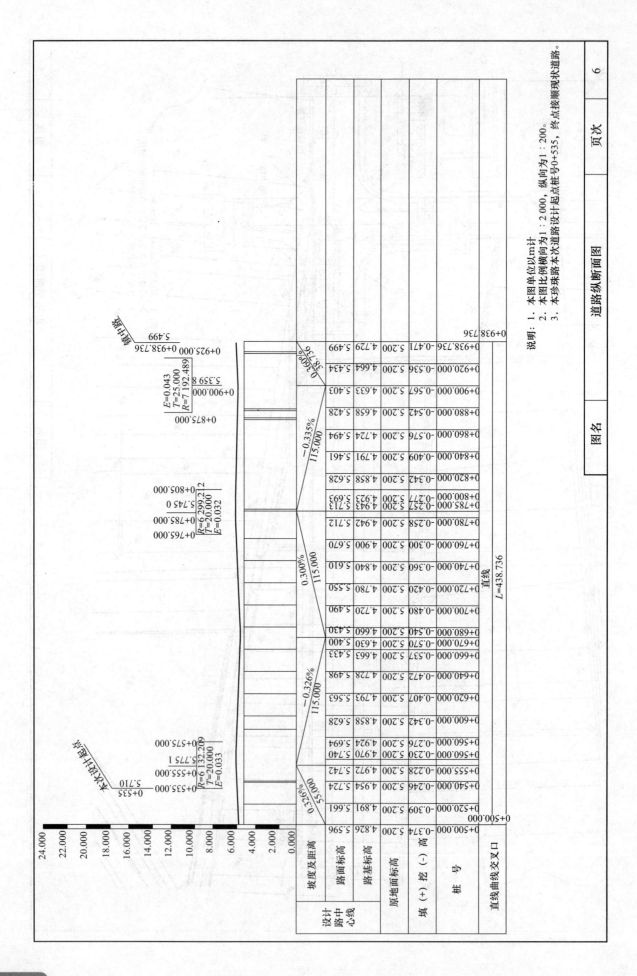

道路纵断面图

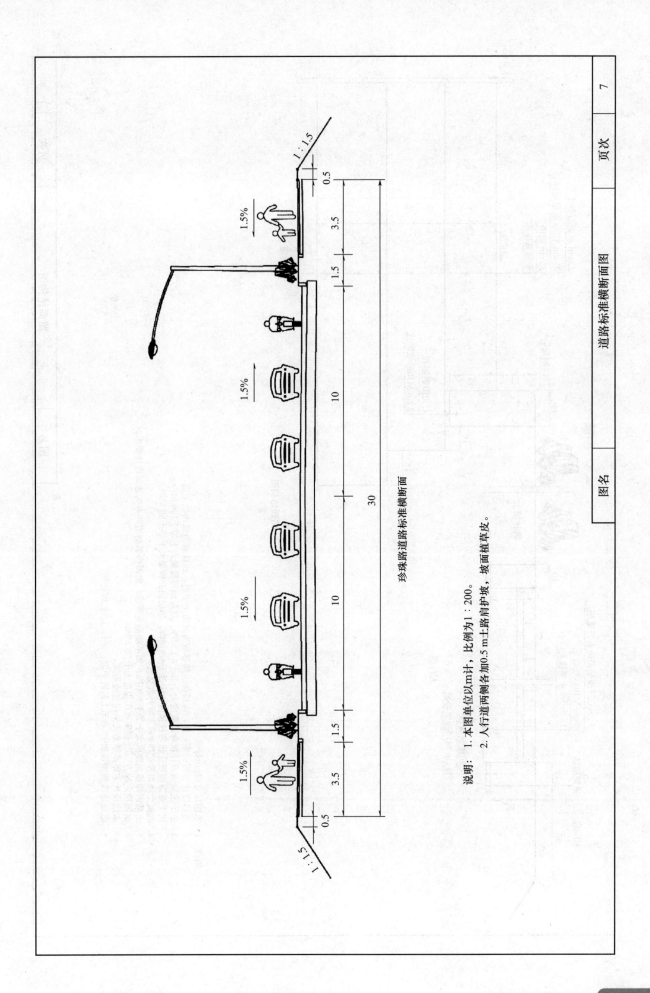

珍珠路道路标准横断面

说明：1. 本图单位以 m 计，比例为 1：200。
2. 人行道两侧各加 0.5 m 土路肩护坡，坡面植草皮。

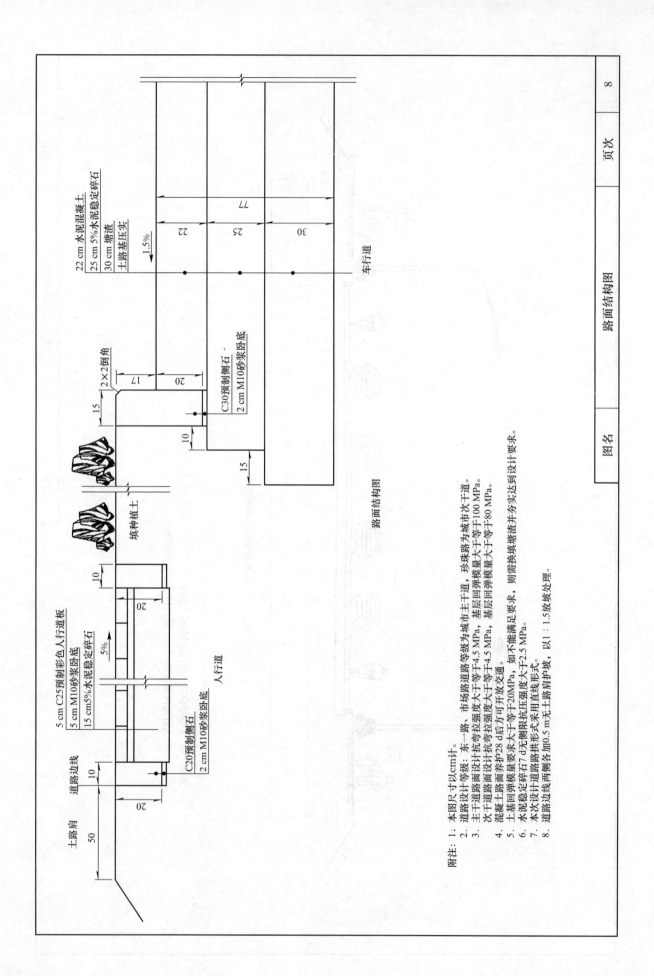

路面结构图

土路肩

道路边线

5 cm C25预制彩色人行道板
5 cm M10砂浆卧底
15 cm5%水泥稳定碎石

C20预制侧石
2 cm M10砂浆卧底

人行道

填种植土

2×2倒角

C30预制侧石
2 cm M10砂浆卧底

22 cm 水泥混凝土
25 cm 5%水泥稳定碎石
30 cm 塘渣
土路基压实

1.5%

车行道

附注： 1. 本图尺寸以cm计。
2. 道路设计等级：东一路、市场路道路等级为城市主干道，珍珠路为城市次干道。
3. 主干道路面设计抗弯拉强度大于等于4.5 MPa，基层回弹模量大于等于100 MPa。
   次干道路面设计抗弯拉强度大于等于4.5 MPa，基层回弹模量大于等于80 MPa。
4. 混凝土路面养护28 d后方可开放交通。
5. 土基回弹模量要求大于等于20MPa，如不能满足要求，则需换填塘渣并夯实达到设计要求。
6. 水泥稳定碎石7 d无侧限抗压强度大于2.5 MPa。
7. 本次设计道路路拱形式采用直线形式。
8. 道路边线设计道路两侧各加0.5 m无土路肩护坡，以1：1.5放坡处理。

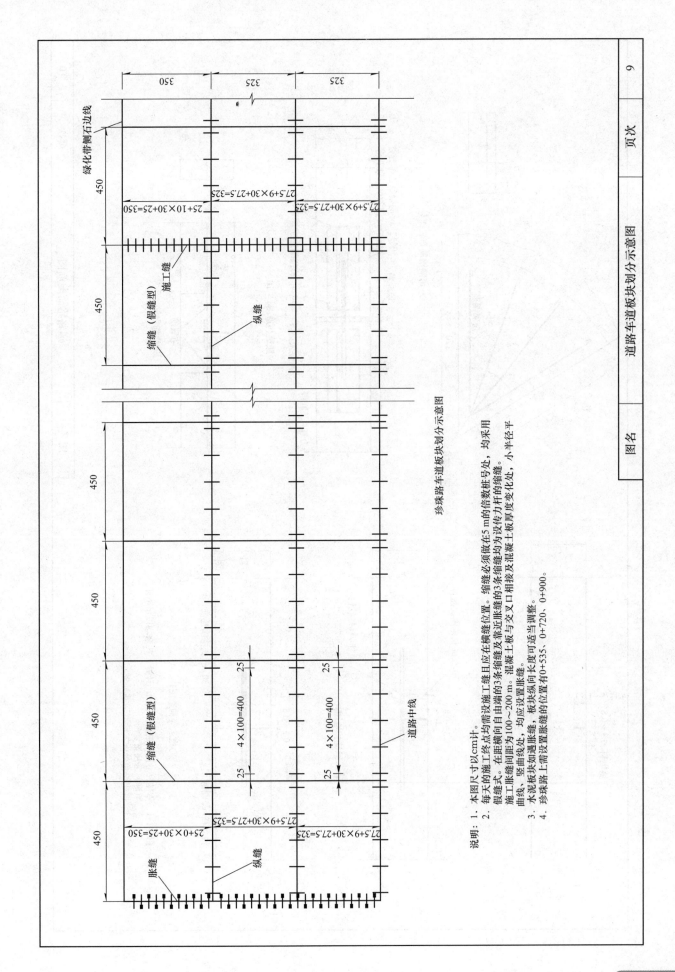

珠路车道板块划分示意图

图名　道路车道板块划分示意图

说明：1. 本图尺寸以cm计。
　　　2. 每天的施工终点均需设施工缝且应在横缝位置。缩缝必须做在5m的倍数桩号处，均采用假缝式。在距横向自由端的3条缩缝及靠近胀缝的3条缩缝均为交叉叉口相接及传力杆的缩缝。施工缝间距为100～200m。混凝土板与交叉叉口相接及混凝土板厚度变化处，小半径平曲线、竖曲线处，均应设置胀缝。
　　　3. 水泥板块如遇胀缩缝，板块纵向长度可适当调整。
　　　4. 珠路路上需设置胀缝的位置有0+535、0+720、0+900。

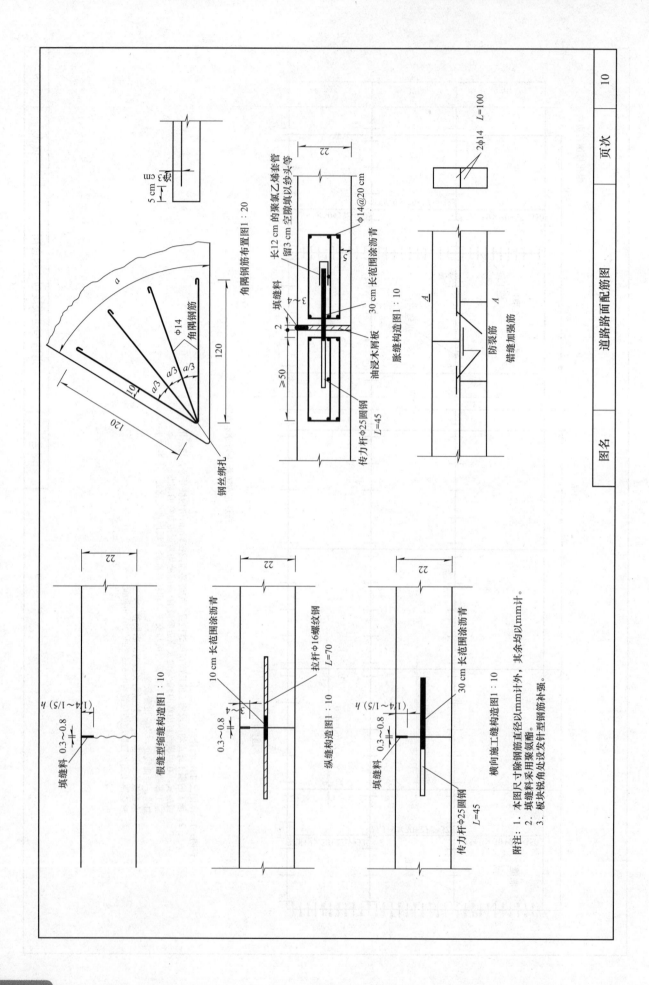

角隅钢筋布置图1∶20

长12 cm 的聚氯乙烯套管
留3 cm 空隙填以纱头等

φ14@20 cm

30 cm 长范围围涂沥青

油浸木屑板

传力杆φ25圆钢
L=45

胀缝构造图1∶10

防裂筋

错缝加强筋

2φ14   L=100

假缝型缩缝构造图1∶10

填缝料

10 cm 长范围围涂沥青

拉杆φ16螺纹钢
L=70

纵缝构造图1∶10

填缝料

30 cm 长范围围涂沥青

传力杆φ25圆钢
L=45

横向施工缝构造图1∶10

附注：1. 本图尺寸除钢筋直径以mm计外，其条均以mm计。
2. 填缝料采用聚氨酯。
3. 板块锐角处设发针型钢筋补强。

图名　道路路面配筋图　页次　10

项目7 识读桥梁工程图

知识要点

（1）桥梁工程图有关制图标准。

（2）桥梁的组成。

（3）桥梁的分类及特点。

（4）桥梁施工图的图示方法及规定。

能力要求

（1）能够了解桥梁工程图有关制图的规定。

（2）能够掌握桥梁工程图的桥型布置图（平面图、侧面图）、构件图、详图及其他相关图示的识读。

新课导入

当修筑道路通过江河、山谷和低洼地带时，需要修筑桥梁（图7-1），以保证车辆的正常行驶和宣泄水流，并要考虑船只通行。

图7-1 沥青混凝土路面结构

任务7.1 桥梁工程图识读基础

学习目标

了解桥梁工程图的有关规定。

相关知识链接

1.2 运用制图标准，《道路工程制图标准》（GB 50162—1992）。

7.1.1 砖石、混凝土结构

（1）砖石、混凝土结构图中的材料标注可在图形中适当位置用图例表示，当不便绘制材料图例时，可采用引出线标注材料名称及配合比，如图7-2所示。

（2）边坡和锥坡的长短线引出端应为边坡与锥坡的高端，坡度用比例标注。其标注如图7-3所示。

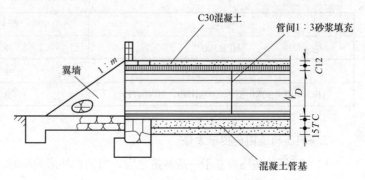

图7-2 砖石、混凝土结构标注

（3）当绘制构造物的曲面时，可采用疏密不等的影线表示，如图 7-4 所示。

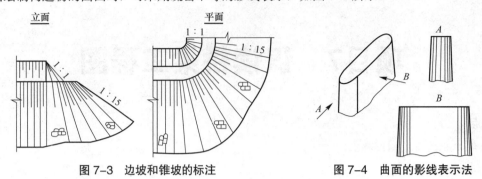

图 7-3　边坡和锥坡的标注　　　　图 7-4　曲面的影线表示法

7.1.2　钢筋混凝土结构

1. 钢筋的分类和作用

在钢筋混凝土结构中，配置的钢筋按其作用不同，可以分为以下几种类型：

（1）受力筋。受力筋是构件中主要的受力钢筋（图 7-5）。

（2）箍筋（钢箍）。箍筋是构件中承受剪力和扭力的钢筋，同时用来固定纵向钢筋的位置，多用于梁和柱内（图 7-5）。

（3）架立筋。架立筋一般用于梁内，固定箍筋位置，并与受力筋一起构成钢筋骨架（图 7-5）。

（4）分布筋。一般用于板类构件中，与受力筋垂直布置，将承受的荷载均匀地传递给受力筋并与其一起构成钢筋骨架。

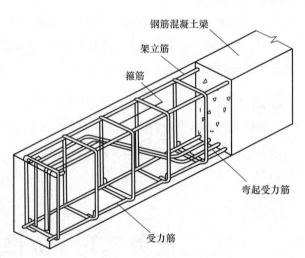

图 7-5　构件的钢筋配置

（5）构造筋。架立筋、分布筋及由于构造要求和施工安装需要而配置的钢筋，统称为构造筋，如腰筋、吊环、预埋锚固筋等。

2. 常用钢筋统一符号

常用钢筋统一符号见表 7-1。

表 7-1　常用钢筋的统一符号

牌号	符号	备注
HPB300	Φ	热轧钢筋
HRB335（20MnSi）	Φ̲	
HRB400（20MnSiV、20MiNb、20MnTi）	Φ̲	

3. 钢筋构造图的图示方法

（1）钢筋构造图应置于一般构造之后。当结构外形简单时，两者可绘于同一视图中。

（2）在一般构造图中，外轮廓线应以粗实线表示，钢筋构造图中的轮廓线应以细实线表示。钢筋应以粗实线的单线条或实心黑圆点表示。

（3）在钢筋构造图中，各种钢筋应标注数量、直径、长度、间距、编号，其编号应采用阿拉伯数字表示。当钢筋编号时，宜先编主、次部位的主筋，后编主、次部位的构造筋。编号格式应符合下列规定：

1）编号宜标注在引出线右侧的圆圈内，圆圈的直径为 4 ～ 8 mm [图 7-6（a）]。

2）编号可标注在与钢筋断面图对应的方格内 [图 7-6（b）]。

3）可将冠以 N 字的编号，标注在钢筋的侧面，根数应标注在 N 字之前 [图 7-6（c）]。

钢筋大样应布置在钢筋构造图的同一张图纸上。钢筋大样的编号宜按图 7-6 标注。当钢筋加工形状简单时，也可将钢筋大样绘制在钢筋明细表内。

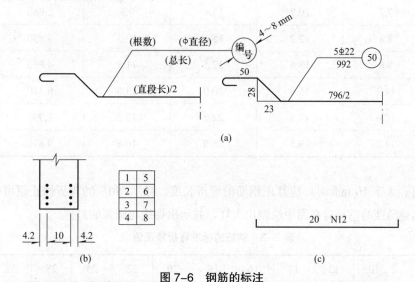

图 7-6　钢筋的标注

（a）编号标注在引出线右侧的圆圆内；（b）编号标注在与钢筋断面图对应的方格内；（c）冠以 N 字的编号

（4）钢筋末端的标准弯钩可分为 90°、135° 和 180° 三种（图 7-7）。当采用标准弯钩（标准弯钩即最小弯钩），钢筋直段长的标注可直接标注于钢筋的侧面（图 7-6）。弯钩的增长值可按表 7-2 采用。

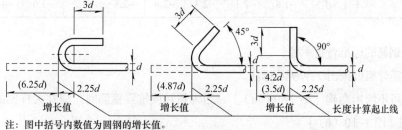

注：图中括号内数值为圆钢的增长值。

图 7-7　标准弯钩

表 7-2　钢筋弯钩的增长

钢筋	弯沟增长值/cm				理论质量 / (kg·m^{-1})	螺纹钢筋外径 /mm
	光圆钢筋			螺纹钢筋		
	90°	135°	180°	90°		
10	3.5	4.9	6.3	4.2	0.617	11.3
12	4.2	5.8	7.5	5.1	0.888 8	13.0
14	4.9	6.8	8.8	5.9	1.210	15.5
16	5.6	7.8	10.0	6.7	1.580	17.5

钢筋	弯沟增长值/cm				理论质量 /（kg · m⁻¹）	螺纹钢筋外径 /mm
	光圆钢筋			螺纹钢筋		
	90°	135°	180°	90°		
18	6.3	8.8	11.3	7.6	2.000	20.0
20	7.0	9.7	12.5	8.4	2.470	22.0
22	7.7	10.7	13.8	9.3	2.980	24.0
25	8.8	12.2	15.6	10.5	3.850	27.0
28	9.8	13.6	17.5	11.8	4.830	30.0
32	11.2	15.6	20.0	13.5	6.310	34.5
36	12.6	17.5	22.5	15.2	7.990	39.5
40	14.0	19.5	25.0	16.8	9.870	43.5

（5）当钢筋直径大于 10 mm 时，应修正钢筋的弯折长度。45°、90°的弯折修正值可按表 7-3 采用。除标准弯折外，其他角度的弯折应在图中绘制出大样，并示出切线与圆弧的差值。

表 7-3　钢筋的标准弯折修正值

钢筋直径/mm			10	12	14	16	18	20	22	25	28	32	36	40
弯折修正值	光圆钢筋	45°		-0.5	-0.6	-0.7	-0.8	-0.9	-0.9	-1.1	-1.2	-1.4	-1.5	-1.7
		90°	-0.8	-0.9	-1.1	-1.2	-1	-1.5	-1.7	-1.9	-2.1	-2.4	-2.7	-3.0
	螺纹钢筋	45°		-0.5	-0.6	-0.7	-0.8	-0.9	-0.9	-1.1	-1.2	-1.4	-1.5	-1.7
		90°	-1.3	-1.5	-1.8	-2.1	-2.3	-2.6	-2.8	-3.2	-3.6	-4.1	-4.6	-5.2

图 7-8 所示为钢筋的标准弯折示意。

（6）焊接的钢筋骨架可按图 7-9 所示标注。

（7）箍筋大样可不绘出弯钩［图 7-10（a）］。当为扭转或抗震箍筋时，应在大样图的右上角增绘两条倾斜 45°的斜短线［图 7-10（b）］。

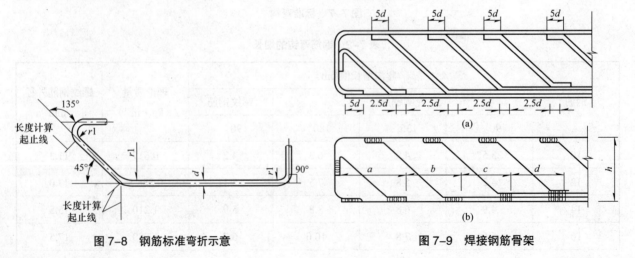

图 7-8　钢筋标准弯折示意　　　　　　图 7-9　焊接钢筋骨架

（8）在钢筋构造图中，当有指向阅图者弯折的钢筋时，应采用黑圆点表示；当有背向阅图者弯折的钢筋时，应采用"×"表示（图7-11）。

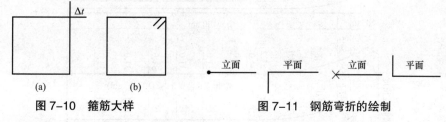

图7-10　箍筋大样

（a）不绘出弯钩；（b）绘两条倾斜45°的斜短线

图7-11　钢筋弯折的绘制

（9）当钢筋的规格、形状、间距完全相同时，可仅用两根钢筋表示，但应将钢筋的布置范围及钢筋的数量、直径、间距示出，如图7-12所示。

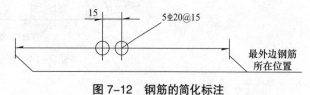

图7-12　钢筋的简化标注

7.1.3　预应力混凝土结构

（1）预应力钢筋应采用粗实线或2 mm直径以上的黑圆点表示。图形轮廓线应采用细实线表示。当预应力钢筋与普通钢筋在同一视图中出现时，普通钢筋应采用中粗实线表示。一般构造图中的图形轮廓线应采用中粗实线表示。

（2）在预应力钢筋布置图中，应标注预应力钢筋的数量、型号、长度、间距、编号。编号应以阿拉伯数字表示。编号格式应符合下列规定：

1）在横断面图中，宜将编号标注在与预应力钢筋断面对应的方格内［图7-13（a）］。

2）在横断面图中，当标注位置足够时，可将编号标注在直径为4～8 mm的圆圈内［图7-13（b）］。

3）在纵断面图中，当结构简单时，可将冠以N字的编号标注在预应力钢筋的上方。当预应力钢筋的根数大于1时，也可将数量标注在N字之前；当结构复杂时，可自拟代号，但应在图中说明。

（3）在预应力钢筋的纵断面图中，可采用表格的形式，以每隔0.5～1 m的间距，标注出纵、横、竖三维坐标值。

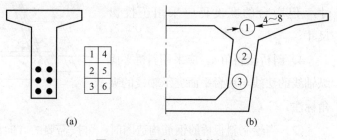

图7-13　预应力钢筋的标注

（a）标注在方格内；（b）标注在直径为4～8 mm的圆圈内

（4）预应力钢筋在图中的几种表示方法应符合表7-4的规定。

（5）对弯起的预应力钢筋应列表或直接在预应力钢筋大样图中，标出弯起角度、弯曲半径切点的坐标（包括纵弯或既纵弯又平弯的钢筋）及预留的张拉长度，如图7-14所示。

表7-4　预应力钢筋的几种表示方法

名称	预应力钢筋的管道断面	预应力钢筋的锚固断面	预应力钢筋断面	预应力钢筋的锚固侧面面	预应力钢筋的连接器	
					侧面	断面
符号	○	⊕	＋	⊢	══	⊙

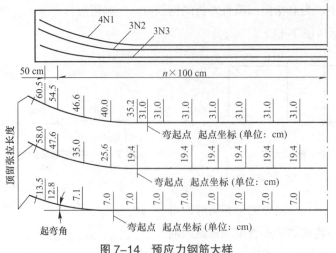

图 7-14 预应力钢筋大样

7.1.4 斜桥、弯桥、坡桥

（1）斜桥视图及主要尺寸的标注应符合下列规定（图 7-15）：

1）斜桥的主要视图应为平面图。

2）斜桥的立面图宜采用与斜桥纵轴线平行的立面或纵断面表示。

3）各墩台里程桩号、桥涵跨径、耳墙长度均采用立面图中的斜投影尺寸，但墩台的宽度仍应采用正投影尺寸。

4）斜桥倾斜角 α，应采用斜桥平面纵轴线的法线与墩台平面支承轴线的夹角标注。

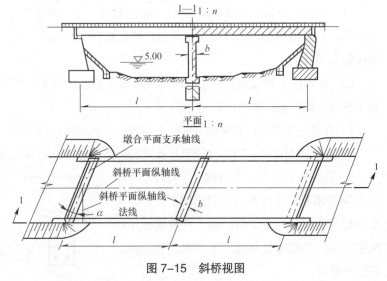

图 7-15 斜桥视图

（2）当绘制斜板桥的钢筋构造图时，可按需要的方向剖切。当倾斜角较大而使图面难以布置时，可按缩小后的倾斜角值绘制，但在计算尺寸时，仍应按实际的倾斜角计算。

（3）弯桥视图应符合下列规定：

1）当全桥在曲线范围内时，应以通过桥长中点的平曲线半径为对称线，立面或纵断面应垂直对称线，并以桥面中心线展开后进行绘制，如图 7-16 所示。

2）当全桥仅一部分在曲线范围内时，其立面或纵断面应平行于平面图中的直线部分，并以桥面中心线展开绘制，展开后的桥墩或桥台间距应为跨径的长度。

3）在平面图中，应标注墩台中心线间的曲线或折线长度、平曲线半径及曲线坐标。曲线坐标可列表示出。

4）在立面和纵断面图中，可略去曲线超高投影线的绘制。

（4）弯桥横断面宜在展开后的立面图中切取，并应表示超高坡度。

（5）在坡桥立面图的桥面上应标注坡度。墩台顶、桥面等处均应注明标高。竖曲线上的桥梁也属坡桥，除应按坡桥标注外，还应标出竖曲线坐标表。

（6）斜坡桥的桥面四角标高值应在平面图中标注，立面图中可不标注桥面四角的标高。

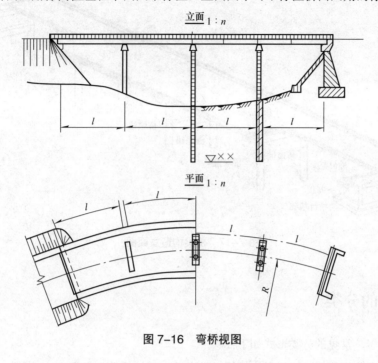

图 7-16　弯桥视图

任务7.2　认识桥梁工程

📖 **学习目标**

了解桥梁施工图的图示内容；掌握桥梁工程图识读方法。

📖 **相关知识链接**

1.2 运用制图标准，《道路工程制图标准》（GB 50162—1992）。

7.2.1　桥梁的组成

桥梁由上部桥跨结构、下部结构及附属结构 3 部分组成。图 7-17 所示为桥梁构造立体图。其主要由桥台基础、桥台肋板、耳板、桥台盖梁、桥墩桩、桥墩柱、桥墩盖梁、连系梁、防震挡块、桥台桩柱、边板、中板、防撞护栏、桥面铺装等组成。

上部结构：桥跨结构是在路线中断时，跨越障碍的主要承载结构。

下部结构：桥墩和桥台是支承桥跨结构并将恒载和车辆等活载传至地基的建筑物。

支座：支座是桥跨结构与桥墩和桥台的支承处所设置的传力装置。

锥坡：在路堤与桥台衔接处，一般还在桥台两侧设置石砌的锥形护坡，以保证迎水部分路堤边坡的稳定。

净跨径（L_0）是设计洪水位上相邻两个桥墩（台）之间的净距；总跨径（L）是多孔桥梁中各孔净跨径的总和，它反映了桥下宣泄洪水的能力；桥梁全长（桥长 L）是桥梁两端两个桥台的侧墙或八字墙后端点的距离，对于无桥台的桥梁为桥面行车道的全长。

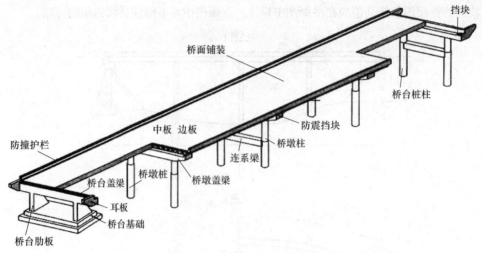

图 7-17　桥梁构造立面图

7.2.2　桥梁的分类

桥梁的形式有很多，常见的分类形式如下：

（1）按结构形式可分为梁桥、拱桥、桁架桥、悬索桥、斜拉桥等，如图 7-18 所示。

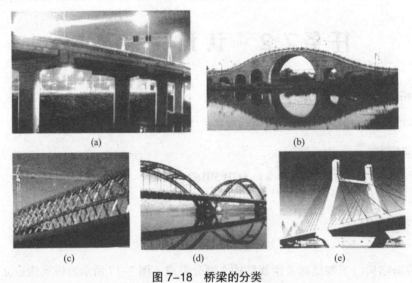

图 7-18　桥梁的分类

（a）梁桥；（b）拱桥；（c）桁架桥；（d）悬索桥；（e）斜拉桥

（2）按建筑材料可分为钢桥、钢筋混凝土桥、石桥、木桥等。其中，以钢筋混凝土梁桥应用最为广泛。

（3）按桥梁全长和跨径的不同可分为特大桥、大桥、中桥和小桥，见表 7-5。

（4）按上部结构的行车位置可分为上承式桥、下承式桥和中承式桥。

表 7-5　按桥梁全长和跨径分类的桥梁

桥梁分类	多孔跨径总长	单孔跨径
特大桥	$l \geqslant 1\,000$ m	$l_k \geqslant 150$ m
大桥	100 m $\leqslant l < 1\,000$ m	40 m $\leqslant l_k < 150$ m

桥梁分类	多孔跨径总长	单孔跨径
中桥	30 m<l<100 m	20 m≤l_k<40 m
小桥	8 m≤l≤30 m	5 m≤l_k<20 m

任务7.3　识读桥梁工程图

学习目标
了解桥梁施工图的图示内容；掌握桥梁工程图识读方法。

相关知识链接
1.2 运用制图标准，《道路工程制图标准》（GB 50162—1992）。

表示桥梁工程的图样一般有桥位平面图、桥位地质断面图、桥梁桥型布置图、构件图、详图等。这里重点介绍桥梁的桥型布置图（立面图、平面图、侧面图）、构件图、详图等。

7.3.1　桥型布置图

桥型布置图主要表明桥梁的形式、跨径、孔数、总体尺寸、各主要构件的相互位置关系，桥梁各部分的标高、材料数量及总的技术说明等，作为施工时确定墩台位置、安装构件和控制标高的依据。

1. 立面图

桥梁可以采用无剖切的立面图来表示。当桥梁左右对称时，立面图可以采用剖面图的形式表示，剖切平面通过桥的中心线沿纵向剖切。

立面图反映桥梁的定位情况、总长、各跨跨径、安装所必需的各部分标高、河床的形状及水位的高度；反映桥梁各主要构件的相互位置关系及尺寸；表达出桥位地质断面情况等。从立面图上可以看出桥梁整体形状。

2. 平面图

桥梁可以按投影规律绘制出平面图，较复杂时也可采用分层局部剖面图或分段揭层法来表示。平面图主要表达桥梁在水平方向的形状及桥墩、桥台的布置情况。

3. 侧面图

侧面图可以绘制出一个或多个不同断面图，有时可绘制出断面图的一半（另一半与之对称），可以将两个不同断面图的各一半合并；侧面图可采用与平面图、立面图不同的比例绘制。侧面图主要表达桥面宽度、桥跨结构横断面布置及横坡设置情况。

4. 纵断面资料表

纵断面资料表表达了各位置的设计高程、坡度（坡长）、地面高程、桩号等。

下面以图 7-19 所示的某桥梁的桥型布置图为例进行桥型布置图的识读。

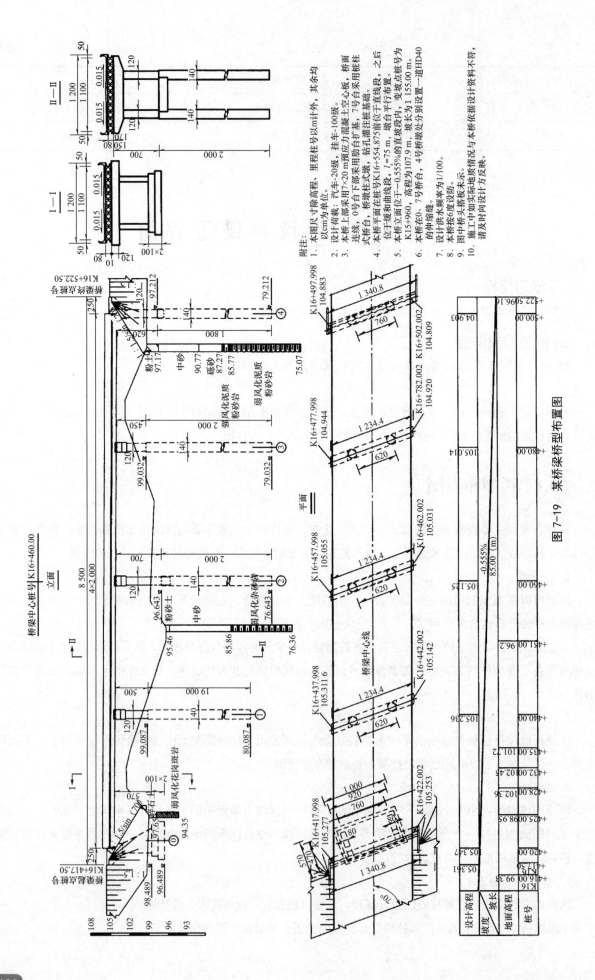

图7-19 某桥梁桥型布置图

立面图、平面图、侧面图的绘图比例相同。

（1）立面图。桥梁中心桩号为 K16+460.00，桥梁起点桩号为 K16+417.50，桥梁终点桩号为 K16+522.50，桥墩（台）编号为⓪、⑩①、②、③、④，总长度为 85 m，分 4 跨，每跨为 20 m。

从图中可以看出各部分标高，如①桥墩的标高为 80.087 m（桥墩桩底部）、99.087 m（桥墩桩顶部）及其他标高（请读者认真识读）。

从图中可以看出相关尺寸，如①桥墩桩的直径为 140 cm，桥墩柱的直径为 120 cm 及其他尺寸（请读者认真识读）。

反映桥梁各主要构件的相互位置关系，如②桥墩从下向上的顺序是桥墩桩、连系梁、桥墩柱、桥盖梁、边板（中板）等。

从图中可以看出河床的形状及水位的高度线。

从图中可以看出桥位地质断面情况，如③、④桥墩之间从下向上的顺序是 75.07 m（标高）至 85.77 m 为弱风化泥质粉砂岩、85.77 m（标高）至 87.27 m（标高）为强风化泥质粉砂岩、87.27 m（标高）至 90.77 m（标高）为砾砂、90.77 m（标高）至 97.17 m（标高）为中砂、97.17 m（标高）至河床的形状及水位的高度线为粉土。

立面图的左侧有高程标尺与桥梁立面图各部位对应。

图上有剖切位置符号、附注等标注，请认真识读。

（2）平面图。本桥梁为斜桥，倾斜角为 90°–70°＝20°。反映桥墩盖梁、桥台盖梁两端的定位桩号及标高。如①桥墩一侧桩号为 K16+437.998，标高为 105.311 6 m；另一侧桥墩一侧桩号为 K16+442.002，标高为 105.142 m。

对照立面图及平面图，可以看出各构件的具体形状。如桥墩桩（柱）在平面图中的投影为圆（由于上部遮挡，所以为虚线）。

可以看到构件的其他尺寸。

（3）侧面图。根据需要绘制出 Ⅰ—Ⅰ、Ⅱ—Ⅱ 两个断面图。侧面图主要表达桥面宽度、桥跨结构横断面布置及横坡设置情况。反映了横尺寸、纵向尺寸、标高、坡度、桥面板断面情况等标注。

读图时也要与立面图、平面图对应识读。

（4）纵断面资料表。桩号为 K16+417.50 处的设计高程是 105.361 m，桩号为＋440.00（K16+440.00）设计高程是 105.236 m 等。坡长为 85.00 m，坡度为 –0.555%（左高右低，见粗实线）。表中省略了地面标高。

附注也是图中的重要内容，一定要认真识读。

提示：在读图时，先要总体阅读，对整体有一定的了解之后再按顺序阅读。在读到其中一个图时（如立面图），也要兼顾其他的图，找到其对应关系，加深理解。读图一定要仔细认真，不放过一条线、一个数字、一个文字、一个符号。

7.3.2 桥梁构件构造图

1. 桥墩

（1）桥墩一般构造图。图 7-20 所示为桥墩一般构造图。桥墩是由桥墩桩、桥墩柱、连系梁、盖梁、挡块等组成的。为了方便，在投影图左侧给出了立体图。

需要说明的是，本图是有连系梁的桥墩构造图（图 7-19 ②桥墩），①、③桥墩没有连系梁；L_1、L_2 不同的桥墩数字不同。

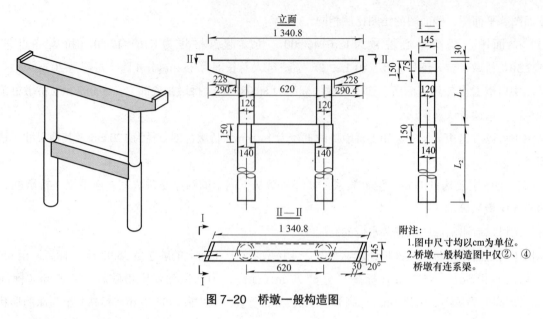

图 7-20　桥墩一般构造图

（2）桥墩钢筋构造图。

1）桥墩桩、柱钢筋构造图。图 7-21 所示为①桥墩钢筋构造图。图左侧给出了立体图及配筋部分，钢筋进入盖梁。看懂钢筋所在部位后，再识读钢筋构造图。看投影图，形状为圆柱、圆台形。

从钢筋数量表看，有 9 种型号的钢筋。

一座桥墩有两根桩（柱）。下述为一根桩（柱）的配筋情况，①、②、③…为钢筋编号。

①Φ22（直径为 22 mm）为桥墩柱主筋，两端为喇叭状分别进入墩盖梁及桥墩桩，共 22 根，沿圆周均匀分布，每根长为 581 cm。

②Φ20（直径为 20 mm）为桥墩柱加强筋，呈圆形，直径为 112.6 cm，共 2 根，在桥墩柱范围内均匀分布，每根长为 364 cm。

③Φ10（直径为 10 mm）为桥墩柱螺旋分布筋，呈圆台状，上部直径为 129.58 cm，下部直径为 111.4 cm，共 1 根，在盖梁端，每根长为 2 302 cm。

④Φ10（直径为 10 mm）为桥墩柱螺旋分布筋，呈圆柱状，直径为 111.4 cm，共 1 根，在盖梁与桥墩桩间，每根长为 6 834 cm。

⑤Φ22（直径为 22 mm）为桥墩桩主筋，上、下端为锥状，共 22 根，沿圆周均匀分布，每根长为 1 851 cm。

⑥Φ16（直径为 16 mm）为桥墩桩加强筋，呈圆形，直径为 129.2 cm，共 9 根，在桥墩桩范围内均匀分布，每根长为 414 cm。

⑦Φ10（直径为 10 mm）为桥墩桩螺旋分布筋，呈圆柱状，直径为 128.4 cm，共 1 根，在桥墩桩处，每根长为 35 339 cm。

⑧Φ16（直径为 16 mm）为定位钢筋，每隔 2 m 设一组，每组 4 根均匀设于桥墩桩加强筋⑥四周，共 36 根，每根长为 53 cm。

⑨Φ10（直径为 10 mm）为桥墩桩上端分布筋，呈圆台状，共 12 根，平均每根长为 381 cm。

每种钢筋按国标格式进行了图示和标注。

桥墩柱材料为 C30 混凝土，桥墩桩材料为 C25 混凝土。

图 7-22 所示为②桥墩桩、柱及④桥台桩、柱钢筋构造图。由于图 7-22（b）与图 7-22（a）读图方法相同，现以图 7-22（a）为例进行识读。该图与图 7-21 区别是在一般构造图中多了连系梁。钢筋构造图的读图方法同图 7-21，请读者自己识读。

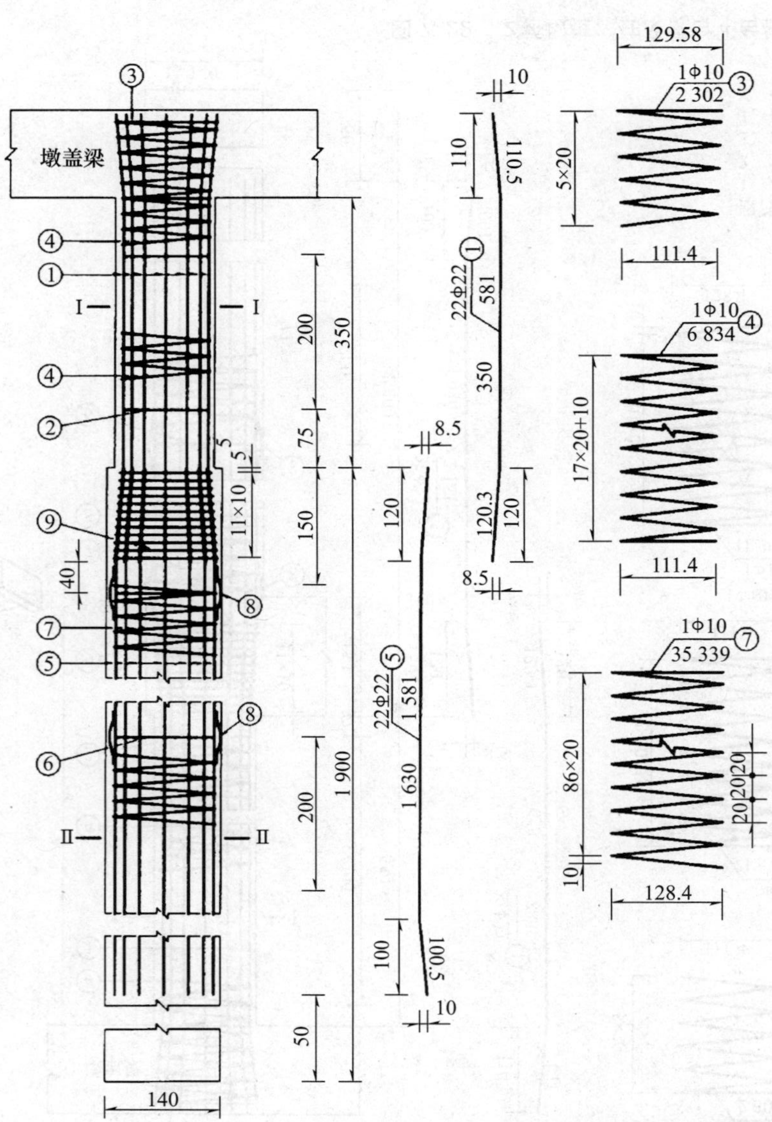

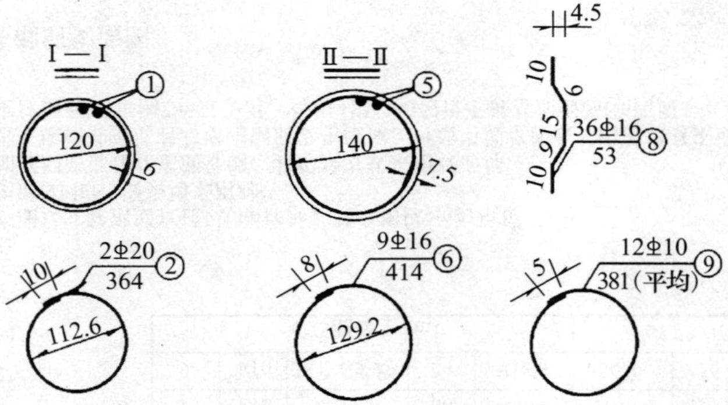

一座桥墩柱材料数量表

编号	直径/mm	长度/cm	根数	共长/m	共质量/kg	总质量/kg
1	Φ22	581	44	255.64	761.8	761.8
2	Φ20	364	4	14.56	36.0	36.0
3	Φ10	2 302	2	46.04	28.4	112.7
4	Φ10	6 834	2	136.68	84.3	

C30混凝土/m³ 7.92

一座桥墩桩材料数量表

编号	直径/mm	长度/cm	根数	共长/m	共质量/kg	总质量/kg
5	Φ22	1 851	44	814.44	2 427.0	2 427.0
6	Φ16	414	18	74.52	117.7	117.7
7	Φ10	35 339	2	706.78	436.1	436.1
8	Φ16	53	72	38.16	60.3	60.3
9	Φ10	381(平均)	24	91.44	56.4	56.4

C25混凝土/m³ 58.50

附注:
1. 本图尺寸除钢筋直径以mm计外，其余均以cm为单位。
2. 主筋N1和N5接头均采用对焊。
3. 加强钢筋绑扎在主筋外侧，其焊接方式采用双面焊。其焊接处发生碰撞，可适当调整钢筋伸入其内的墩身钢筋。
4. 进入墩帽的钢筋参与墩帽钢筋扎一组2设一组，每组4根，均匀设于桩基加强筋N6四周。
5. 定位钢筋N8每隔2m设一组，共组4根，均匀设于桩基加强筋N6四周。

图 7-21 ①桥墩桩、柱钢筋构造图

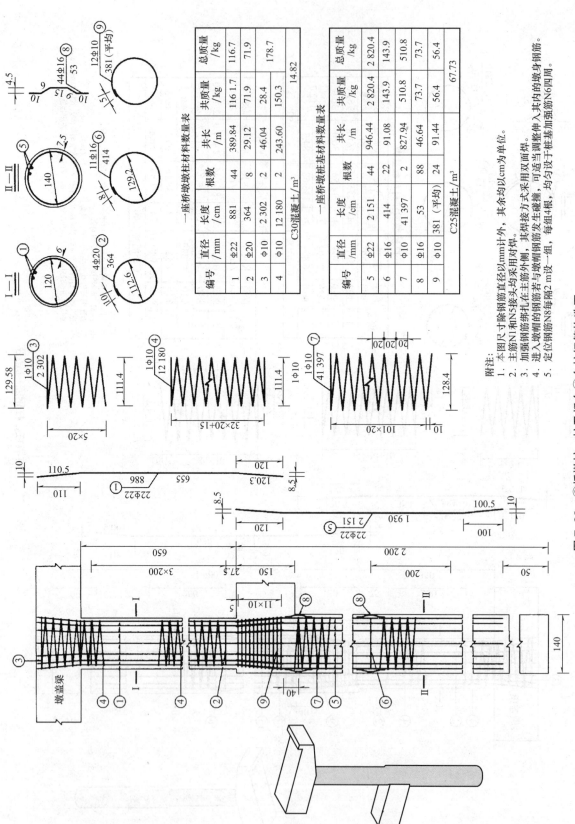

一座桥墩柱材料数量表

编号	直径/mm	长度/cm	根数	共长/m	共质量/kg	总质量/kg
1	Φ22	881	44	389.84	1161.7	116.7
2	Φ20	364	8	29.12	71.9	71.9
3	Φ10	2302	2	46.04	28.4	178.7
4	Φ10	12180	2	243.60	150.3	

C30混凝土/m³ 14.82

一座桥墩桩基材料数量表

编号	直径/mm	长度/cm	根数	共长/m	共质量/kg	总质量/kg
5	Φ22	2151	44	946.44	2820.4	2820.4
6	Φ16	414	22	91.08	143.9	143.9
7	Φ10	41397	2	827.94	510.8	510.8
8	Φ16	53	88	46.64	73.7	73.7
9	Φ10	381（平均）	24	91.44	56.4	56.4

C25混凝土/m³ 67.73

附注：
1. 本图尺寸除钢筋直径以mm计外，其余均以cm为单位。
2. 主筋N1和N5接头均在主筋外侧，其焊接方式采用双面焊。
3. 加强钢筋绑扎在主筋外侧，其焊接方式对焊。
4. 加强钢筋绑扎的钢筋若与墩帽钢筋发生碰撞，可适当调整伸入基内的墩身钢筋。
5. 定位钢筋N8每隔2m设一组，每组4根，均匀设于桩基加强筋N6四周。

图7-22 ②桥墩桩、柱及桥台④合柱钢筋构造图

（a）②桥墩桩、柱钢筋构造图

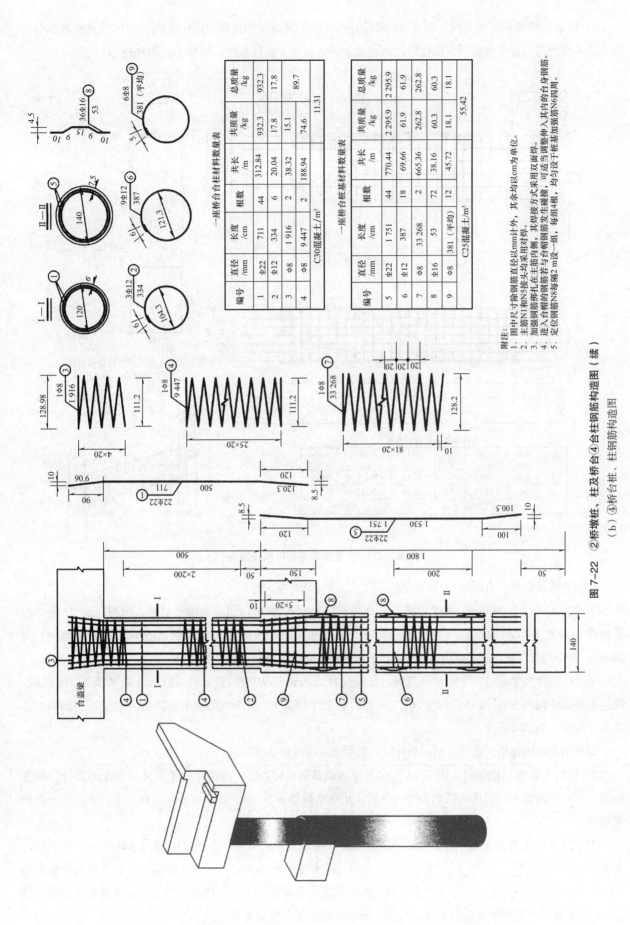

一座桥台柱材料数量表

编号	直径/mm	长度/cm	根数	共长/m	共质量/kg	总质量/kg
1	Φ22	711	44	312.84	932.3	932.3
2	Φ12	334	6	20.04	17.8	17.8
3	Φ8	1 916	2	38.32	15.1	89.7
4	Φ8	9 447	2	188.94	74.6	
C30混凝土/m³						11.31

一座桥台桩基材料数量表

编号	直径/mm	长度/cm	根数	共长/m	共质量/kg	总质量/kg
5	Φ22	1 751	44	770.44	2 295.9	2 295.9
6	Φ12	387	18	69.66	61.9	61.9
7	Φ8	33 268	2	665.36	262.8	262.8
8	Φ16	53	72	38.16	60.3	60.3
9	Φ8	381（平均）	12	45.72	18.1	18.1
C25混凝土/m³						55.42

附注：
1. 图中尺寸除钢筋直径以mm计外，其余均以cm为单位。
2. 主筋N1和N5接头在主筋内侧，其焊接方式均采用双面焊。
3. 加强钢筋绑扎在主筋内侧，其焊接者与台帽发生碰撞，可适当调整伸入其内的台身钢筋。
4. 进入台帽的钢筋或与台帽相连接者N8每隔2 m设一组，每组设4根，均与设于桩基加强筋N6四周。
5. 定位钢筋N8每隔2 m每隔设一组，每组4根。

图7-22 ②桥墩桩、柱及桥台④台柱钢筋构造图（续）

（b）④桥台桩、柱钢筋构造图

2）桥墩连系梁钢筋构造图。图 7-23 所示为桥墩连系梁钢筋构造图。图中给出了立体图及配筋部分，钢筋进入桥墩桩。看懂钢筋所在部位后，再识读钢筋构造图。看投影图，形状为正四棱柱形。

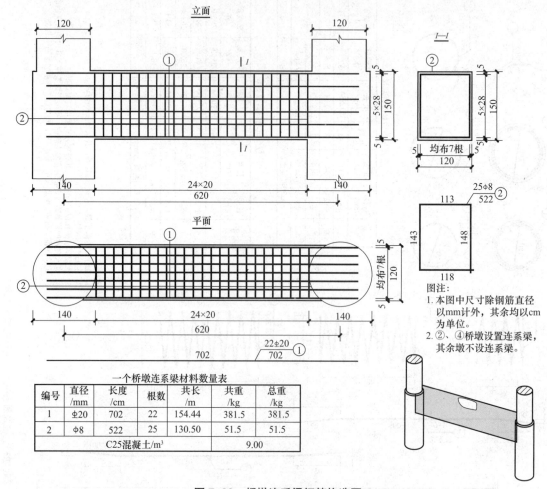

图 7-23　桥墩连系梁钢筋构造图

从钢筋数量表看，有两种型号的钢筋，①、②为钢筋编号。

①⚊20（直径为 20 mm）为受力筋，呈直线形，每根长为 702 cm，两端分别进入墩桩，共 22 根。在立面图中看到 5×28 的数值，5 表示钢筋间有 5 个均等间距，28 表示每 2 根钢筋的中心距离（间距）为 28 cm；图中均布 7 根，表示 120-2×5 = 110（cm）范围内等距离布置 7 根钢筋。

②Φ8（直径为 8 mm）为箍筋，呈方形，每根长为 522 cm，边长为 113 cm×143 cm（宽×高），共 25 根，在连系梁居中均匀分布。24×20 的数值，24 表示有 25 根钢筋间 24 个均等间距、20 表示每 2 根钢筋的中心距离（间距）为 20 cm。

每种钢筋按国标格式进行了图示和标注；混凝土强度等级为 C25。

2）桥墩盖梁钢筋构造图。图 7-24 所示为桥墩盖梁钢筋构造图，图中给出了立体图及配筋部分。看投影图，形状中间为正因棱柱、两端为四棱台形。从钢筋数量表看，有 16 种型号的钢筋，①、②、③…为钢筋编号。

①⚊28（直径为 28 mm）为架立筋，呈直线形（两端有 90° 弯钩），每根长为 1 344.4 cm，共 5 根，布置形式 ⌊1 ⌈1 ⌈1 ⌈1 ⌋1⌋。具体尺寸为 16×8.3 cm，17 根钢筋，每 2 根钢筋距离为 8.3 cm（单位长）。在Ⅱ—Ⅱ断面图上看到钢筋①布置在盖梁的上部，两边各布置 1 根、中间布置 1 根、另 2 根各布置在距中间钢筋 2 单位长且距边筋 4 单位长的位置，贯通布置。

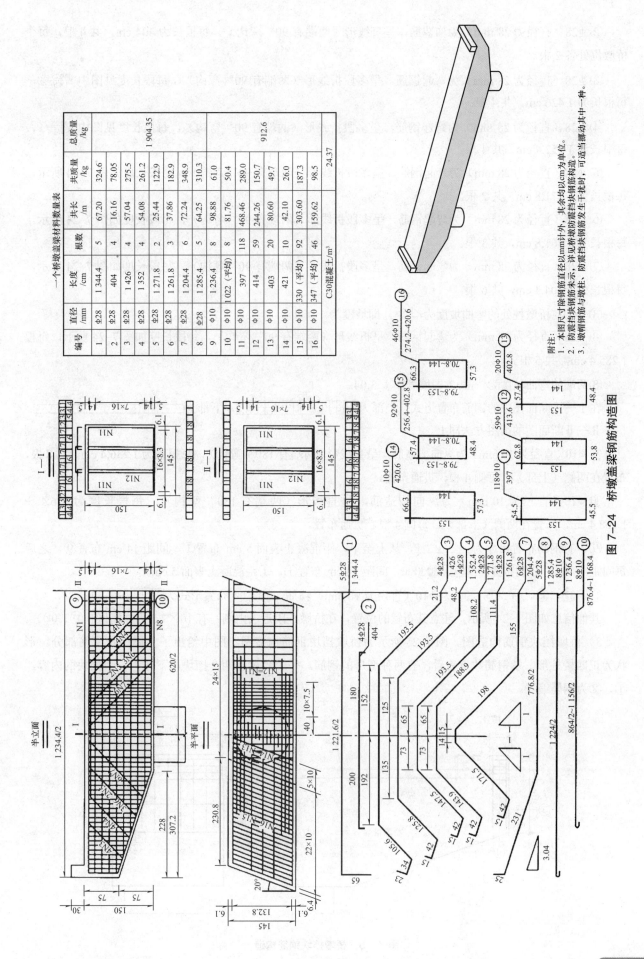

一个桥墩盖梁材料数量表

编号	直径/mm	长度/cm	根数	共长/m	共质量/kg	总质量/kg
1	Φ28	1 344.4	5	67.20	324.6	1 904.35
2	Φ28	404	4	16.16	78.05	
3	Φ28	1 426	4	57.04	275.5	
4	Φ28	1 352	4	54.08	261.2	
5	Φ28	1 271.8	2	25.44	122.9	
6	Φ28	1 261.8	3	37.86	182.9	
7	Φ28	1 204.4	6	72.24	348.9	
8	Φ28	1 285.4	5	64.25	310.3	
9	Φ10	1 236.4	8	98.88	61.0	912.6
10	Φ10	1 022（平均）	8	81.76	50.4	
11	Φ10	397	118	468.46	289.0	
12	Φ10	414	59	244.26	150.7	
13	Φ10	403	20	80.60	49.7	
14	Φ10	421	10	42.10	26.0	
15	Φ10	330（平均）	92	303.60	187.3	
16	Φ10	347（平均）	46	159.62	98.5	
	C30混凝土/m³					24.37

附注：
1. 本图尺寸除钢筋直径以mm计外，其余均以cm为单位。
2. 防震挡块钢筋未示，详见桥墩防震挡块钢筋构造。
3. 墩帽钢筋与墩柱、防震挡块钢筋发生干扰时，可适当那动其中一种。

图 7-24　桥墩盖梁钢筋构造图

②Φ28（直径为 28 mm）为构造筋，呈直线形（两端有 90°弯钩），每根长为 404 cm，共 4 根，每个桥墩位处各 2 根。

③Φ28（直径为 28 mm）为弯起钢筋，呈多段折线形（两端有 90°弯钩），每段长度见图中$\searrow_{1\,426}^{4\phi28}$③，每根长为 1 426 cm，共 4 根。

④Φ28（直径为 28 mm）为弯起钢筋，呈多段折线形（两端有 90°弯钩），每段长度见图中$\searrow_{1\,352.4}^{4\phi28}$④，每根长为 1 352.4 cm，共 4 根。

⑤Φ28（直径为 28 mm）为弯起钢筋，呈多段折线形（两端有 90°弯钩），每段长度如图 7-24 所示，每根长为 1 271.8 cm，共 2 根。

⑥Φ28（直径为 28 mm）为弯起钢筋，呈多段折线形（两端有 90°弯钩），每段长度如图 7-24 所示，每根长为 1 261.8 cm，共 3 根。

⑦Φ28（直径为 28 mm）为弯起钢筋，呈多段折线形（两端有 90°弯钩），每段长度如图 7-24 所示，每根长为 1 204.4 cm，共 6 根。

③～⑦在桥墩柱处的弯曲坡度为，即坡度为 1：1。

⑧Φ28（直径为 28 mm）为弯起钢筋，呈折线形（两端有 90°弯钩），每段长度如图 7-24 所示，每根 1 285.4 cm，共 5 根。

⑧两端的弯曲坡度为，即坡度 1：3.04。

在Ⅰ—Ⅰ断面图中的钢筋布置形式，上部为，下部为。

Ⅱ—Ⅱ断面图的读图方法同上。

⑨Φ10（直径为 10 mm）为纵向构造筋，呈直线形（两端有 180°弯钩），每根长为 1 236.4 cm，共 8 根，布置在两侧（上部），每侧 4 根，贯通布置。

⑩Φ10（直径为 10 mm）为纵向构造筋，呈直线形（两端有 180°弯钩），每根长度为 876.4～1 168.4 cm，布置在两侧（下部），每侧 4 根，贯通布置。

⑨、⑩钢筋布置尺寸为，从上至下，距混凝土表面 5 cm 布置①，间距 14 cm 布置⑨，之后每间距 16 cm，分别布置⑨⑨⑨⑩⑩⑩⑩，间距 14 cm 布置①，①距混凝土表面 5 cm。

⑪、⑫、⑬、⑭、⑮、⑯为 Φ10（直径为 10 mm）箍筋，⑪、⑫布置形式为，呈方形。

其他信息如图 7-24 所示，注意其布置的位置，在桥墩柱附近（内侧）有 10×7.5 为加密区（⑪、⑫）。

3）桥墩挡块钢筋构造图。图 7-25 所示为桥墩挡块钢筋构造图。图中给出了立体图及配筋部分。形状为正四棱柱形。从钢筋数量表看，有两种型号的钢筋。一个盖梁有两个挡块。下述为一个挡块的内容，①、②为钢筋编号。

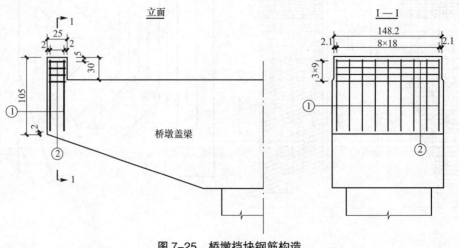

图 7-25　桥墩挡块钢筋构造

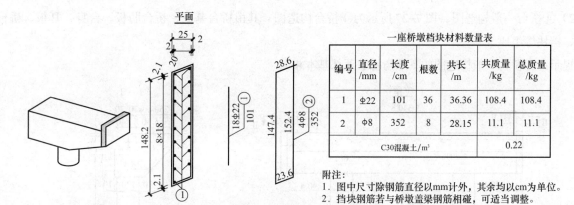

平面

一座桥墩档块材料数量表

编号	直径/mm	长度/cm	根数	共长/m	共质量/kg	总质量/kg
1	Φ22	101	36	36.36	108.4	108.4
2	Φ8	352	8	28.15	11.1	11.1
C30混凝土/m³						0.22

附注:
1. 图中尺寸除钢筋直径以mm计外,其余均以cm为单位。
2. 挡块钢筋若与桥墩盖梁钢筋相碰,可适当调整。

图7-25 桥梁挡块钢筋构造(续)

①Φ22(直径为22 mm)为主筋,呈直线形,每根长为101 cm,共18根,下端进入到桥墩盖梁内;在Ⅰ—Ⅰ断面图中看到8×18的数值,8表示有9根钢筋间8个均等间距、18表示每2根钢筋的中心距离(间距)为18 cm,两侧布置,围成四棱柱形,上端距盖梁混凝土表面25 cm(30 cm-5 cm)。

②Φ8(直径为8 mm)为箍筋,呈平行四边形,每根长为352 cm,共4根,从主筋上端向下间距为9 cm布置。

2. 桥台

(1)桥台一般构造图。

1)①桥台一般构造图。图7-26所示为①桥台一般构造图。其由桥台基础、桥台肋板、台身、耳板、桥台盖捷、挡块等组成。为了方便读图,在图中给出了立体图。

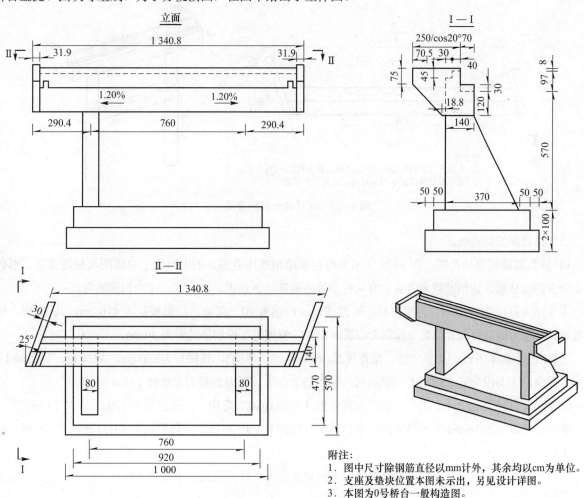

附注:
1. 图中尺寸除钢筋直径以mm计外,其余均以cm为单位。
2. 支座及垫块位置本图未示出,另见设计详图。
3. 本图为0号桥台一般构造图。

图7-26 0号桥台一般构造图

2）④桥台一般构造图。图 7-27 所示为④桥台构造图。其由桥台基础、桥台肋板、台身、耳板、桥台盖梁、挡块等组成。

提示：④桥台一般构造图的下部与桥墩下部基本相同。

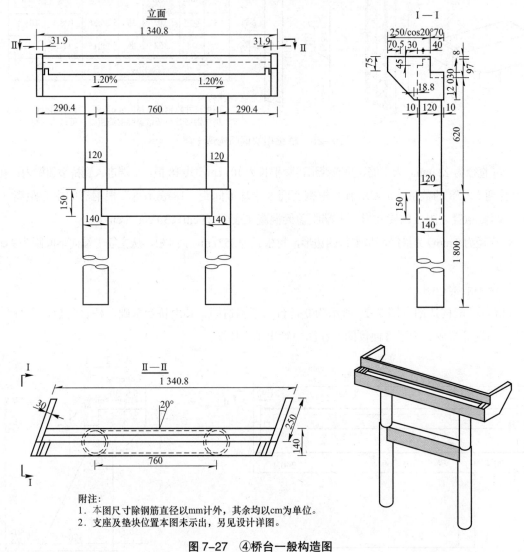

图 7-27　④桥台一般构造图

（2）桥台钢筋构造图。

1）桥台基础钢筋构造图。图 7-28 所示为桥台基础钢筋构造图。图中给出了立体图及配筋部分。形状为 2 个正四棱柱形，从钢筋数量表看，有 4 种型号的钢筋，下述①、②、③、④为钢筋编号。

①Φ16（直径为 16 mm）为横向筋，呈直线形（两端有 90°弯钩），每根长为 470 cm，共 31 根，图中看到 ⌐⌐⌐①为钢筋的布置位置（投影为钢筋断面），看到每 2 根钢筋的距离 30 cm。

②B16（直径为 16 mm）为纵向筋，呈直线形（两端有 90°弯钩），每根长为 920 cm，共 16 根，读图同①。

由横向筋①与纵向筋②组成上部钢筋网，纵向筋②在上，距离混凝土上表面 10 cm。

③Φ20（直径为 20 mm）为横向筋，呈直线形（两端有 90°弯钩），每根长为 570 cm，共 34 根。

④Φ16（直径为 16 mm）为纵向筋，呈直线形（两端有 90°弯钩），每根长为 1 000 cm，共 19 根，读图同①。

由横向筋③与纵向筋②组成下部钢筋网，纵向筋④在下，距离混凝土下表面 10 cm。

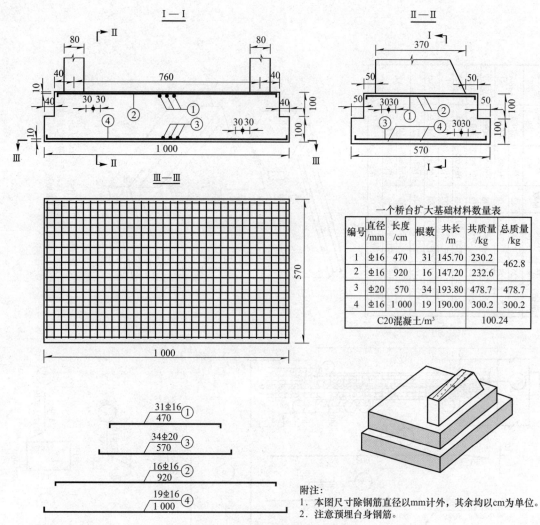

一个桥台扩大基础材料数量表

编号	直径/mm	长度/cm	根数	共长/m	共质量/kg	总质量/kg
1	Φ16	470	31	145.70	230.2	462.8
2	Φ16	920	16	147.20	232.6	
3	Φ20	570	34	193.80	478.7	478.7
4	Φ16	1 000	19	190.00	300.2	300.2
C20混凝土/m³					100.24	

附注：
1. 本图尺寸除钢筋直径以mm计外，其余均以cm为单位。
2. 注意预埋台身钢筋。

图 7-28　桥台基础钢筋构造图

2）桥台台身钢筋构造图。图 7-29 所示为桥台台身钢筋构造图。图中给出了立体图及配筋部分。露出部分形状为正四棱台形。上端进入盖梁 90 cm，下端进入基础 140 cm（预埋）。

从钢筋数量表看，有 10 种型号的钢筋。有两个桥台台身，下述为其中一个桥台台身的内容，①、②、③…为钢筋编号。

①Φ25（直径为 25 mm）为主筋，呈直线形，每根长为 680 cm，共 6 根，布置在左侧面（贯通），间距为 14 cm。

②Φ25（直径为 25 mm）为构造筋，呈直线形（一端有 90°弯钩），每根长为 211 cm，共 4 根，图中N2（②）、②﹀﹀﹀指出了布置位置。

③Φ16（直径为 16 mm）为主筋，呈折线形，每根长为 681 cm，共 14 根；图中／／／／／／②指出了布置位置。

④Φ25（直径为 25 mm）为构造筋，呈折线形（两端有 90°弯钩），每根长为 716 cm，共 6 根，布置在斜面上，间距为 14 cm。

⑤Φ12（直径为 12 mm）为构造筋，呈直线形（两端有 90°弯钩），每根长为 382 cm（平均），共 22 根。

⑥Φ10（直径为 10 mm）为分布筋，呈直线形（两端有 90°弯钩），每根长为 373 cm，共 16 根，布置在下部。

一个桥台台身材料数量表

编号	直径/mm	长度/cm	根数	共长/m	共质量/kg	总质量/kg
1	Φ25	680	12	81.60	314.2	379.2
2	Φ25	211	8	16.88	65.0	
3	Φ16	681	28	190.68	301.3	301.3
4	Φ25	716	12	85.92	330.8	330.8
5	Φ12	382（平均）	44	168.08	149.3	149.3
6	Φ10	373	32	119.36	73.6	286.3
7	Φ10	259（平均）	88	227.92	140.6	
8	Φ10	81	144	116.64	72.0	
9	Φ8	424	62	262.88	103.8	117.9
10	Φ8	447（平均）	8	35.76	14.1	
C30混凝土/m³				18.36		

附注:
1. 图中尺寸除钢筋直径以mm计外，其余均以cm为单位。
2. 台帽横坡由台肋变高形成，台高指台帽中心处的高度，施工时台肋钢筋可根据横坡做适当调整。

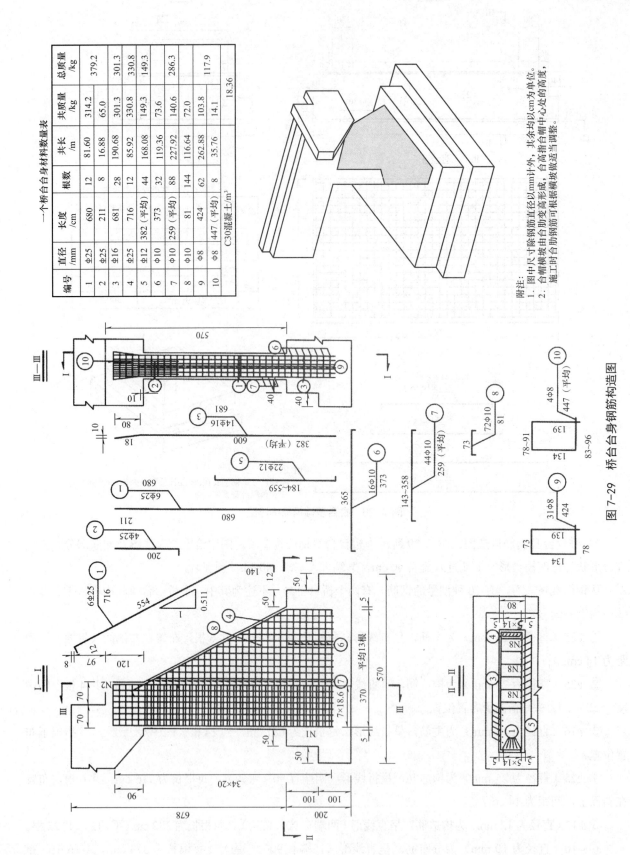

图 7-29 桥台台身钢筋构造图

⑦φ10（直径为 10 mm）为分布筋，呈直线形（两端有 90°弯钩），每根长为 259 cm（平均），共 44 根，布置在上部。

⑧φ10（直径为 10 mm）为构造筋，呈直线形（两端有 90°弯钩），每根长为 81 cm，共 72 根，连接斜面部位两个钢筋网交点处。

⑨φ10（直径为 10 mm）为箍筋，呈方形，每根长为 424 cm，共 31 根，布置左下，呈四棱柱形。

⑩φ10（直径为 10 mm）为箍筋，呈方形，每根长为 447 cm（平均），共 4 根，布置左上，呈四棱台形。

⑨、⑩布置的数据为 34×20，34 表示有 35 根钢筋间 34 个均等间距，20 表示每 2 根钢筋的中心距离（间距）为 20 cm。

3）桥台盖梁钢筋构选图。说明：①桥台与④桥台盖梁钢筋构造图，除方向不同外，钢筋构造图是一样的。这里只叙述其中一种。

图 7-30 所示为桥台盖梁钢筋构造图。图中给出了立体图及配筋部分。其形状为正四棱柱形，下部有桥台台身（柱）钢筋进入其中。其读图方法与图 7-24 基本相同，请读者自己识读。

4）桥台挡块钢筋构造图。图 7-31 所示为桥台挡块钢筋构造图。图中给出了立体图及配筋部分。桥台挡块为四棱柱形，下部进入盖梁。

从钢筋数量表看，有 2 种型号的钢筋。下述①、②为钢筋编号。

①Φ22（直径为 22 mm）为主筋，呈直线形，每根长为 141 cm，共 20 根，布置在两侧（贯通），布置的数据为 4×16，表示有 5 根钢筋之间 4 个均等间距，16 表示每 2 根钢筋的中心距离（间距）为 16 cm。

②A8（直径为 8 mm）为箍筋，呈平行四边形，倾斜角为 90°-70°＝20°，每根长为 192 cm，共 8 根，布置上部，布置的数据为 3×9，表示有 4 根钢筋之间 3 个均等间距，9 表示每 2 根钢筋的中心距离（间距）为 9 cm。

5）桥台耳墙钢筋构造图。图 7-32 所示为桥台耳墙钢筋构造图。图中给出了立体图及配筋部分。

两端形状为七棱柱形、中间为四棱柱形，中间部分进入盖梁。

从钢筋数量表看，有 14 种型号的钢筋。下述①、②、③…为钢筋编号。

①Φ12（直径为 12 mm）为构造筋，下端呈直线形（有 90°弯钩）、上端为 U 形，每根长为 286 cm，共 63 根，布置在桥面侧面（竖直），具体尺寸为 62×20，表示有 63 根钢筋之间 62 个均等间距，20 表示每 2 根钢筋的中心距离（间距）为 20 cm。

②Φ12（直径为 12 mm）为构造筋，呈倒 L 形（两端有 90°弯钩），每根长为 246 cm，共 63 根，布置在台板侧面（竖直），与①对应；

①与②对应关系为⌐①②⌐。

③Φ12（直径为 12 mm）为构造筋，下端呈直线形（有 90°弯钩）、上端为 U 形，每根长为 288 cm，共 2 根，布置在桥面侧面（竖直、与①夹角 20°），在中心线位置，距①的距离为 22.9 cm。

④Φ12（直径为 12 mm）为构造筋，呈倒 L 形（两端有 90°弯钩），每根长为 250 cm，共 2 根，布置在台板侧面（竖直、与③夹角 20°），与③对应。

⑤Φ12（直径为 12 mm）为耳墙主筋，呈直线形（上端有 90°弯钩），每根长为 218 cm，共 24 根，布置见图中————⑤。

⑥Φ12（直径为 12 mm）为耳墙分布筋，呈直线形，每根长为 244 cm，共 20 根。

⑦Φ12（直径为 12 mm）为耳墙分布筋，呈直线形，每根长为 229 cm（平均），共 8 根。

⑧Φ12（直径为 12 mm）为耳墙分布筋，呈直线形，每根长为 228 cm（平均），共 28 根。

⑨Φ12（直径为 12 mm）为耳墙构造筋，呈多段折线形，每根长为 440 cm，共 4 根。

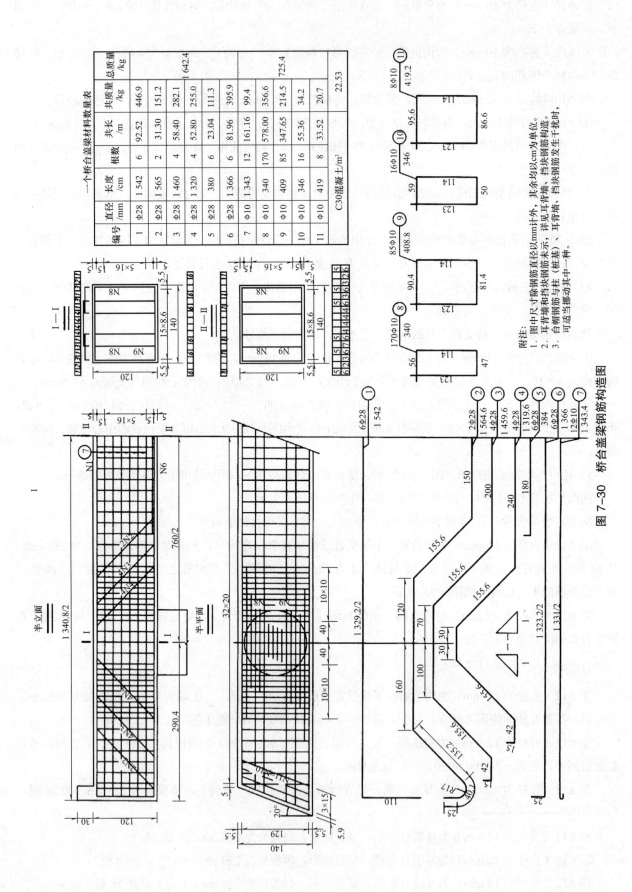

一个桥台盖梁材料数量表

编号	直径/mm	长度/cm	根数	共长/m	共质量/kg	总质量/kg
1	Φ28	1 542	6	92.52	446.9	
2	Φ28	1 565	2	31.30	151.2	
3	Φ28	1 460	4	58.40	282.1	
4	Φ28	1 320	4	52.80	255.0	1 642.4
5	Φ28	380	6	23.04	111.3	
6	Φ28	1 366	6	81.96	395.9	
7	Φ10	1 343	12	161.16	99.4	
8	Φ10	340	170	578.00	356.6	
9	Φ10	409	85	347.65	214.5	725.4
10	Φ10	346	16	55.36	34.2	
11	Φ10	419	8	33.52	20.7	
C30混凝土/m³						22.53

附注：
1. 图中尺寸除钢筋直径以mm计外，其余均以cm为单位。
2. 耳背墙和挡块钢筋未示，详见耳背墙、挡块钢筋构造。
3. 台帽钢筋与柱（桩基）、耳背端、挡块钢筋发生干扰时，可适当挪动其中一种。

图 7-30　桥台盖梁钢筋构造图

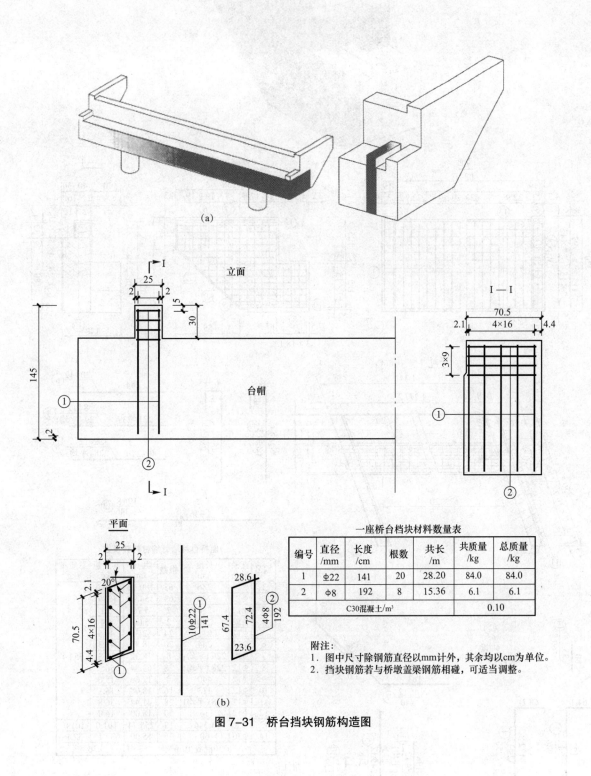

一座桥台档块材料数量表

编号	直径/mm	长度/cm	根数	共长/m	共质量/kg	总质量/kg
1	Φ22	141	20	28.20	84.0	84.0
2	Φ8	192	8	15.36	6.1	6.1
C30混凝土/m³						0.10

附注：
1. 图中尺寸除钢筋直径以mm计外，其余均以cm为单位。
2. 挡块钢筋若与桥墩盖梁钢筋相碰，可适当调整。

图7-31 桥台挡块钢筋构造图

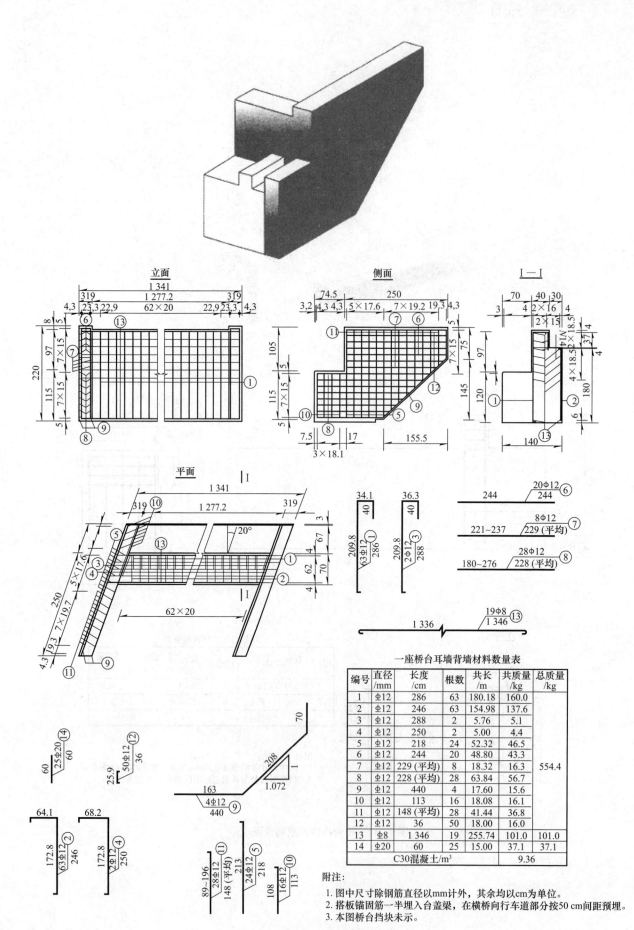

一座桥台耳墙背墙材料数量表

编号	直径/mm	长度/cm	根数	共长/m	共质量/kg	总质量/kg
1	Φ12	286	63	180.18	160.0	
2	Φ12	246	63	154.98	137.6	
3	Φ12	288	2	5.76	5.1	
4	Φ12	250	2	5.00	4.4	
5	Φ12	218	24	52.32	46.5	
6	Φ12	244	20	48.80	43.3	
7	Φ12	229（平均）	8	18.32	16.3	554.4
8	Φ12	228（平均）	28	63.84	56.7	
9	Φ12	440	4	17.60	15.6	
10	Φ12	113	16	18.08	16.1	
11	Φ12	148（平均）	28	41.44	36.8	
12	Φ12	36	50	18.00	16.0	
13	Φ8	1 346	19	255.74	101.0	101.0
14	Φ20	60	25	15.00	37.1	37.1
C30混凝土/m³					9.36	

附注：

1. 图中尺寸除钢筋直径以mm计外，其余均以cm为单位。
2. 搭板锚固筋一半埋入台盖梁，在横桥向行车道部分按50cm间距预埋。
3. 本图桥台挡块未示。

图 7-32　桥台耳墙钢筋构造图

⑩ⴤ12（直径为 12 mm）为耳墙主筋，呈直线形（上端有 90°弯钩），每根长为 113 cm，共 16 根。

⑪ⴤ12（直径为 12 mm）为耳墙主筋，呈直线形（上端有 90°弯钩），每根长为 148 cm（平均），共 28 根。

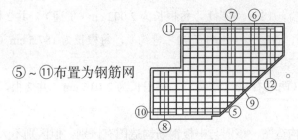

⑤~⑪布置为钢筋网

⑫ⴤ12（HRB335 级钢筋、直径为 12 mm）为耳墙构造筋，呈直线形（两端有 90°弯钩），每根长为 36 cm，共 50 根，布置在钢筋网格角处（连接两片钢筋网）。

⑬φ8（HPB300 级钢筋、直径为 8 mm）为分布筋，呈直线形（两端有 180°弯钩），每根长为 1 346 cm（贯通），共 19 根。布置在两侧：一侧为从上起间距 6×18.5 布置⑬各 1 根，下部布置 1 根⑬，计 8 根；另一侧 2×18.5、4×18.5 布置⑬各 1 根，下部布置 1 根⑬（计 9 根），在上部左侧中间布置 1 根⑬（2×16）、右侧中间布置 1 根⑬（2×15）。

⑭ⴤ20（直径为 20 mm）为搭板锚固筋，每根长为 60 cm，共 25 根，一半埋入桥台盖梁，在横桥向行车道部分按 50 cm 间距预埋。

3. 中板、边板

（1）中板、边板一般构造图。图 7-33 所示为中板、边板一般构造图。为了方便读图，在图中给出了立体图，应结合识图的基本知识，读懂此图。

（2）中板、边板钢筋构造图。

1）中板钢筋构造图。图 7-34 所示为中板钢筋构造图。图中给出了立体图及配筋部分。

从钢筋数量表看，有 15 种型号的钢筋，下述①、②、③…为钢筋编号。

① ⴤ12（直径为 12 mm）为受力筋，呈直线形，每根长为 1 992 cm（贯通），共 16 根。

② ⴤ12（直径为 12 mm）为受力筋，呈直线形，每根长为 1 992 cm（贯通），共 8 根。

③ ⴤ12（直径为 12 mm）为受力筋，呈直线形，每根长为 1 500 cm（居中），共 4 根。

④ ⴤ12（直径为 12 mm）为受力筋，呈直线形，每根长为 1 000 cm（居中），共 4 根。

⑤ ⴤ12（直径为 12 mm）为受力筋，呈直线形，每根长为 800 cm（居中），共 2 根。

①~⑤钢筋布置：上部②⎯⎯⎯⎯⎯⎯⎯，在下部 ●⎯●⎯●⎯●⎯●⎯●⎯●⎯●⎯● ，数据是 ▥▥▥▥▥▥▥ 。

⑥φ8（直径为 8 mm）为分布筋，呈直线形（两端有弯钩，尺寸如图 7-34 所示），每根长为 126 cm，共 123 根，布置尺寸 20×8、15.2、80×20、15.2、20×8（下部）。

⑦φ8（直径为 8 mm）为斜分布筋，呈直线形（两端有弯钩，尺寸如图 7-34 所示），每根长为 133 cm，共 10 根，布置尺寸 4×8（下部）。

⑧φ8（直径为 8 mm）为分布筋，呈倒 U 形（两端有 90°弯钩），每根长为 243 cm，共 123 根，布置尺寸 20×8、15.2、80×20、15.2、20×8（上部）。

⑨φ8（直径为 8 mm）为分布筋，呈倒 U 形（两端有 90°弯钩），每根长为 250 cm，共 10 根，布置尺寸 4×8（上部）。

⑥、⑧布置为 ▱ ，⑦、⑨布置类似。

⑩φ8（直径为 8 mm）为构造筋，呈形，每根长为 104 cm，共 100 根，布置见附注。

⑪φ8（直径为 8 mm）为构造筋，呈倒 U 形（两端有 90°弯钩），每根长为 116 cm，共 100 根，布置

见附注。

⑫Φ25（直径为 25 mm）为吊环钢筋，⌐⌐每根长为 195 cm，共 4 根。

⑬φ8（直径为 8 mm）为分布筋，呈直线形（两端有 180°弯钩），每根长为 2 002 cm（贯通），共 2 根。

⑭φ8（直径为 8 mm）为分布筋，呈直线、半圆、直线形（两端有 90°弯钩），每根长为 187.5 cm（半圆弧长为 98.7），共 51 根，布置见附注。

⑮Φ12（直径为 12 mm）为受力筋，呈直线形（两端有 90°弯钩），每根长为 2 016 cm，共 2 根，布置在半圆上方。

2）边板钢筋构造图。图 7-35 所示为边板钢筋构造图。该图与中板钢筋构造图有区别，但区别不大，请读者对照中板钢筋构造图自己识读。

4. 桥台搭板钢筋构造图

图 7-36 所示为桥台搭板钢筋构造图。该搭板呈四棱柱形。从钢筋数量表看，有 5 种型号的钢筋。①、③组成下层钢筋网，②、④组成上层钢筋网，⑤为支撑上下层的构造钢筋。请读者自己识读。

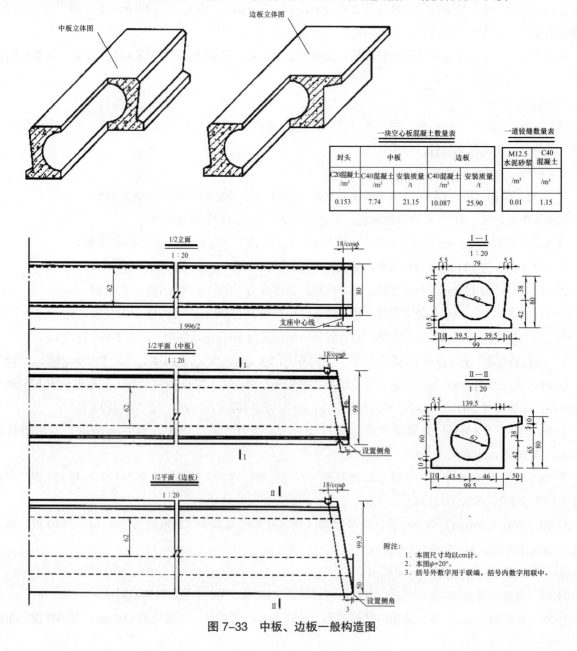

一块空心板混凝土数量表

	封头	中板		边板	
	C20混凝土/m³	C40混凝土/m³	安装质量/t	C40混凝土/m³	安装质量/t
	0.153	7.74	21.15	10.087	25.90

一道铰缝数量表

M12.5水泥砂浆/m³	C40混凝土/m³
0.01	1.15

附注：
1. 本图尺寸均以 cm 计。
2. 本图φ=20°。
3. 括号外数字用于联端，括号内数字用联中。

图 7-33 中板、边板一般构造图

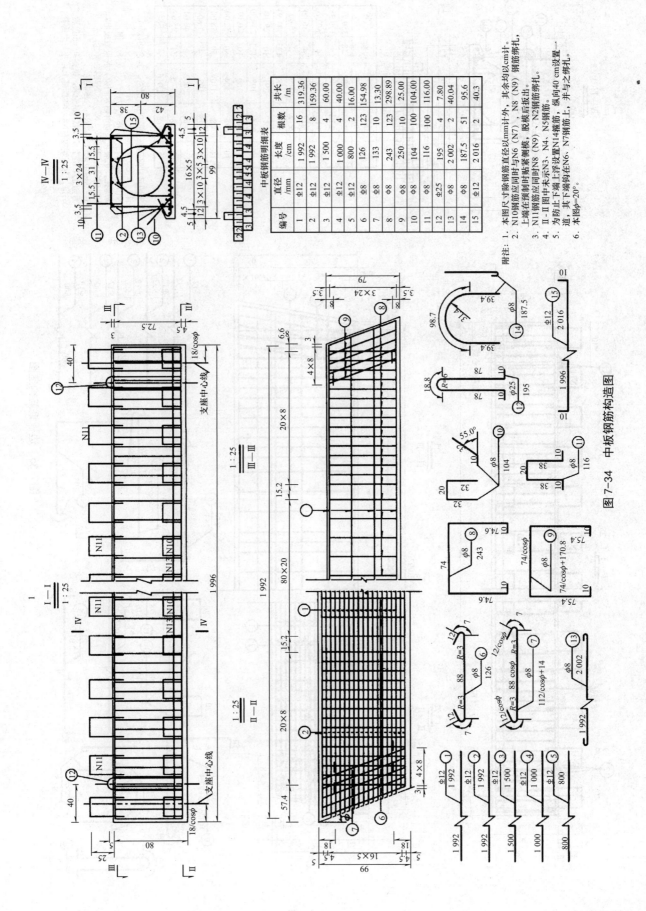

中板钢筋明细表

编号	直径/mm	长度/cm	根数	共长/m
1	Φ12	1 992	16	319.36
2	Φ12	1 992	8	159.36
3	Φ12	1 500	4	60.00
4	Φ12	1 000	4	40.00
5	Φ12	800	2	16.00
6	Φ8	126	123	154.98
7	Φ8	133	10	13.30
8	Φ8	243	123	298.89
9	Φ8	250	10	25.00
10	Φ8	104	100	104.00
11	Φ8	116	100	116.00
12	Φ25	195	4	7.80
13	Φ8	2 002	2	40.04
14	Φ8	187.5	51	95.6
15	Φ12	2 016	2	40.3

附注：1. 本图尺寸除钢筋直径以 mm 计外，其余均以 cm 计。
2. N10 钢筋应同时与 N6（N7），N8（N9）钢筋绑扎，上端在预削时贴紧侧模，脱模后板出。
3. N11 钢筋应同时同时与 N8（N9），N2 钢筋绑扎。
4. Ⅱ—Ⅱ 图中未示 N3、N4、N5 钢筋。
5. 为防止下端上浮设置 N14 箍筋，纵向 40 cm 设置一道，其下端钩在 N6、N7 钢筋上，并与之绑扎。
6. 本图 φ=20°。

图 7-34　中板钢筋构造图

边板钢筋明细表

编号	直径/mm	长度/cm	根数	共长/m
1	Φ12	1 992	18	359.28
2	Φ12	1 992	9	179.28
3	Φ12	1 500	4	60.00
4	Φ12	1 000	4	40.00
5	Φ12	800	2	16.00
6	Φ12	278	123	341.94
7	Φ12	291	10	29.10
8	Φ8	193	123	237.39
9	Φ8	200	10	20.10
10	Φ8	104	50	52.00
11	Φ25	116	50	58.00
12	Φ8	195	4	7.80
13	Φ8	2 002	2	40.04
14	Φ8	187.5	51	95.6
15	Φ12	2 016	2	40.3

附注：1. 本图尺寸除钢筋直径以mm计外，其余均以cm计，本图中 φ=20°。
2. N10钢筋应同时与N6（N7）、N8（N9）钢筋绑扎，上端在预制时账紧侧模，脱模后板出钢筋绑扎。
3. N11钢筋应同时与N6（N7）、N2钢筋绑扎。
4. Ⅱ-Ⅱ图中未示N3、N4、N5钢筋。
5. 为防止下端上浮设置N14撑筋，纵向40cm设置一道，其下端钩在N8、N9钢筋上，并与之绑扎。

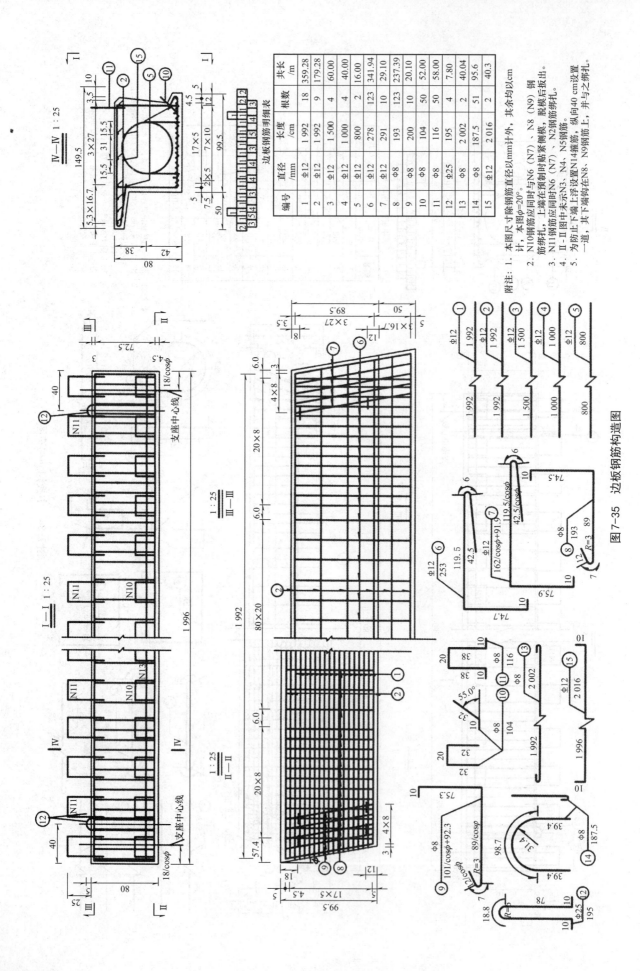

图7-35 边板钢筋构造图

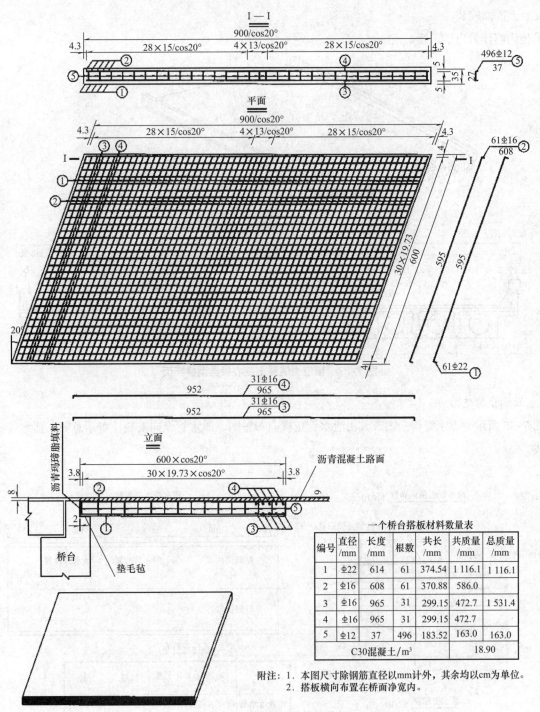

一个桥台搭板材料数量表						
编号	直径/mm	长度/mm	根数	共长/mm	共质量/mm	总质量/mm
1	Φ22	614	61	374.54	1 116.1	1 116.1
2	Φ16	608	61	370.88	586.0	
3	Φ16	965	31	299.15	472.7	1 531.4
4	Φ16	965	31	299.15	472.7	
5	Φ12	37	496	183.52	163.0	163.0
C30混凝土/m³						18.90

附注：1. 本图尺寸除钢筋直径以mm计外，其余均以cm为单位。
2. 搭板横向布置在桥面净宽内。

图 7-36 桥台搭板钢筋构造图

5. 20 m预应力混凝土空心板典型横断面图

图 7-37 所示为预应力混凝土空心板典型横断面图。其长度为 20 m。

尺寸 9×99+8×1 是指 9 块中板，每块宽为 99 cm，9 块中板间有 8 个缝，每个缝宽为 1 cm，坡度为 1.5%。

从下到上施工所用材料及尺寸为：10 cm 厚 C40 现浇防水混凝土、三涂 FYT-1 改进型防水层、8 cm 厚 C40 混凝土桥面铺装。

其他内容读者自己识读。

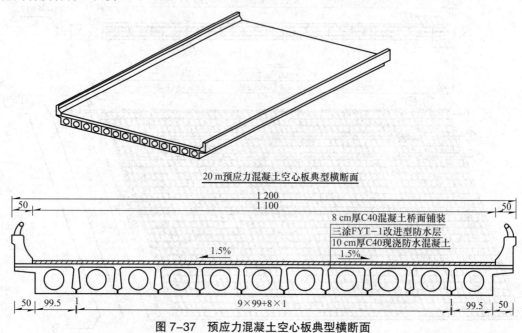

图 7-37　预应力混凝土空心板典型横断面

6. 泄水管构造图

图 7-38 所示为泄水管构造图。其由泄水管正横向布置图、泄水管纵向安装位置示意图、泄水管示意图等组成。

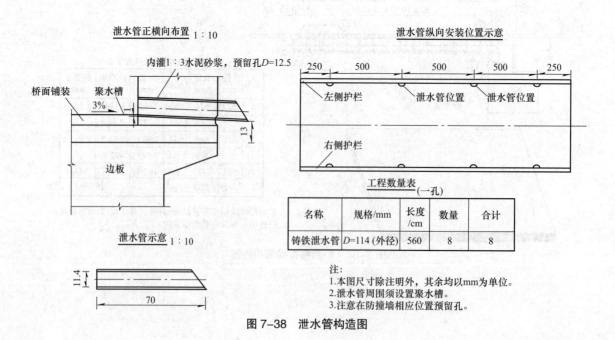

工程数量表 (一孔)

名称	规格/mm	长度/cm	数量	合计
铸铁泄水管	D=114 (外径)	560	8	8

注:
1. 本图尺寸除注明外，其余均以 mm 为单位。
2. 泄水管周围须设置聚水槽。
3. 注意在防撞墙相应位置预留孔。

图 7-38　泄水管构造图

7. 防撞墙

图 7-39 所示为防撞墙构造图，请读者自己识读。

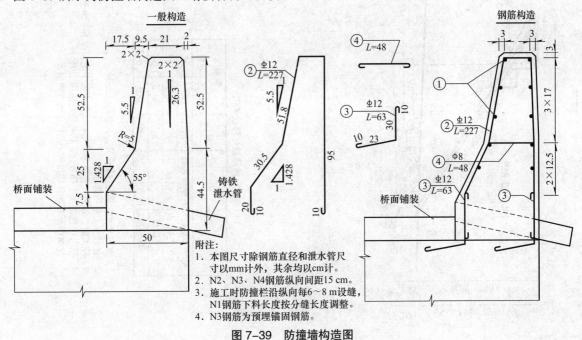

附注：
1. 本图尺寸除钢筋直径和泄水管尺寸以mm计外，其余均以cm计。
2. N2、N3、N4钢筋纵向间距15 cm。
3. 施工时防撞栏沿纵向每6～8 m设缝，N1钢筋下料长度按分缝长度调整。
4. N3钢筋为预埋锚固钢筋。

图 7-39　防撞墙构造图

8. 锥坡及台前溜坡构造图

图 7-40 所示为锥坡及台前溜坡构造图。该图由立面图、平面图及Ⅰ—Ⅰ剖面图组成。

锥坡和台前溜坡的长短线引出端，应为锥坡和台前溜坡的高端。坡度用比例标注，其标注如图 7-40 所示；其他信息不详细介绍，请读者自己识读。识图时应对照国家标准认真识读。

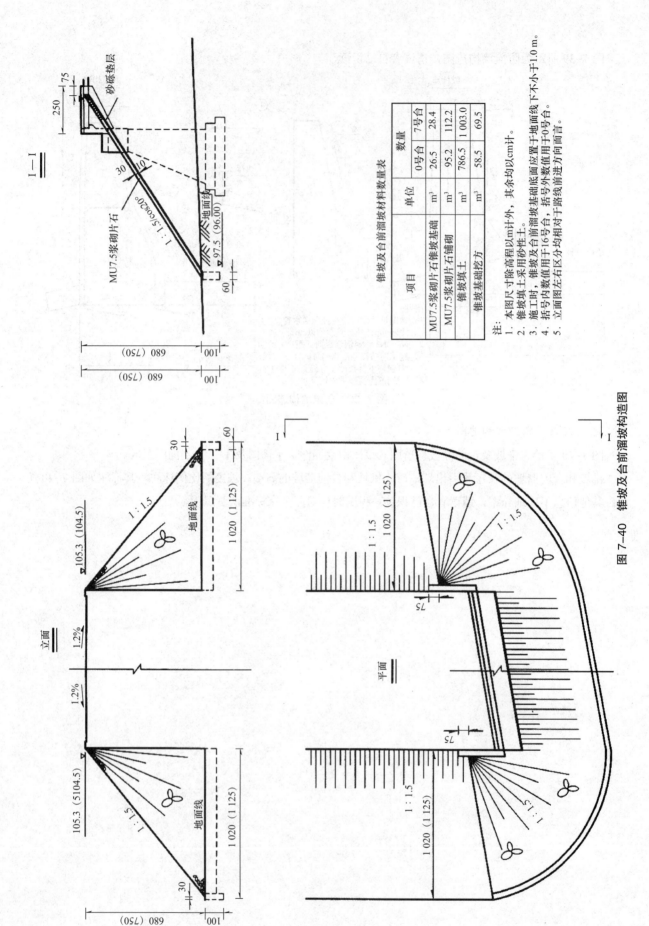

锥坡及台前溜坡材料数量表

项目	单位	数量	
		0号台	7号台
MU7.5浆砌片石锥坡基础	m³	26.5	28.4
MU7.5浆砌片石铺砌	m³	95.2	112.2
锥坡填土	m³	786.5	1 003.0
锥坡基础挖方	m³	58.5	69.5

注:
1. 本图尺寸除高程以m计外,其余均以cm计。
2. 锥坡填土采用砂性土。
3. 施工时,锥坡及台前溜坡基础底面应置于地面线下不小于1.0 m。
4. 括号内数值用于16号台,括号外数值用于0号台。
5. 立面图左右区分均相对于路线前进方向而言。

图 7-40 锥坡及台前溜坡构造图

任务7.4 识读其他桥型工程图

学习目标

了解桥梁施工图的图示内容；掌握桥梁工程图识读方法。

相关知识链接

1.2 运用制图标准，《道路工程制图标准》（GB 50162—1992）。

城市桥梁虽主要以梁桥为主，但拱桥、斜拉桥、悬索桥、刚构桥等桥型也均有使用，所以，这些类型桥梁工程图的识读也需要了解。

7.4.1 拱桥

拱桥是在竖向力作用下具有水平推力的结构物，以承受压力为主。

传统的拱桥以砖、石、混凝土为主修建，也称为圬工桥梁。现代的拱桥如钢筋混凝土拱桥，则因其优美的造型已成为市政桥梁的首选桥梁，这是传统拱桥和现代梁桥的完美结合。

1. 立面图

图7-41所示为一座跨径 $L = 6$ m 空腹式悬挂线双曲无铰拱桥。左半立面图表示，左侧桥台、拱、人行道栏杆及护坡等主要部分的外形视图；右半纵剖面图是沿拱桥中心线纵向剖开而得到的，右侧桥台、拱和桥面均应按剖开绘制。主拱圈采用圆弧双曲元绞拱，矢跨比1/5，拱顶与拱腹墩下各设两道横系梁，拱座采用C20混凝土。桥跨与桥台结构均为混凝土壳板内填筑粉煤灰土。

2. 平面图

左半平面图是从上向下投影得到的桥面俯视图，主要绘制出了车行道、栏杆等位置，由所标注尺寸可知桥面净宽为4.00 m，横坡为2%；右半剖面图绘制出了混凝土壳板、伸缩缝及桥台尺寸。

3. 剖面图

根据立面图中所标注的剖切位置可以看出，1—1剖面是在中跨位置剖切的，2—2剖面是在左边位置剖切的。

7.4.2 斜拉桥

斜拉桥具有外形轻巧，简洁美观，跨越能力大的特点。主梁、索塔、拉索、锚固体系和支承体系是构成斜拉桥的五大要素，如图7-42（a）所示。

1. 立面图

图7-42（b）所示为一座双塔单索面钢筋混凝土斜拉桥，主跨为185 m、两边边跨各为80 m。立体图反映了河床起伏及水文情况，根据标高尺寸可知钻孔灌注桩直径，基础的深度，梁底、桥面中心和通航水位的标高尺寸。

2. 平面图

如图7-42（c）所示，以中心线为界，左半边画外形，显示了人行道和桥面的宽度，并显示了塔柱断面和拉索。右半边是将桥的上部分揭去后，显示桩位的平面布置图。

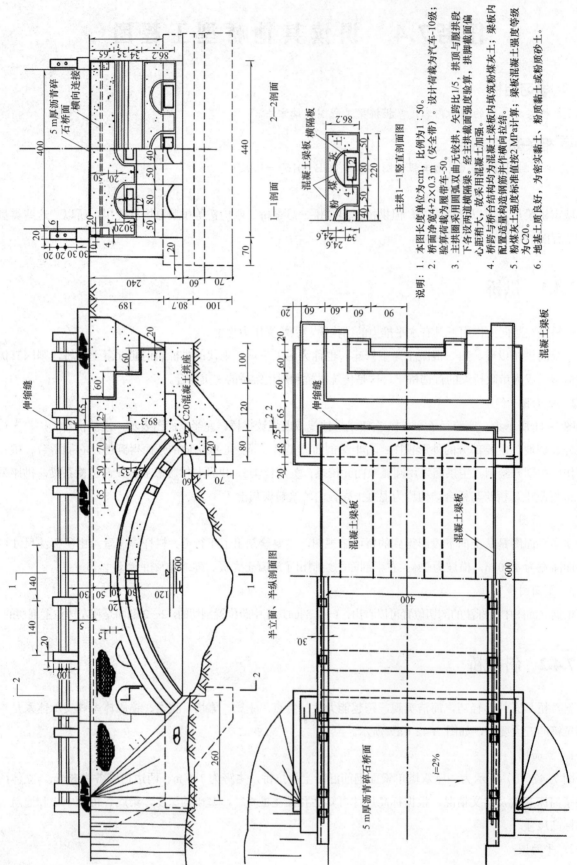

说明：

1. 本图长度单位为cm，比例为1：50。
2. 桥面净宽为4+2×0.3 m（安全带）。设计荷载为汽车-10级；验算荷载为履带车-50。
3. 主拱圈采用圆弧双曲无铰拱，矢跨比1/5，拱顶与腹拱段经主拱截面强度验算，拱脚截面偏心距稍大，故采用混凝土加强。下各设两道横隔梁。
4. 桥跨与桥台结构均为混凝土梁板内填筑粉煤灰土；梁板之间配置构造钢筋作横向拉结。
5. 粉煤灰土强度标准值按2 MPa计算；梁板混凝土强度等级为C20。
6. 地基土质良好，为密实黏土、粉质黏土或粉质原砂土。

2—2剖面

1—1剖面

混凝土梁板 横隔板

主拱1—1竖直剖面图

5 m厚沥青碎石桥面 横向连接

C20混凝土拱座

伸缩缝

半立面、半纵剖面图

混凝土梁板

伸缩缝

混凝土梁板

5 m厚沥青碎石桥面

混凝土梁板

图7-41 拱桥平、立、剖面图

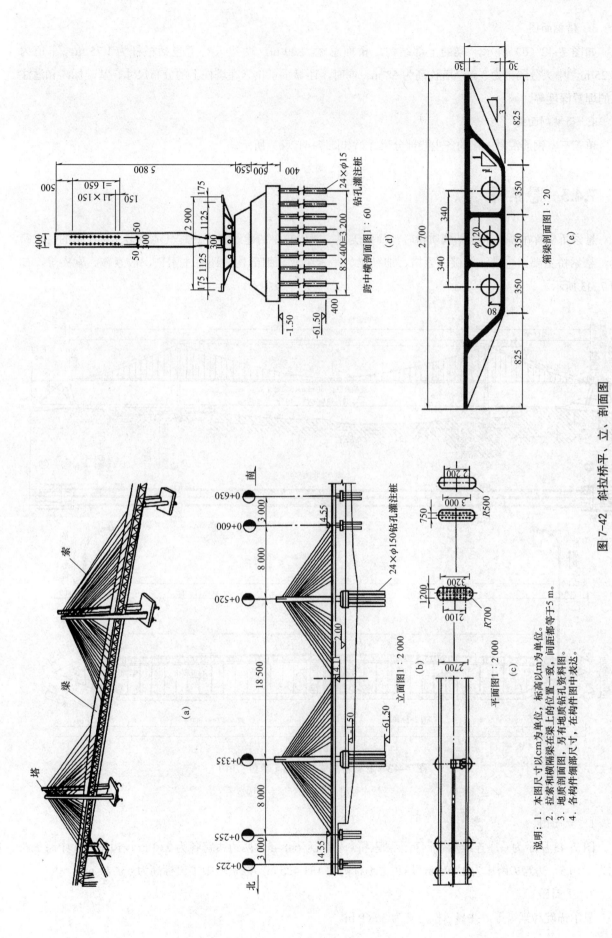

图 7-42 斜拉桥平、立、剖面图

说明：1. 本图尺寸以 cm 为单位，标高以 m 为单位。
2. 拉索和横隔梁在梁上的位置一致，间距都等于 5 m。
3. 地质剖面图，另有地质钻孔资料图。
4. 各构件细部尺寸，在构件图中表达。

3. 横剖面图

如图 7-42（d）所示，梁的上部结构，桥面总宽为 29 m，两边人行道包括栏杆为 1.75 m，车道为 11.25 m，中央分隔带为 3 m，塔柱高为 58 m。同时，还显示了拉索在塔柱上的分布尺寸、基础标高和灌注桩的埋置深度等。

4. 箱梁剖面图

单箱三室钢筋混凝土梁的各主要部分尺寸，如图 7-41（e）所示。

7.4.3 悬索桥

悬索桥也称吊桥，具有结构质量轻，简洁美观，能以较小的建筑高度跨越其他桥型无法比拟的特大跨度。悬索桥主要由主缆、锚碇、索塔、加劲梁、吊索组成。细部构造还有主索鞍、散索鞍、索夹等，如图 7-43 所示。

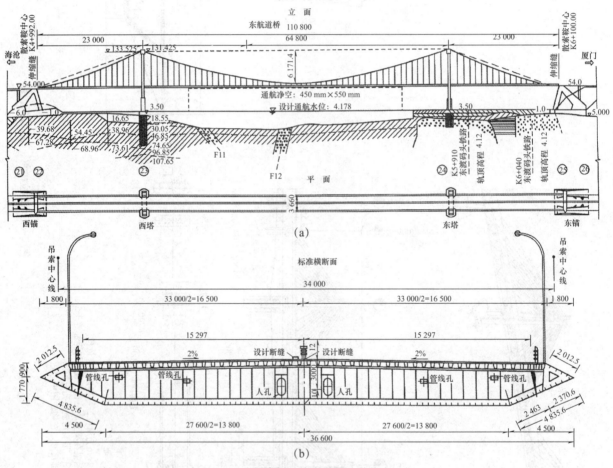

图 7-43 悬索桥总体布置图（单位：m）

（a）总体布置图；（b）加劲梁一般构造图

1. 立面图

图 7-43 所示为一座连续加劲钢箱梁悬索桥，主跨为 648 m，两边边跨各为 230 m 设边吊杆，中跨矢跨比为 1/10.5，边跨矢跨比为 1/29.58，塔顶主缆标高为 131.425 m，散索鞍中主梁标高为 66.711 m。

2. 平面图

显示锚碇和索塔等，并显示桥总宽为 36.60 m。

3. 加劲梁构造图

梁的上部结构，桥宽为 30.594 m，八车道，设计横坡为 2%，显示连续加劲钢箱梁的各主要部分尺寸。

7.4.4　刚构桥

桥跨结构（主梁）和墩台（支柱）整体连接的桥梁称为刚构桥。它是在钢架拱桥和斜腿刚构桥的基础上发展起来的一种桥梁。其具有外观美观大方、整体性能好的优点。

图 7-44 所示是钢筋混凝土刚构拱桥的总体布置图。

1. 立面图

由于刚架拱桥一般跨径不是太大，故可采用 1∶200 的比例绘制，从图 7-44（本图采用比例 1∶200）中可以看出，该桥总长为 63.268 m，净跨径为 45 m，净矢高为 5.625 m，重力式 U 形桥台，刚架拱桥面宽为 12 m。立面用半个外形投影图和半个纵剖面图合成。同时，反映了刚架拱桥的内外结构构造情况，在立面的半纵剖面图中，将横系梁断面，主梁、次梁侧面，主拱腿和次拱腿侧面形状表达清楚，对右桥台的结构形式及材料，左桥台的锥坡立面也做了表示。同时，显示了水文、地质及河床起伏变化情况和各控制高程。

2. 平面图

采用半个平面和半个揭层画法，将桥台平面投影绘制出，从尺寸标注上可以看出，桥面宽为 11 m，两边各有 50 cm 防撞护栏，对照立面，可见左侧次梁与桥台相接处留有 5 cm 伸缩缝。河水流向是朝向读者。

3. 侧面图及数据表

采用Ⅰ—Ⅰ半剖面，充分利用对称性、节省图纸，从图 7-44 中可以看出，4 片刚架拱由横系梁连接而成，其上桥面铺装 6 cm 厚沥青混凝土做行车部分。

总体布置图的最下边是一长条形数据表，表明了桩号、纵坡及坡长，设计高和地面高，以作为校核和指导施工放样的控制数据，组成与识读同梁桥相同，在此不做展示。

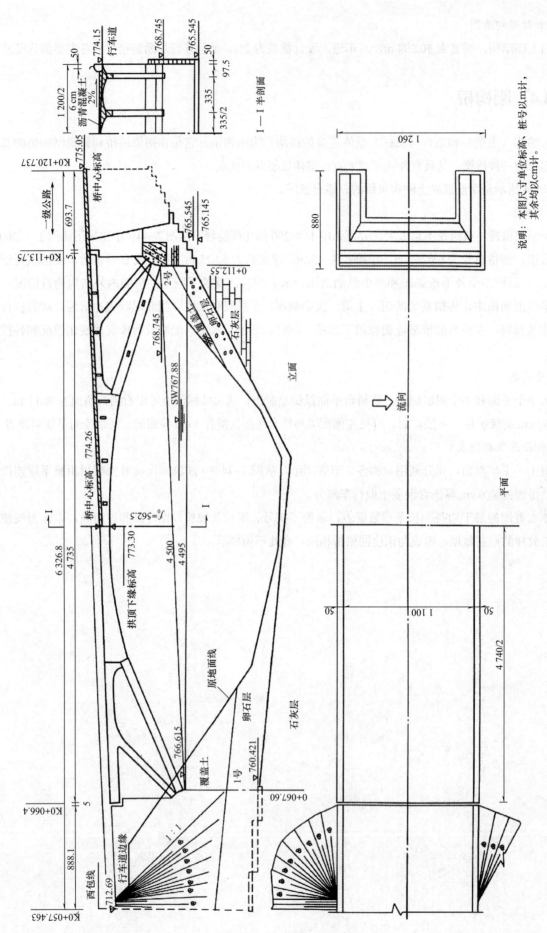

图 7-44　某钢筋混凝土刚构拱桥的总体布置图

说明：本图尺寸单位标高、桩号以 m 计，其余均以 cm 计。

150

桥梁工程图实例1
（空心板桥）

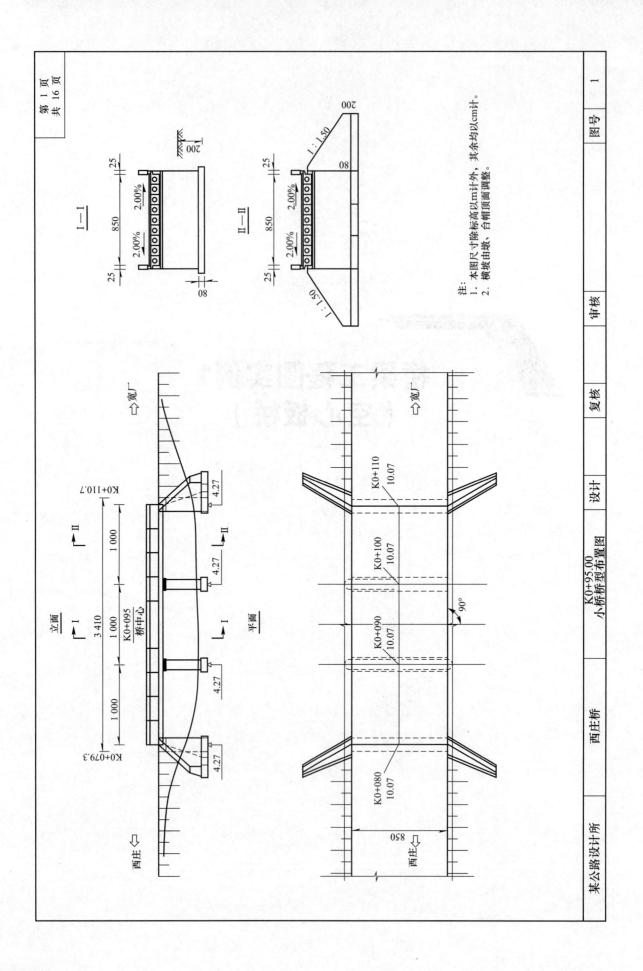

注:
1. 本图尺寸标高以m计以外,其余均以cm计。
2. 横坡由墩、台帽顶面调整。

I — I

II — II

立面

平面

桥中心

西庄

某公路设计所　西庄桥　K0+95.00 小桥桥型布置图　设计　复核　审核　图号　1

152

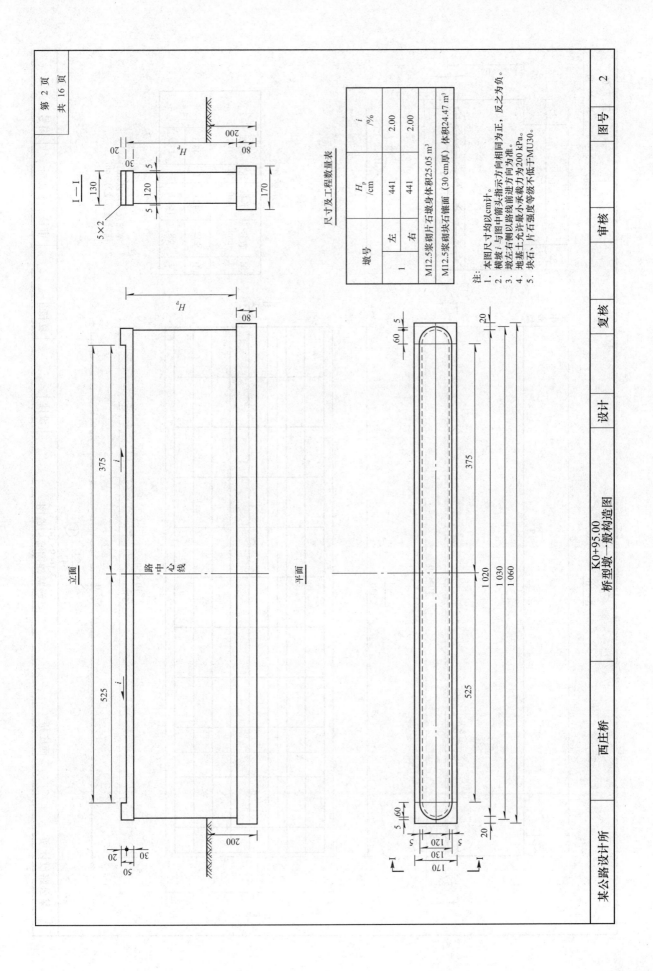

尺寸及工程数量表

墩号		H_p /cm	i /%
1	左	441	2.00
	右	441	2.00
M12.5浆砌片石墩身体积25.05 m³			
M12.5浆砌块石镶面（30 cm厚）体积24.47 m³			

注：
1. 本图尺寸均以cm计。
2. 横坡 i 与图中箭头指示方向相同为正，反之为负。
3. 墩左右侧以路线前进方向为准。
4. 地基土允许最小承载力为200 kPa。
5. 块石、片石强度等级不低于MU30。

某公路设计所	西庄桥		桥型墩一般构造图	设计	复核	审核	图号	2
		K0+95.00						

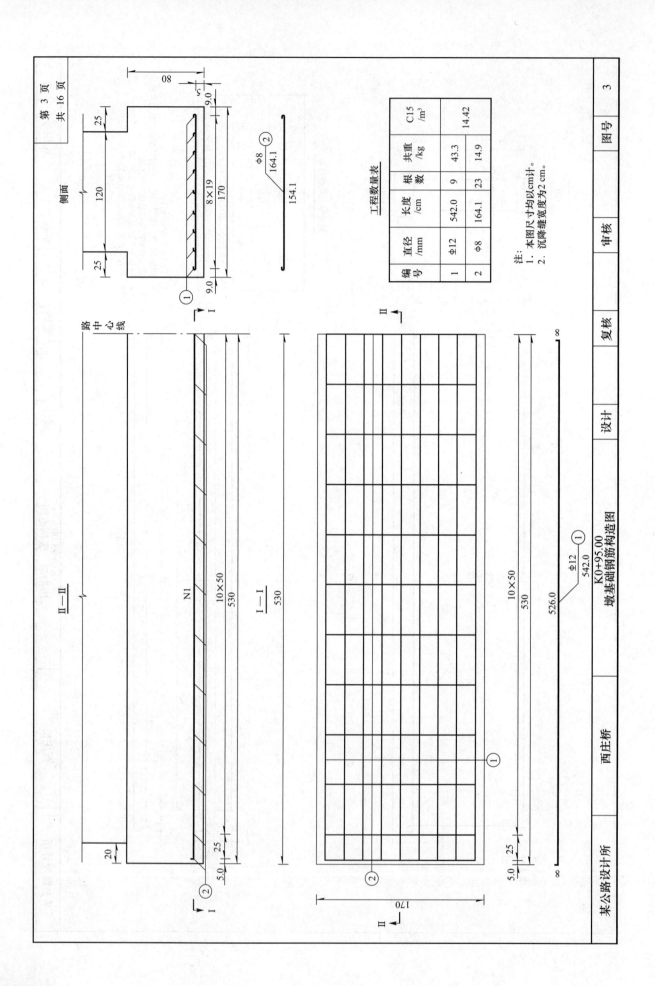

侧面

工程数量表

编号	直径/mm	长度/cm	根数	共重/kg	C15/m³
1	Φ12	542.0	9	43.3	
2	Φ8	164.1	23	14.9	14.42

注:
1. 本图尺寸均以cm计。
2. 沉降缝宽度为2 cm。

Ⅱ—Ⅱ

Ⅰ—Ⅰ

K0+95.00
墩基础钢筋构造图

| 某公路设计所 | 西庄桥 | 设计 | 复核 | 审核 | 图号 | 3 |

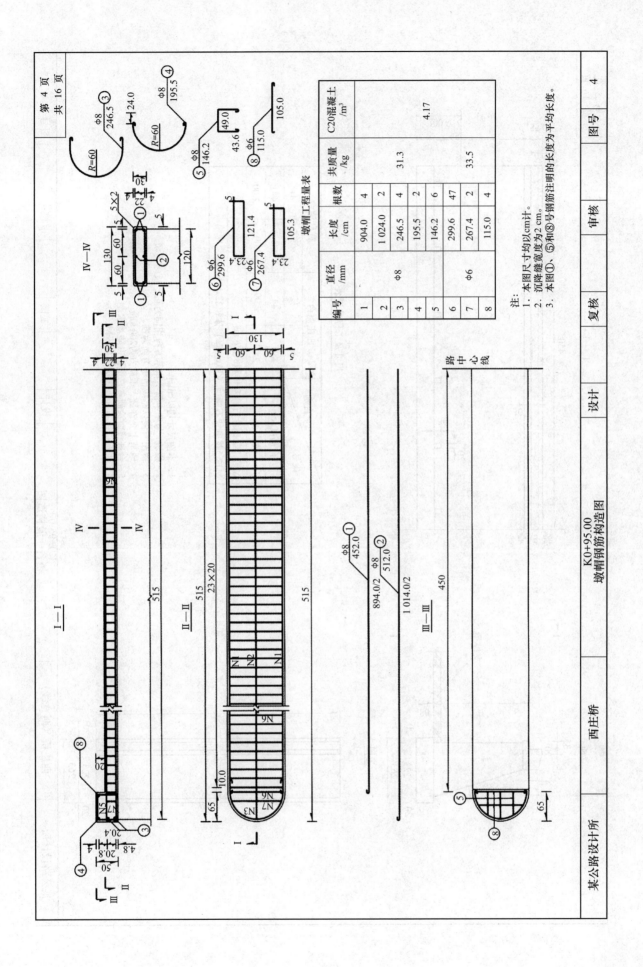

墩帽工程数量表

编号	直径 /mm	长度 /cm	根数	共质量 /kg	C20混凝土 /m³
1	Φ8	904.0	4		
2		1 024.0	2	31.3	
3		246.5	4		4.17
4		195.5	2		
5	Φ6	146.2	6		
6		299.6	47	33.5	
7		267.4	2		
8		115.0	4		

注:
1. 本图尺寸均以cm计。
2. 沉降缝缝宽度为2 cm。
3. 本图①、⑤和⑧号钢筋注明的长度为平均长度。

I—I

II—II

III—III

IV—IV

墩帽钢筋构造图

K0+95.00

西庄桥

某公路设计所

设计　复核　审核

图号　4

155

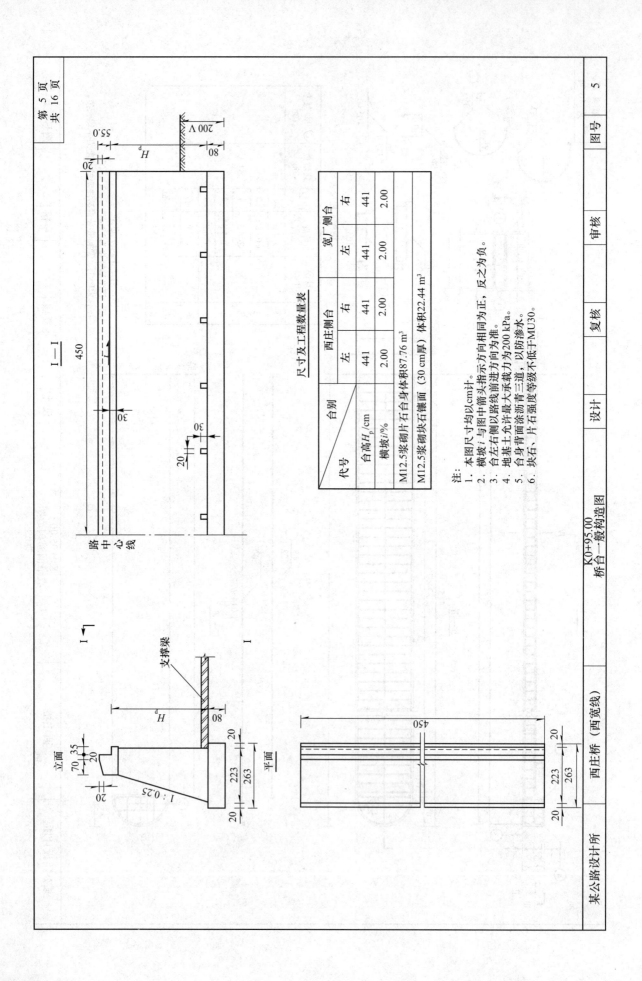

尺寸及工程数量表

代号	西庄侧台		宽厂侧台	
	左	右	左	右
台高 H_p/cm	441	441	441	441
横坡 i/%	2.00	2.00	2.00	2.00
M12.5浆砌片石台身体积87.76 m³				
M12.5浆砌块砌块石镶面（30 cm厚）体积22.44 m³				

注:
1. 本图尺寸均以cm计。
2. 横坡 i 与图中箭头指示方向相同为正，反之为负。
3. 台左右侧以路线前进方向为准。
4. 地基土允许最大承载力为200 kPa。
5. 台身背面涂沥青三道，以防渗水。
6. 块石、片石强度等级不低于MU30。

156

尺寸表

项目	西庄侧 左 大	西庄侧 右 小	宽厂侧 左 小	宽厂侧 右 大
H	491	491	491	491
N_0	3.75	3.75	3.75	3.75
C	58	58	58	58
C_1	100	100	100	100
C_2	123	123	123	123
C_3	189	189	189	189
C_4	211	211	211	211
E_1	11.5	11.5	11.5	11.5
E_2	10.8	10.8	10.8	10.8
G	509	509	509	509
T	294	294	294	294

全桥工程数量表　单位：m³

八字翼墙				
M15片石混凝土基础	M12.5浆砌片石墙身	M7.5浆砌片石铺砌 厚30 cm	M7.5浆砌片石隔水墙	砂砾垫层 层厚10 cm
20.35	74.36	117.40	41.07	39.13

注：
1. 本图尺寸均以cm计。
2. 表中负角度为反翼墙。
3. 本图翼墙顶宽为50 cm，垂直背坡为4.0：1。

八字翼墙构造图

| 某公路设计所 | 西庄桥 | K0+95.00 八字翼墙构造图 | 复核 | 设计 | 审核 | 图号 6 |

157

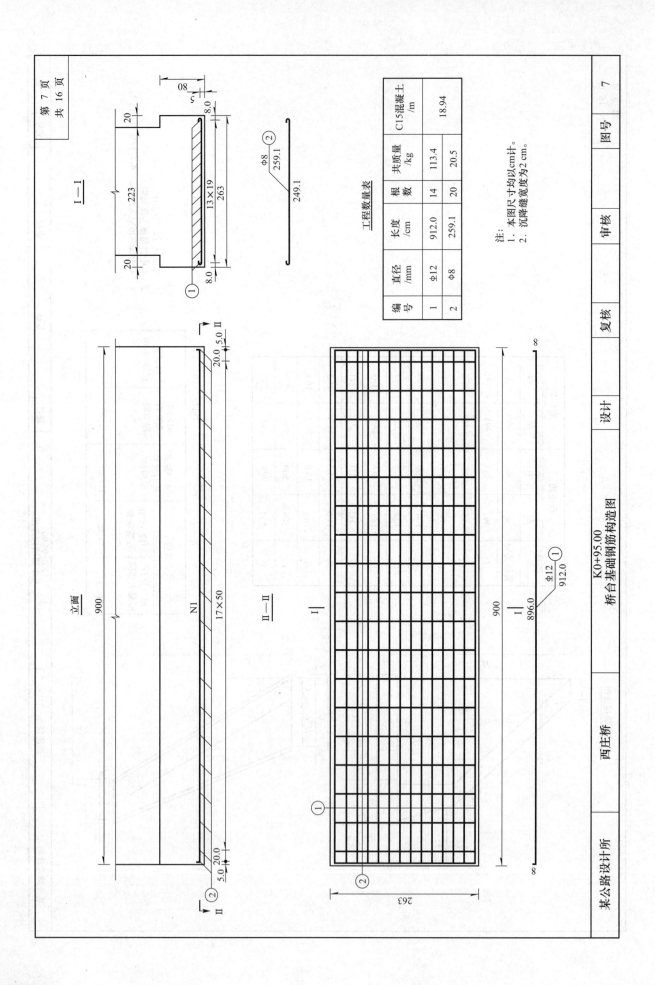

I—I

立面

900

N1

17×50

II—II

I|

II—II

II

工程数量表

编号	直径/mm	长度/cm	根数	共质量/kg	C15混凝土/m
1	Φ12	912.0	14	113.4	18.94
2	Φ8	259.1	20	20.5	

注:
1. 本图尺寸均以cm计。
2. 沉降缝宽度为2 cm。

Φ8
259.1
249.1

Φ12 ①
912.0
896.0
900

263

K0+95.00

桥台基础钢筋构造图

某公路设计所   西庄桥   复核   设计   审核   图号 7

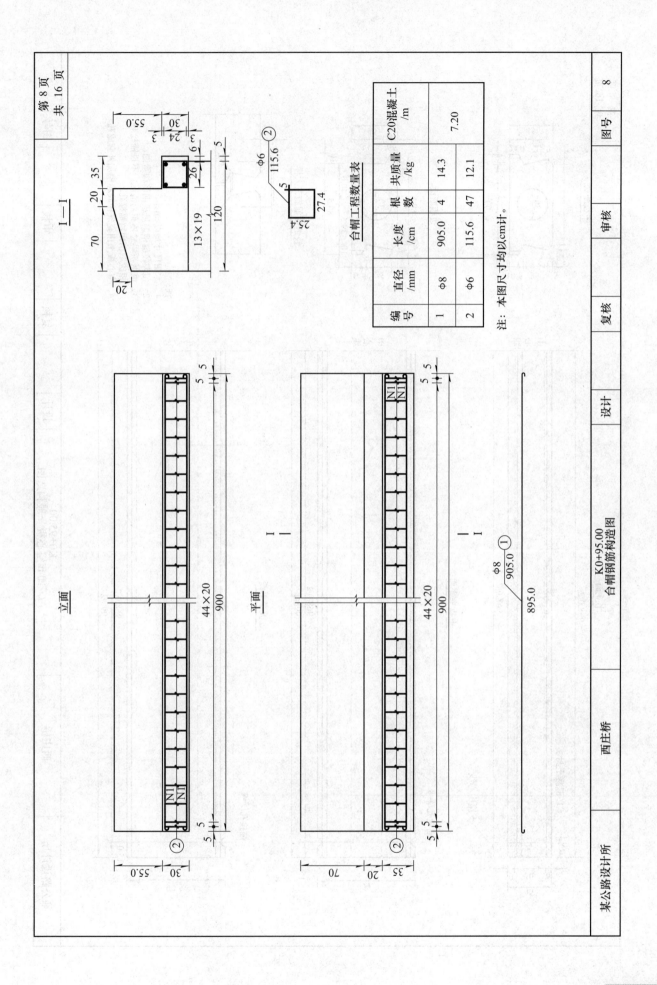

I — I

立面

平面

台帽工程数量表

编号	直径 /mm	长度 /cm	根数	共质量 /kg	C20混凝土 /m
1	Φ8	905.0	4	14.3	7.20
2	Φ6	115.6	47	12.1	

注：本图尺寸均以cm计。

| 某公路设计所 | 西庄桥 | K0+95.00 台帽钢筋构造图 | 设计 | 复核 | 审核 | 图号 | 8 |

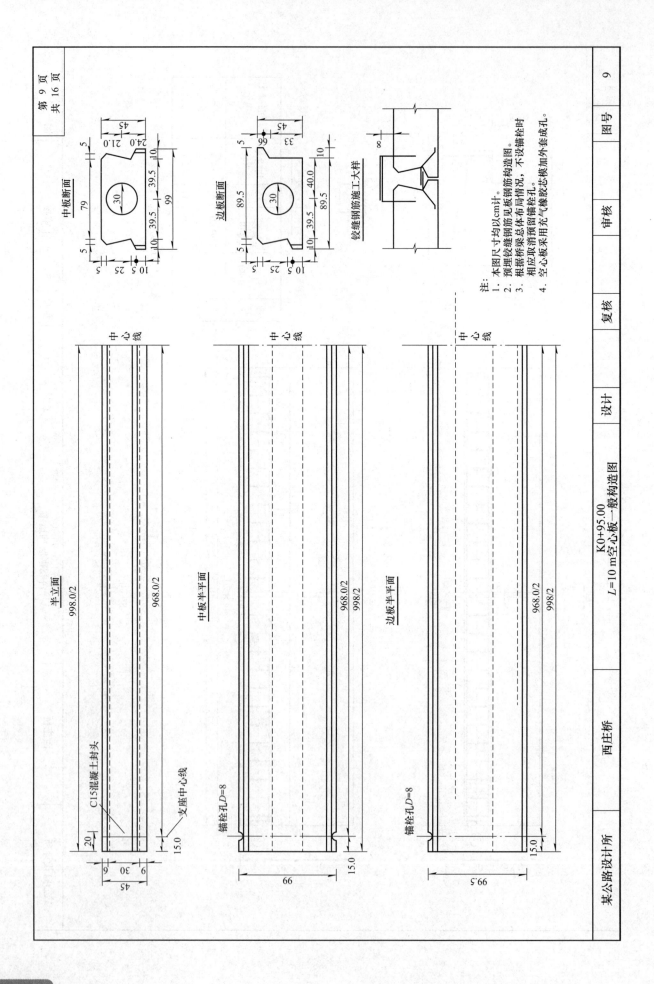

中板断面

边板断面

铰缝钢筋施工大样

注：
1. 本图尺寸均以cm计。
2. 预埋铰缝钢筋见板钢筋构造图。
3. 根据铰缝梁总体布局情况，不设锚栓时，相应取消预留锚栓孔。
4. 空心板采用充气橡胶芯模芯模加外套成孔。

半立面
998.0/2

中板半平面

边板半平面

C15混凝土封头

支座中心线

锚栓孔D=8

锚栓孔D=8

K0+95.00
L=10 m空心板一般构造图

某公路设计所

西庄桥

设计

复核

审核

图号

9

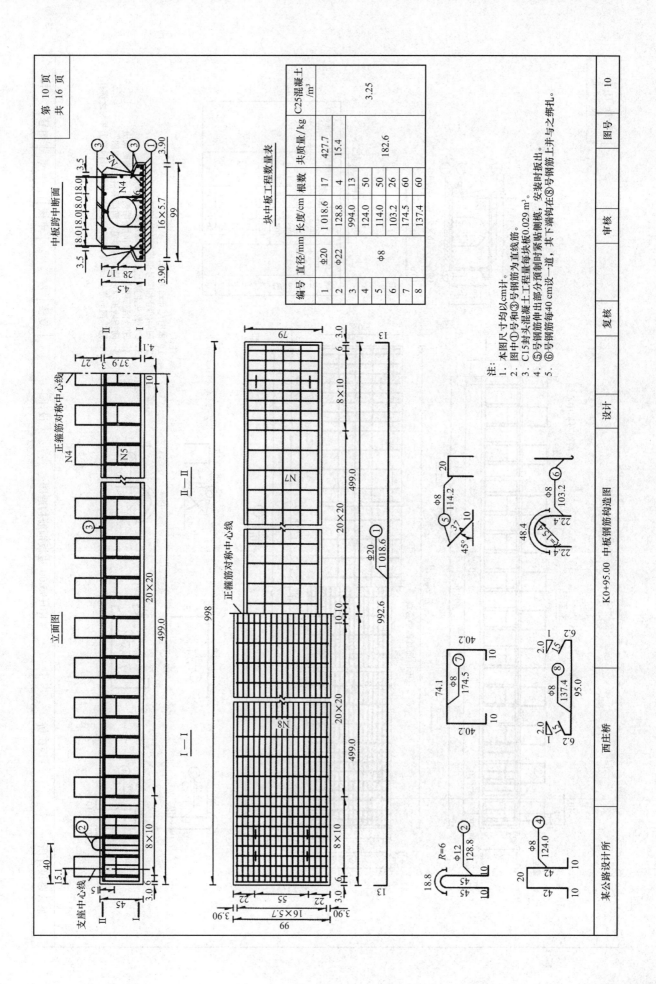

中板跨中断面

块中板工程数量表

编号	直径/mm	长度/cm	根数	共质量/kg	C25混凝土/m³
1	Φ20	1 018.6	17	427.7	
2	Φ22	128.8	4	15.4	
3		994.0	13		
4		124.0	50		
5	Φ8	114.0	50	182.6	3.25
6		103.2	26		
7		174.5	60		
8		137.4	60		

注:
1. 本图尺寸均以cm计。
2. 图中①号筋和③号筋为每块直线筋。
3. C15封头混凝土工程量每块板0.029 m³。
4. ⑤号钢筋伸出部分预制时紧贴侧模,安装时划出。
5. ⑥号钢筋每40 cm设一道,其下端钩在⑧号钢筋上并与之绑扎。

立面图

正箍筋对称中心线

Ⅰ—Ⅰ

Ⅱ—Ⅱ

支座中心线

某公路设计所 | 西庄桥 | K0+95.00 中板钢筋构造图 | 设计 | 复核 | 审核 | 图号 10

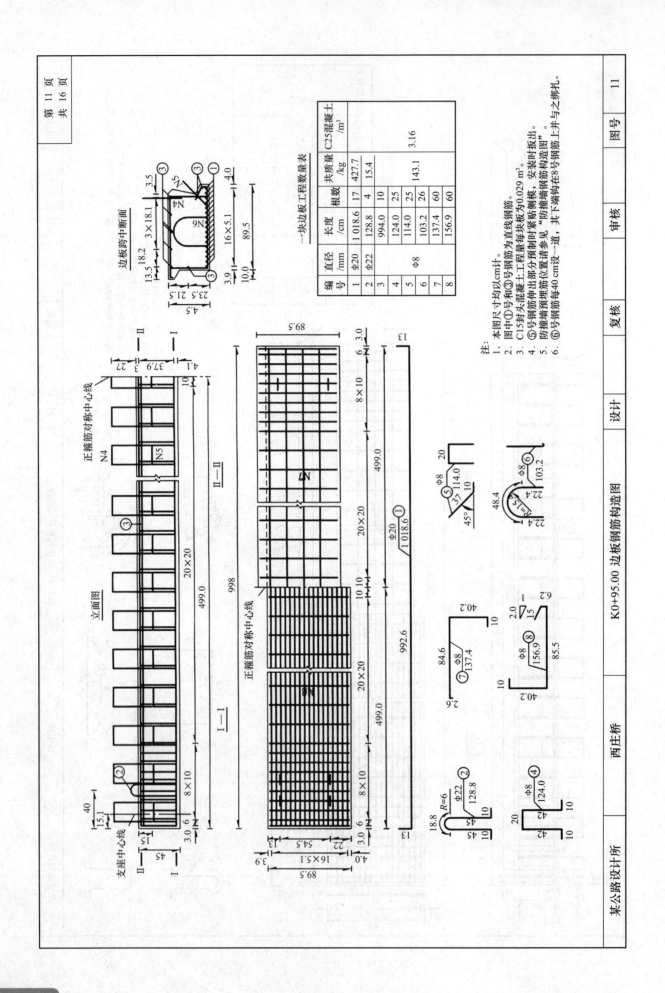

一块边板工程数量表

编号	直径/mm	长度/cm	根数	共质量/kg	C25混凝土/m³
1	Φ20	1 018.6	17	427.7	3.16
2	Φ22	128.8	4	15.4	
3		994.0	10		
4		124.0	25		
5	Φ8	114.0	25	143.1	
6		103.2	26		
7		137.4	60		
8		156.9	60		

注:
1. 本图尺寸均以cm计。
2. 图中①号钢筋和③号钢筋为直线钢筋。
3. C15封头混凝土部分预制量每块板为0.029 m³,安装时板出。
4. ⑤号钢筋伸出部分位置请参见"防撞端钢筋构造图"。
5. 防撞端预埋筋位置参见"防撞端钢筋构造图",安装时紧贴板侧模。
6. ⑥号钢筋每40 cm设一道,其下端钩在8号钢筋上并与之绑扎。

某公路设计所	丙庄桥	K0+95.00 边板钢筋构造图	设计	复核	审核	图号	11

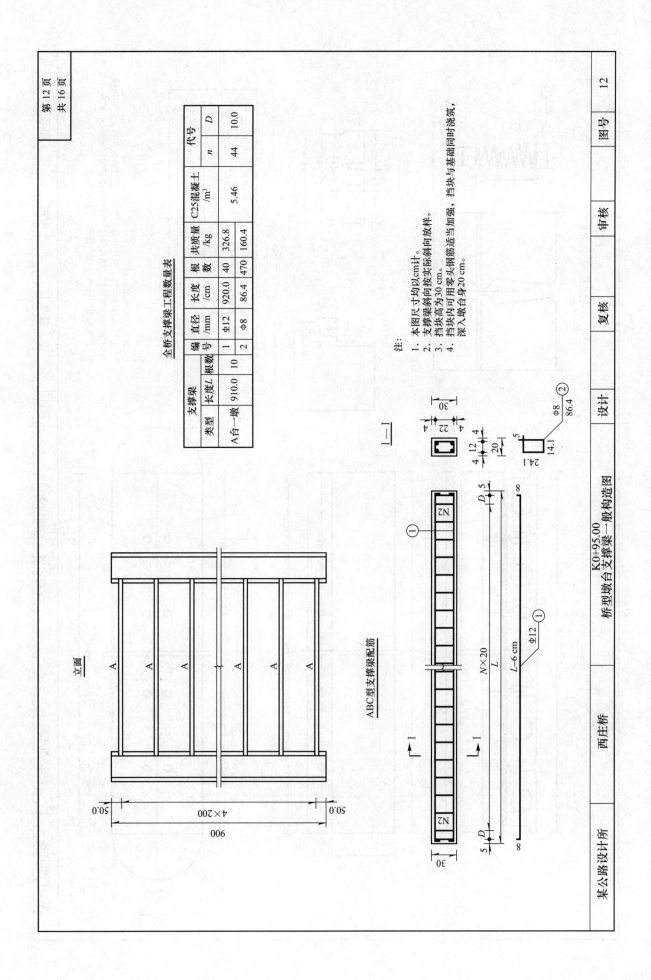

全桥支撑梁工程数量表

支撑梁			编号	直径 /mm	长度 /cm	根数	共质量 /kg	C25混凝土 /m³	代号	
类型	长度L	根数							n	D
A台—墩	910.0	10	1	Φ12	920.0	40	326.8	5.46	44	10.0
			2	Φ8	86.4	470	160.4			

立面

900
50.0 | 4×200 | 50.0

ABC型支撑梁配筋

I—I

30
12
4 | 12 | 4
20
14.1
24.1
Φ8 ②
86.4

30
Φ12 ①
D 5
N×20
L
L—6 cm
D
8

注:
1. 本图尺寸均以cm计。
2. 支撑梁斜向按实际向放样。
3. 挡块高为30 cm。
4. 挡块内可用零头钢筋适当加强，挡块与基础同时浇筑，深入墩台身20 cm。

某公路设计所　西庄桥　桥型墩台支撑梁一般构造图　K0—95.00　设计　复核　审核

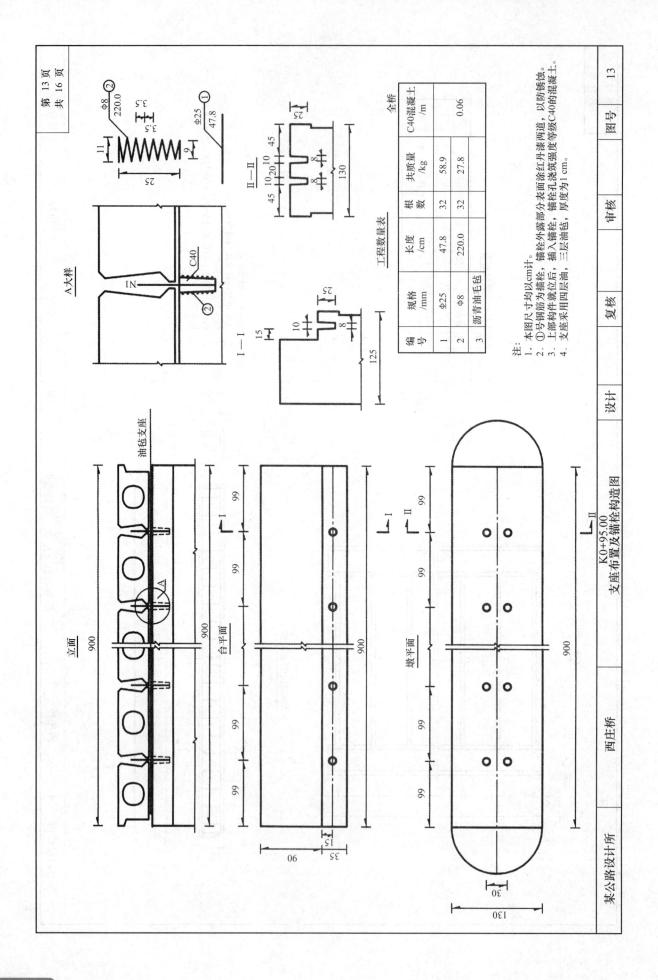

工程数量表

编号	规格/mm	长度/cm	根数	共质量/kg	全桥 C40混凝土/m³
1	Φ25	47.8	32	58.9	
2	Φ8	220.0	32	27.8	0.06
3	沥青油毛毡				

注:
1. 本图尺寸均以cm计。
2. ①号钢筋为插栓,锚栓外露部分表面涂红丹漆两道,以防锈蚀。
3. 上部构件就位后,插入锚栓,锚栓孔浇筑等级C40的混凝土。
4. 支座采用四层油,三层油毡,厚度为1 cm。

某公路设计所	西庄桥		设计	复核	审核	图号
	K0+95.00 支座布置及锚栓构造图					13

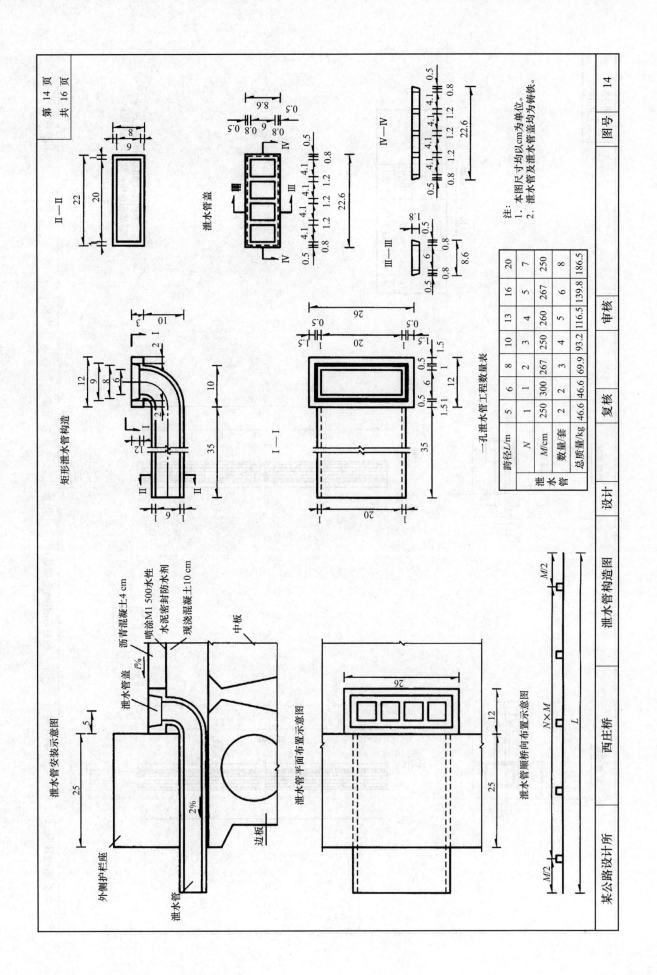

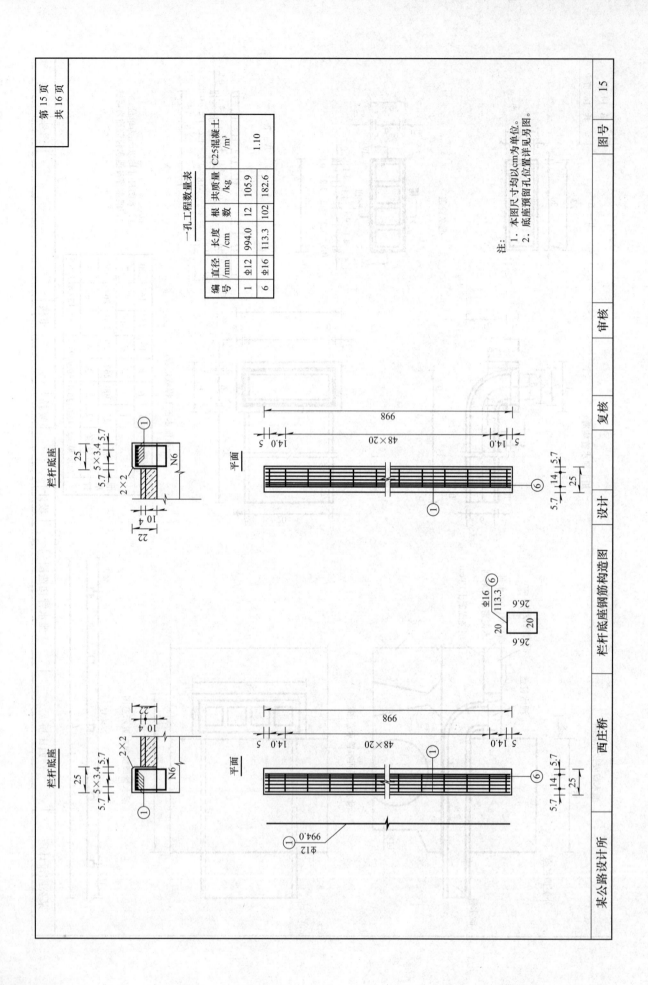

栏杆底座钢筋构造图

一孔工程数量表

编号	直径 /mm	长度 /cm	根数	共质量 /kg	C25混凝土 /m³
1	Φ12	994.0	12	105.9	1.10
6	Φ16	113.3	102	182.6	

注:
1. 本图尺寸均以cm为单位。
2. 底座预留孔位置详见另图。

| 某公路设计所 | 西庄桥 | 栏杆底座钢筋构造图 | 设计 | 复核 | 审核 | 图号 | 15 |

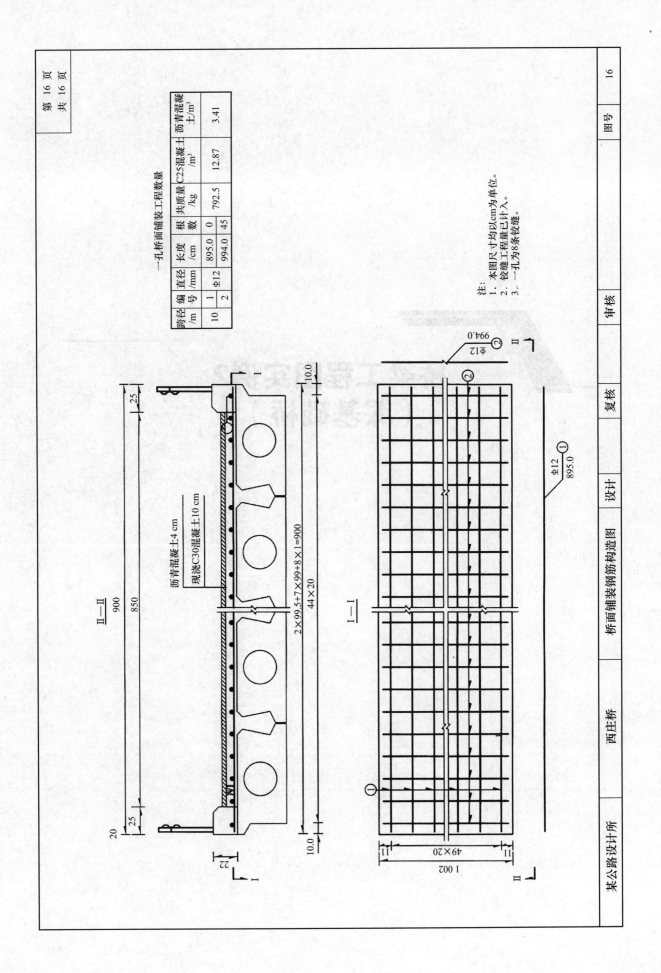

一孔桥面铺装工程数量

跨径 /m	编号	直径 /mm	长度 /cm	根数	共质量 /kg	C25混凝土 /m³	沥青混凝土 /m³
10	1	Φ12	895.0	0	792.5	12.87	3.41
	2		994.0	45			

注：
1、本图尺寸均以cm为单位。
2、铰缝工程量已计入。
3、一孔为8条铰缝。

II—II

沥青混凝土4 cm
现浇C30混凝土10 cm

I—I

某公路设计所   西庄桥   桥面铺装钢筋构造图   设计   复核   审核   图号

桥梁工程图实例2
（深基础桥）

桥梁施工图设计说明

一、设计规范和依据

1. 苏州工业园区金鸡湖大酒店有限公司委托设计合同；
2. 《城市桥梁设计规范》（2019 年版）（CJJ 11—2011）；
3. 《公路桥涵设计通用规范》（JTG D60—2015）；
4. 《公路钢筋混凝土及预应力混凝土桥涵设计规范》（JTG 3362—2018）；
5. 《苏州工业园区金鸡湖大酒店岩土工程详细勘察报告》（江苏苏州地质工程勘察院）。

二、主要设计标准

1. 设计荷载：城—B 级、人群荷载：4.0 kN/m²。
2. 桥梁宽度：桥梁全宽 10.5 m：0.25 m（栏杆）+3.0 m（人行道）+3.5 m（行车道）+3.5 m（行车道）+0.25 m（栏杆）+3.0 m（人行道）+0.25 m（栏杆），桥梁中心线 R=185 m。
3. 平面位于曲线上，道路中线圆曲线 R=186.5 m，道路中线位于直线上，纵坡为 -0.44‰。
4. 桥梁横坡：双向 1.5%，横坡由桥面铺装调整。人行道横坡为 1.5%。
5. 河道宽度约为 14 m，常水位标高为 1.30 m。

三、桥梁概况

1. 上部结构

上部结构采用 3 孔一联 10 m+16 m+10 m 现浇连续实体板，在桥台位置设置伸缩缝。

2. 下部结构

下部结构为桩柱桥台、排架式桥墩、钻孔灌注桩基。

四、主要材料

1. 现浇连续梁采用 C40 混凝土，桥面铺装采用 C40 三角形防水混凝土垫层找坡（最薄处为 8 cm），再做 4 cm 细粒式沥青混凝土。盖梁、耳墙采用 C30 混凝土，钻孔灌注桩采用 C25 混凝土。
2. 普通钢筋：HPB300 级钢筋，HRB335 级钢筋。
3. 桥墩支座采用 GPZ（Ⅱ）2.0 系列盆式支座，桥台支座采用 GJZF4 300 mm×400 mm×49 mm 四氟滑板支座。

五、钻孔灌注桩

1. 根据现有地质资料，钻孔桩采用摩擦桩。桩的长度及配筋要求以本图为准。
2. 由于拟建场地近期经过大面积大量填土，故桩基设计考虑了新近填土产生的不利影响。
3. 若发现实际地质情况与勘察报告不符合时，应及时通知建设、监理、勘探及设计单位，及时处理。
4. 钻孔灌注桩在成孔完毕和清孔后必须进行质量检验。清孔沉渣厚度不大于 10 cm。
5. 桩孔灌注桩采用 C25 水下混凝土，桩身混凝土不允许产生夹泥、缩径或断桩情况。

6. 钢筋笼的箍筋、加强筋与主筋间应点焊连接，点焊总数不小于25%，相邻焊接点错位、均匀布置。

7. 灌注水下混凝土时，钢筋笼下沉不宜超过10 cm，上浮不宜超过20 cm。

六、桥台盖梁

1. 桥台盖梁采用C30混凝土。

2. 桥台盖梁混凝土应一次浇筑，不留设施工缝，混凝土浇筑时不能采用附着式振捣器。

3. 桥台顶面设伸缩缝。

七、施工要点

1. 梁板按满堂支架一次浇筑，必须保证浇捣质量。

2. 浇筑梁体混凝土前，必须对模板支架的底部地基根据具体情况进行加固处理，并应对支架进行预压，以消除支架变形对结构的影响。

3. 梁板底模设置1.5～2 cm的预拱度。

4. 混凝土应注意浇养护，防止出现非受力裂缝。

5. 施工时注意梁体预埋件，施工前应详细阅读施工图。

6. 河道施工应保证台前稳定，必要时进行适当铺砌，具体根据景观设计确定。

7. 遵循先架梁，后填土的原则。

8. 桥台台后采用透水性强砂砾石分层回填夯实，填料中不得含有淤泥、腐殖质或耕植土及生活垃圾。

9. 桥台盖梁施工完成后，应结合河道及时回填，回填土顶距盖梁顶面不低于20～25 cm，不得将支座埋在填土中。

10. 施工质量按照《城市桥梁工程施工与质量验收规范》（CJJ 2—

2008）、《公路工程质量检验评定标准 第一册 土建工程》（JTG F80/1—2017）执行。

11. 未尽事宜，请严格按照《公路桥涵施工技术规范》（JTG/T 3650—2020）执行。施工过程中应加强施工组织管理，发生异常情况请及时与有关单位联系。

| 图名 | 道路施工图设计说明（二） | 页次 | 2 |

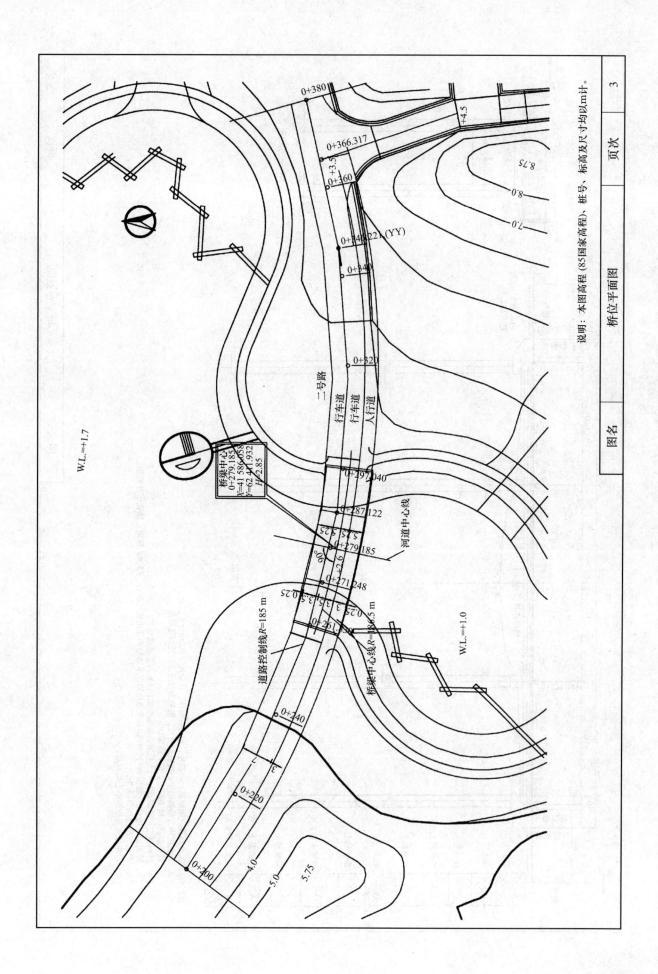

说明：本图高程（85国家高程）、桩号、标高及尺寸均以m计。

桥位平面图

图名

页次

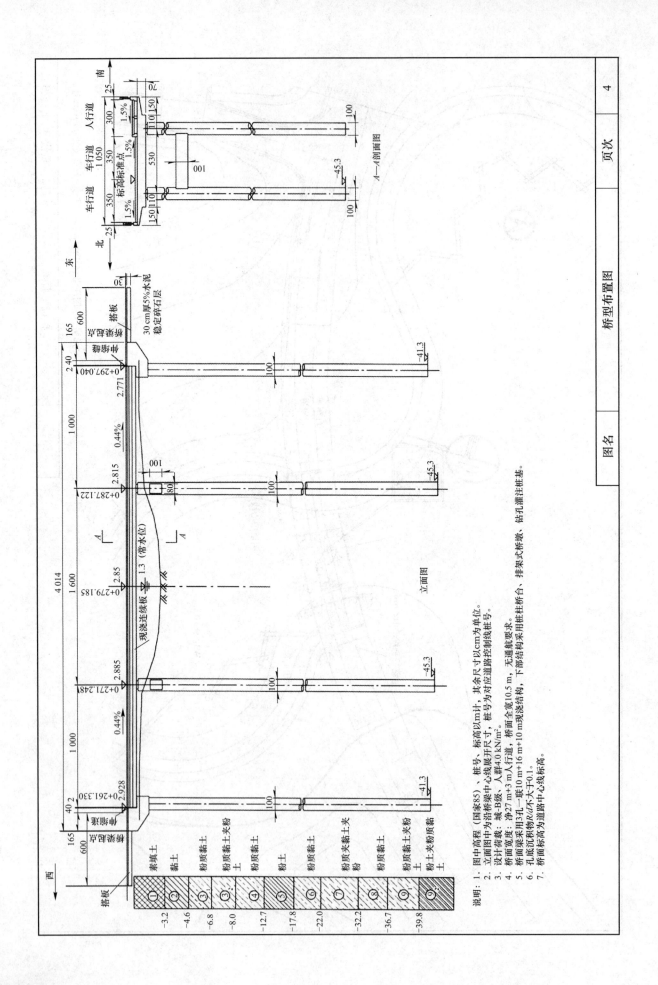

说明：
1. 图中高程（国家85）、桩号、标高均以m计，其余尺寸以cm为单位。
2. 立面图中为沿桥梁中心线展开尺寸，桩号为对应道路控制线桩号。
3. 设计荷载：城-B级，人群4.0 kN/m²。
4. 桥面宽度：净27 m+3 m人行道，桥面全宽10.5 m，无通航要求。
5. 桥面梁采用3孔一联10 m+16 m+10 m现浇结构，下部结构采用桩柱桥台、排架式桥墩、钻孔灌注桩基。
6. 孔底沉积物R/d不大于0.1。
7. 桥面标高为道路中心线标高。

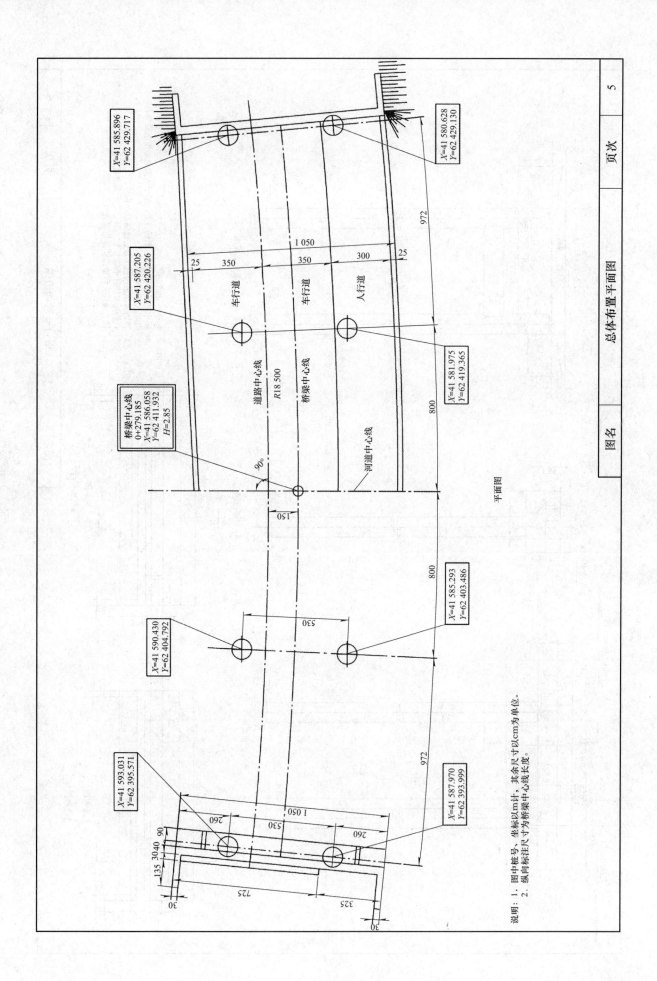

平面图

说明: 1. 图中桩号、坐标以m计, 其余尺寸以cm为单位。
　　　2. 纵向标注尺寸为桥梁中心线长度。

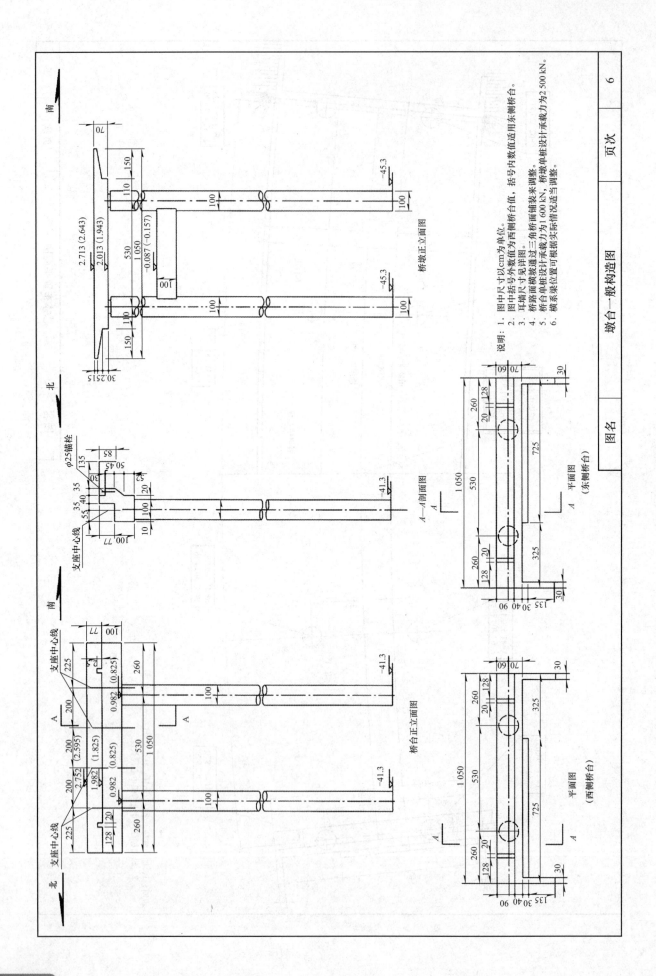

墩台正立面图

A—A 剖面图

桥台正立面图

平面图
（东侧桥台）

平面图
（西侧桥台）

说明：　1．图中尺寸以cm为单位。
　　　　2．图中括号外数值为东侧桥台，括号内数值适用西侧桥台。
　　　　3．耳墙尺寸见详图。
　　　　4．桥路前横坡通过三角桥面铺装来调整。
　　　　5．桥台单桩设计承载力为1 600 kN，桥墩单桩设计承载力为2 500 kN。
　　　　6．横系梁位置可根据实际情况适当调整。

图名	墩台一般构造图	页次	6

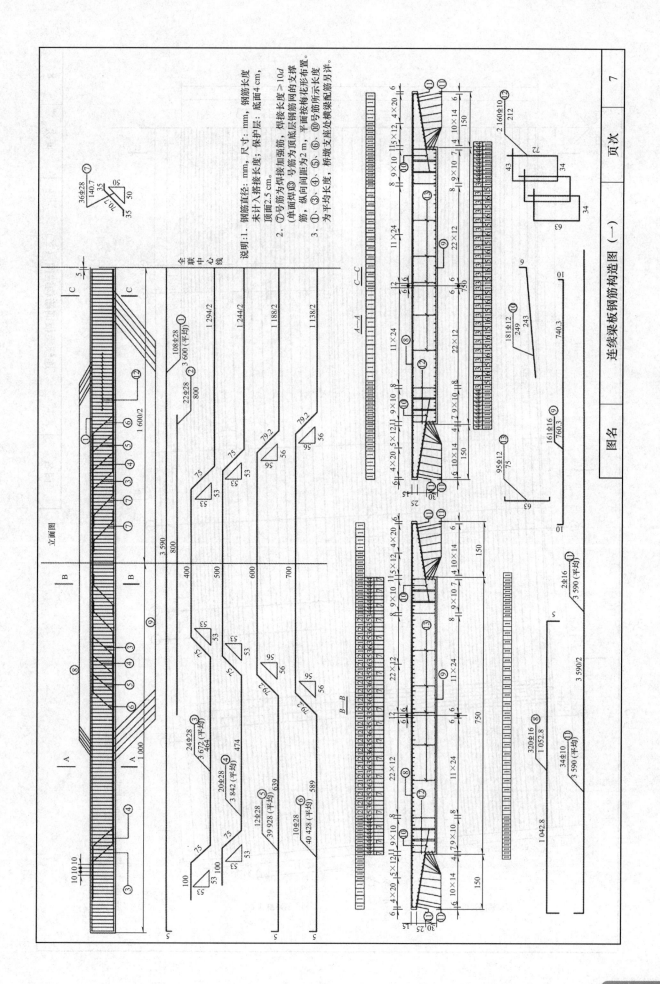

图名 连续梁板钢筋构造图（一）

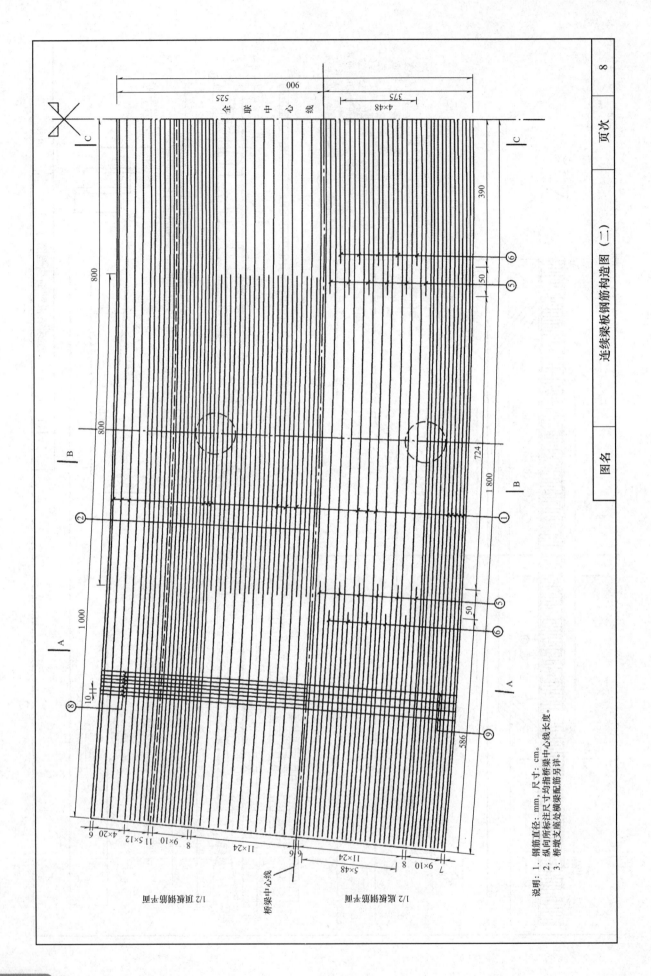

说明：1. 钢筋直径：mm，尺寸：cm。
2. 纵向所标注尺寸均指桥梁中心线长度。
3. 桥墩支座处横梁配筋另详。

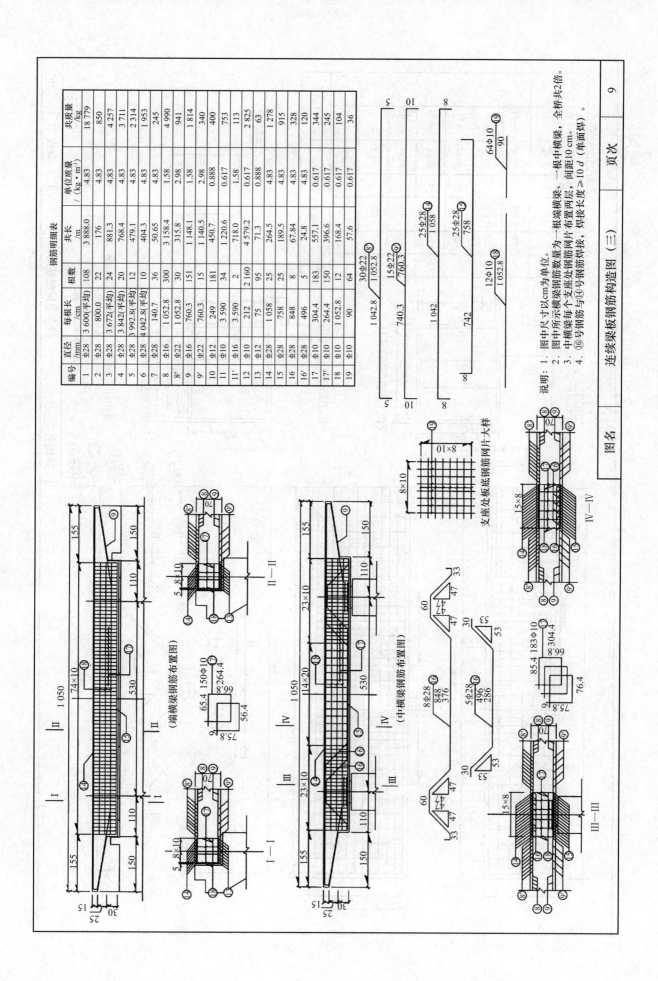

钢筋明细表

编号	直径/mm	每根长/cm	根数	共长/m	单位质量/(kg·m⁻¹)	共质量/kg
1	Φ28	3 600(平均)	108	3 888.0	4.83	18 779
2	Φ28	800.0	22	176	4.83	850
3	Φ28	3 672(平均)	24	881.3	4.83	4 257
4	Φ28	3 842(平均)	20	768.4	4.83	3 711
5	Φ28	3 992.8(平均)	12	479.1	4.83	2 314
6	Φ28	4 042.8(平均)	10	404.3	4.83	1 953
7	Φ28	140.7	36	50.65	4.83	245
8	Φ16	1 052.8	300	3 158.4	1.58	4 990
8′	Φ22	1 052.8	30	315.8	2.98	941
9	Φ16	760.3	151	1 148.1	1.58	1 814
9′	Φ22	760.3	15	1 140.5	2.98	340
10	Φ12	249	181	450.7	0.888	400
11	Φ16	3 590	34	1 220.6	1.58	753
11′	Φ10	3 590	2	718.0	0.617	113
12	Φ10	212	2 160	4 579.2	0.888	2 825
13	Φ12	75	95	71.3	0.617	63
14	Φ28	1 058	25	264.5	4.83	1 278
15	Φ28	758	25	189.5	4.83	915
16	Φ28	848	8	67.84	4.83	328
16′	Φ28	496	5	24.8	4.83	120
17	Φ10	304.4	183	557.1	0.617	344
17′	Φ10	264.4	150	396.6	0.617	245
18	Φ10	1 052.8	12	168.4	0.617	104
19	Φ10	90	64	57.6	0.617	36

说明：1. 图中尺寸除以cm为单位。
2. 图中所示横梁钢筋数量为一根端梁，一根中横梁，全桥共2根。
3. 中横梁每个支座处布置钢筋网片两层，间距10 cm。
4. ⑯号钢筋与⑭号钢筋焊接，焊接长度≥10 d（单面焊）。

图名	连续梁板梁钢筋构造图（三）	页次	9

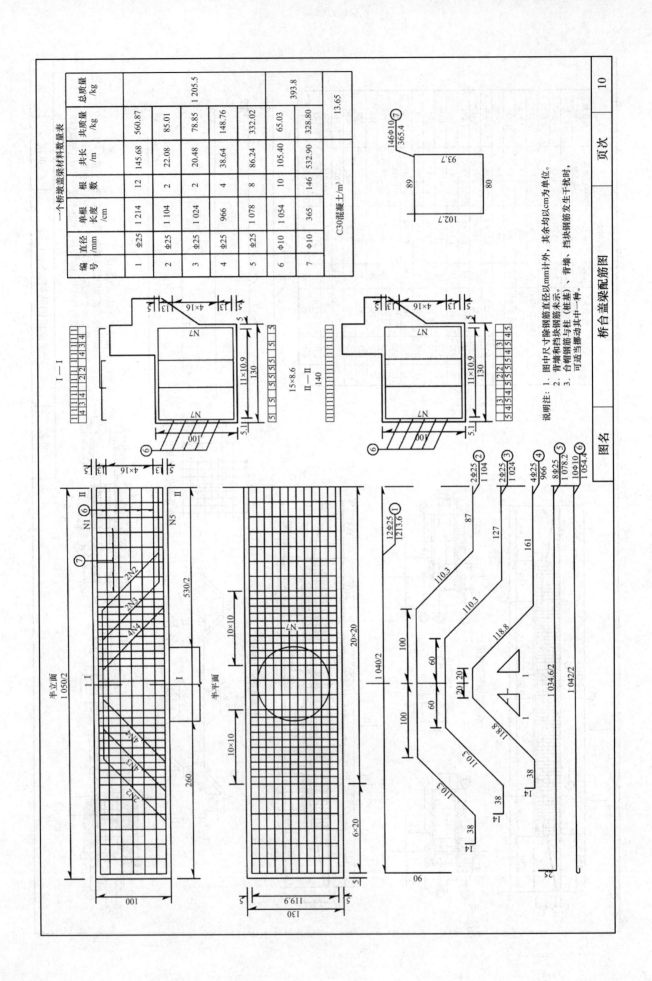

一个桥墩盖梁材料数量表

编号	直径/mm	单根长度/cm	根数	共长/m	共质量/kg	总质量/kg
1	Φ25	1 214	12	145.68	560.87	
2	Φ25	1 104	2	22.08	85.01	1 205.5
3	Φ25	1 024	2	20.48	78.85	
4	Φ25	966	4	38.64	148.76	
5	Φ25	1 078	8	86.24	332.02	
6	Φ10	1 054	10	105.40	65.03	393.8
7	Φ10	365	146	532.90	328.80	
C30混凝土/m³						13.65

说明注：1. 图中尺寸除钢筋直径以mm计外，其余均以cm为单位。
2. 背墙和挡块钢筋图未示。
3. 台帽钢筋与桩（桩基）、背墙、挡块钢筋发生干扰时，可适当挪动其中一种。

| 图名 | 桥台盖梁配筋图 | 页次 | 10 |

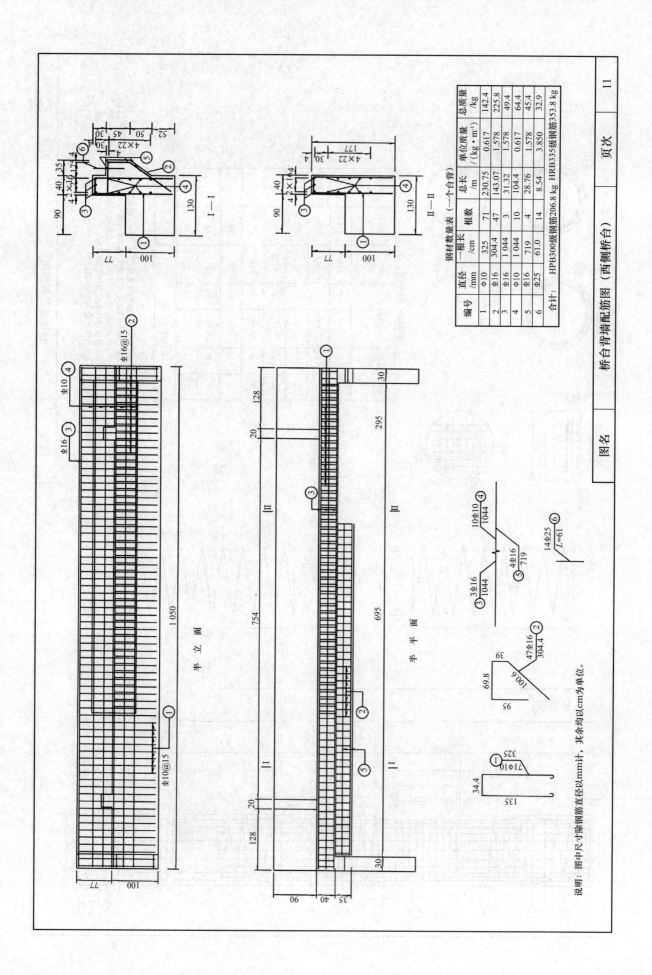

钢材数量表（一个台背）

编号	直径 /mm	一根长 /cm	根数	总长 /m	单位质量 /(kg·m⁻¹)	总质量 /kg
1	Φ10	325	71	230.75	0.617	142.4
2	Φ16	304.4	47	143.07	1.578	225.8
3	Φ16	1 044	3	31.32	1.578	49.4
4	Φ10	1 044	10	104.4	0.617	64.4
5	Φ16	719	4	28.76	1.578	45.4
6	Φ25	61.0	14	8.54	3.850	32.9

合计：HPB300级钢筋206.8 kg HRB335级钢筋353.8 kg

半 立 面

半 平 面

说明：图中尺寸除钢筋直径以mm计，其余均以cm为单位。

图名	桥台背墙配筋图（西侧桥台）	页次	11

179

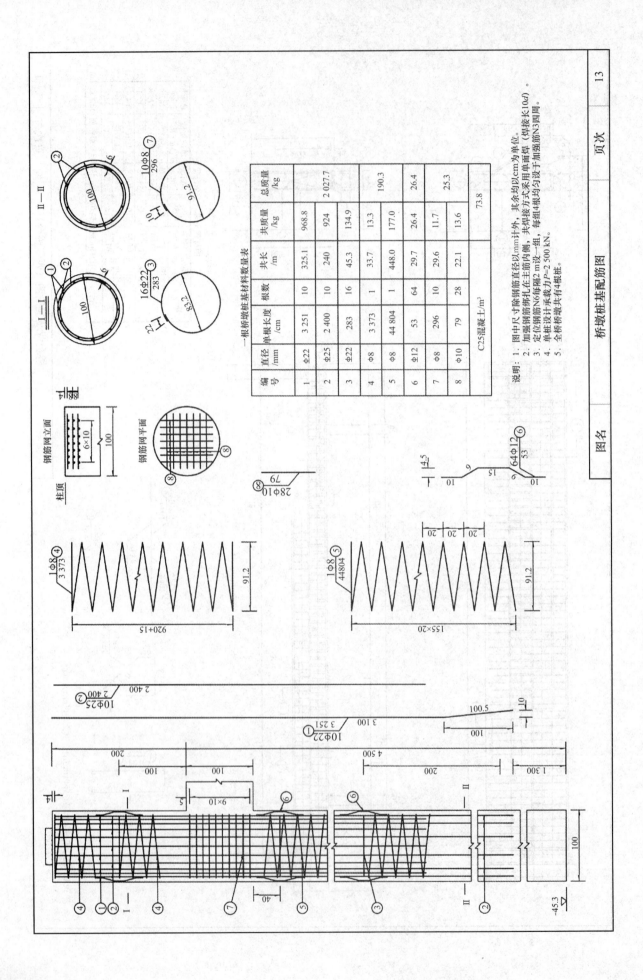

一根桥墩桩基材料数量表

编号	直径 /mm	根数	单根长度 /cm	共长 /m	共质量 /kg	总质量 /kg
1	Φ22	10	3 251	325.1	968.8	
2	Φ25	10	2 400	240	924	2 027.7
3	Φ22	16	283	45.3	134.9	
4	Φ8	1	3 373	33.7	13.3	
5	Φ8	1	44 804	448.0	177.0	190.3
6	Φ12	64	53	29.7	26.4	26.4
7	Φ8	10	296	29.6	11.7	26.4
8	Φ10	28	79	22.1	13.6	25.3

C25混凝土/m³　73.8

说明：1. 图中尺寸除钢筋直径以mm计外，其余均以cm为单位。
　　　2. 加强钢筋绑扎在主筋内侧，共焊接方式采用单面焊（焊接长10d）。
　　　3. 定位钢筋N6每隔2 m设一组，每组4根均匀设于加强筋N3四周。
　　　4. 单桩设计承载力P=2 500 kN。
　　　5. 全桥桥墩共有4根桩。

桥墩桩基配筋图

页次　图名　13

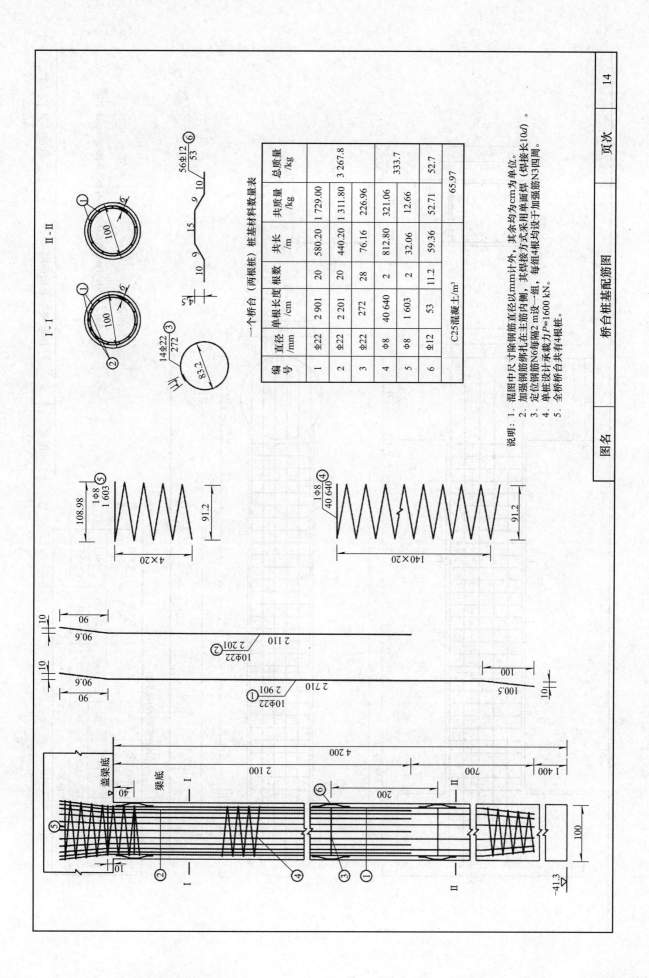

一个桥台（两根桩）桩基材料数量表

编号	直径 /mm	单根长度 /cm	根数	共长 /m	共质量 /kg	总质量 /kg
1	Φ22	2 901	20	580.20	1 729.00	
2	Φ22	2 201	20	440.20	1 311.80	3 267.8
3	Φ22	272	28	76.16	226.96	
4	Φ8	40 640	2	812.80	321.06	
5	Φ8	1 603	2	32.06	12.66	333.7
6	Φ12	53	11.2	59.36	52.71	52.7
C25混凝土/m³					65.97	

说明：1. 混图中尺寸除钢筋直径以mm计外，其余均为cm为单位。
2. 加强钢筋绑扎在主筋内侧，其焊接方式采用单面焊（焊接长10d）。
3. 定位钢筋N6每隔2 m设一组，每组4根均设于加强筋N3四周。
4. 单桩设计承载力P=1600 kN。
5. 全桥每桥台共有4根桩。

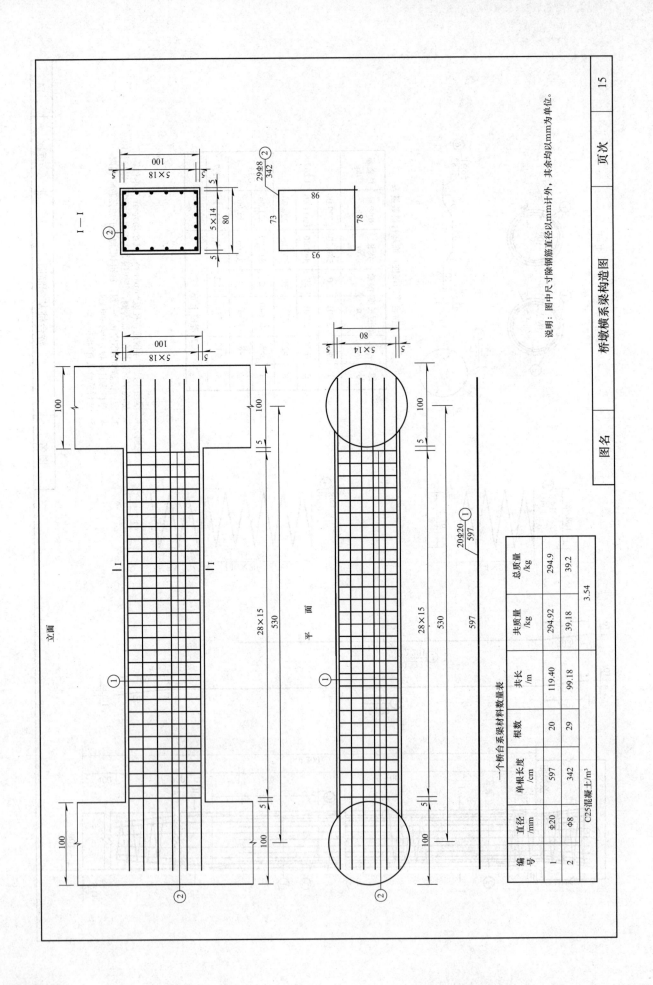

立面

平面

I — I

5×18
100
5
5
5×14
80
5

② 29⊈8
342

73
86
78
93

② I — I

100
5×18
100
5

28×15
530

5
100

① 20⊈20
597

5×14
80
5
100
28×15
530
5
100

597

一个桥台系梁材料数量表

编号	直径 /mm	单根长度 /cm	根数	共长 /m	共质量 /kg	总质量 /kg
1	Φ20	597	20	119.40	294.92	294.9
2	Φ8	342	29	99.18	39.18	39.2

C25混凝土/m³   3.54

说明：图中尺寸除钢筋直径以mm计外，其余均以mm为单位。

桥梁工程图实例3
（浅基础桥）

桥梁施工图设计说明

一、设计规范和依据

1. 《公路桥涵设计通用规范》（JTG D60—2015）；
2. 《公路钢筋混凝土及预应力混凝土桥涵设计规范》（JTG 3362—2018）；
3. 《公路桥涵地基与基础设计规范》（JTG 3363—2019）；
4. 《公路桥涵施工技术规范》（JTG/T 3650—2020）；
5. 《公路工程技术标准》（JTG B01—2014）；
6. 《公路桥梁抗震设计规范》（JTG/T 2231—01—2020）；
7. 《临安市玲珑工业园区玲三路工程地质勘察报告》（详细勘察）。

二、主要设计标准

1. 设计荷载：汽车荷载：公路—Ⅰ级，人群荷载：4.0 kN/m²。
2. 梁宽宽度：0.25 m（车行道）+5 m（人行道）+4.5 m（机非分隔带）+5 m（机非分隔带）+21 m（车行道）+5 m（人行道）+0.25 m（栏杆）=40.5（m）。
3. 桥梁纵坡：纵坡服从道路标高，横坡：车行道双向1.5%，人行道反向1.5%。横坡由台帽调整。
4. 抗震等级：本区地基基本烈度为6度，按Ⅶ度设防。
5. 通航等级：无通航要求，20年一遇洪水位49.59 m（国家高程，下同）。河底标高47.29 m。

三、桥梁概况

本次设计桥梁位于玲三路上，中心桩号2+512.500，轴线与河道中心线右交角为100°。

1. 上部结构

桥梁上部为16 m简支梁桥，16 m板采用预应力钢筋混凝土空心板，在两侧桥台处各设置一道4 cm伸缩缝。梁板中板梁宽124 cm，边板宽124.5 cm，梁高为80 cm。

2. 下部结构

桥台采用扩大基础，重力式桥台。

四、桥台台帽

1. 台帽采用C30混凝土。
2. 台帽施工的台宽许容误差为±10 mm。
3. 台帽挡块与主梁的外侧空隙，在主梁安装后用C20混凝土填充挡块与主梁间的空隙，并以油毛毡与主梁外侧隔离。
4. 台帽混凝土应一次浇筑，不留设施工缝，混凝土浇筑时不能采用附着式振捣器。
5. 台帽混凝土宜达到100%设计强度后方可安装主梁。
6. 桥台顶面设伸缩缝，前墙顶部的后浇混凝土与伸缩缝一起浇筑，接缝按施工缝处理。

五、空心板梁

1. 主要材料

(1) 混凝土：16 m预制空心板梁采用C50，铰缝采用C40，封端混凝土采用C25。

（2）预应力筋：φ15.2 低松弛钢绞线［符合《预应力混凝土用钢绞线》（GB/T 5224—2014）］，标准强度 f_{pk}=1 860 MPa，弹性模量为 1.95×10⁵ MPa。

（3）普通钢筋：HPB300 级钢筋，HRB335 级钢筋，满足可焊性要求。

2. 施工要点

（1）空心板上面应保持粗糙，桥面铺装前应视情况进行板面刻槽处理，以便桥面与预制板之间具有良好的整体作用。

（2）浇筑铰缝混凝土前，必须清除结合面上的浮皮、灰尘，并用水冲洗净后方可浇筑铰缝内混凝土及水泥砂浆，铰缝混凝土及砂浆必须振捣密实。

六、桥梁附属

1. 伸缩缝

伸缩缝成套产品设计，伸缩量为 0～40 mm，伸缩缝施工安装时，由产品厂家负责现场指导。

2. 桥面铺装

桥面铺装采用 10 cm 厚 C40 防水混凝土横向找平层，并设 φ10@15 cm×15 cm 带肋钢筋网，再涂刷 HM1500 桥面防水涂料，最后浇筑 4 cm 细粒式沥青混凝土。浇筑混凝土铺装前，必须清除板（梁）顶面的浮渣，并洗刷干净，保持桥面湿润状态。混凝土铺装顶面必须拉毛。

3. 支座

（1）支座均采用圆形板式橡胶支座，为厂家成套产品。

（2）支座安装前，先去除垫块顶面浮砂，表面应清洁平整。

七、施工注意事项

1. 施工前应通读设计图纸，注意预埋件的施工和埋设。

2. 桥台台后采用 1：1 砂碎石分层回填，水稳密实，填料中不得含有淤泥、腐殖质或耕植土及生活垃圾。梁板未搁置前填土高度不得超过台身高度一半，以防造成身过大偏压而产生位移。每层回填厚度不超过 30 cm，密实度不小于 95%。

3. 预应力空心板应浇混凝土强度达到 90% 及养护龄期大于 15 d 后方可张拉预应力钢束。预应力钢绞线 φ15.2 低松弛钢绞线应采用 GB/T 5224—2014 的高强度低松弛钢绞线 φ15.2，f_{pk}=1 860 MPa。锚下张拉控制应力 σ_{con}=1 350 MPa。且应符合有关机械性能和冷拉参数。张拉工序：0 → 0.1σ_{con} → 1.0σ_{cm}（持荷 2 min）→锚固。同时，测定伸长值与理论值的差值不超过 6%，表格中理论伸长量为 0.1σ_{cm} → 1.0σ_{cm} 间的伸长量。否则应停止张拉，找出原因，加以克服。预应力筋张拉后张拉后与桥设计位置偏差不得大于 5 mm。

4. 对于人行道板、栏杆座等预制板间连接的钢筋，在预制空心板时注意预埋。

5. 支座通过调整三角垫块保证安放水平。

6. 施工中应严格按控制测量标准放样精度。

7. 抽板处管道穿越桥台背墙时，背墙钢筋绕行通过，不得截断。

8. 桥梁两侧 10 m 范围内河道驳坎与桥梁接顺，并与规划河道驳坎一并实施。

9. 未尽事项，应严格按照现行相关施工规范执行。

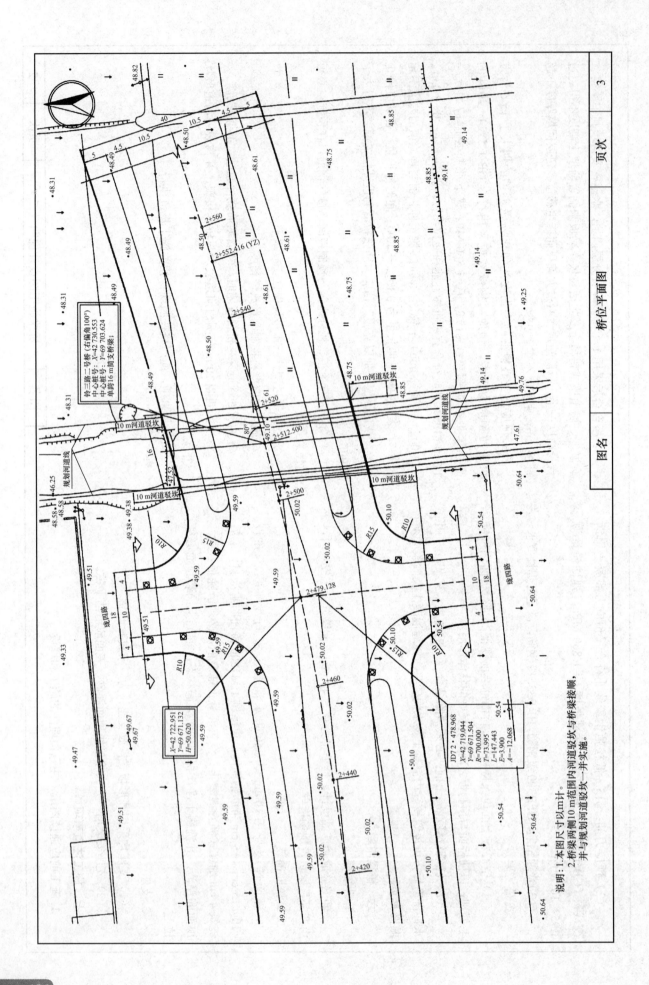

说明：1.本图尺寸以m计。
2.桥梁两侧10 m范围内河道驳坎与桥梁接顺，
并与规划河道驳坎一并实施。

岭三路二号桥（右偏角100°）
中心桩号：X=42 730.553
中心桩号：Y=69 703.624
单跨16 m简支桥梁；

X=42 722.951
Y=69 671.132
H=50.620

JD72：478.968
X=42 719.044
Y=69 671.504
R=700.000
T=73.995
L=147.443
E=3.900
A=-12.068

桥位平面图

图名

页次

3

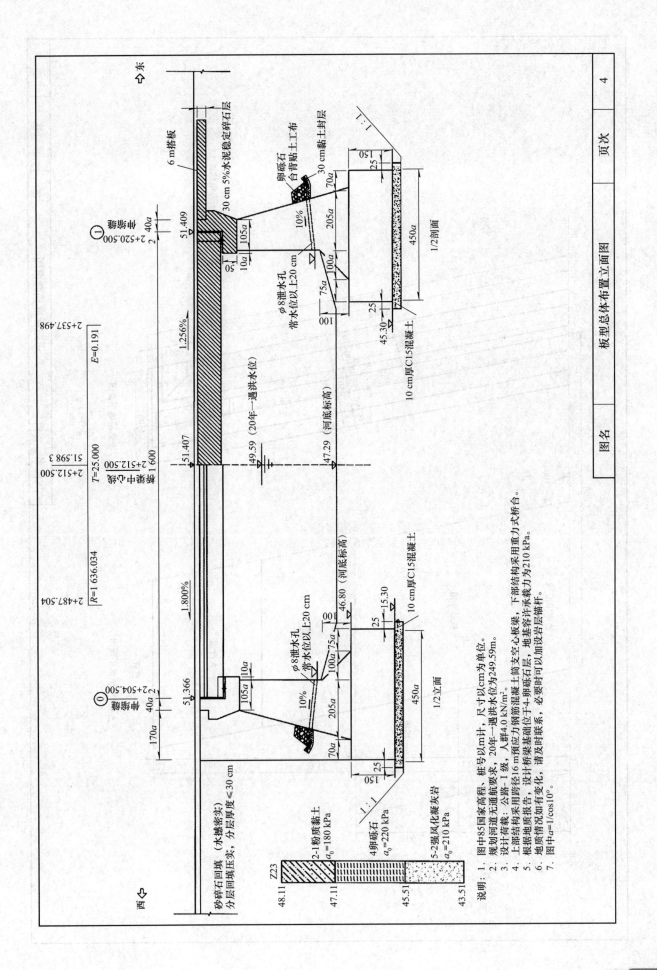

板型总体布置立面图

说明：
1. 图中85国家高程、桩号以m计，尺寸以cm为单位。
2. 规划河道无通航要求，20年一遇洪水位为249.59m。
3. 设计荷载：公路Ⅰ级，人群4.0 kN/m²。
4. 上部结构采用跨径16 m预应力钢筋混凝土简支板梁，下部结构采用重力式桥台。
5. 根据地质报告，设计桥梁基础位于4卵砾石层，地基容许承载力为210 kPa。
6. 地质情况如有变化，请及时联系，必要时可以加设岩层锚杆。
7. 图中α=1/cos10°。

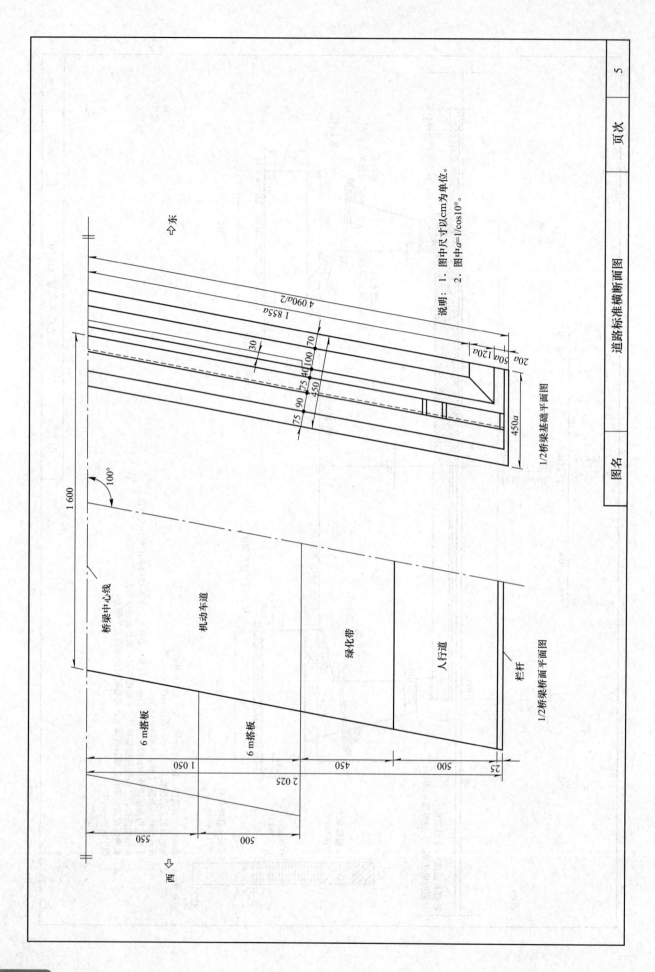

说明： 1. 图中尺寸以cm为单位。
       2. 图中 $a = 1/\cos10°$。

1/2桥梁基础平面图

1/2桥梁桥面平面图

桥梁中心线

机动车道

绿化带

人行道

栏杆

6 m搭板

6 m搭板

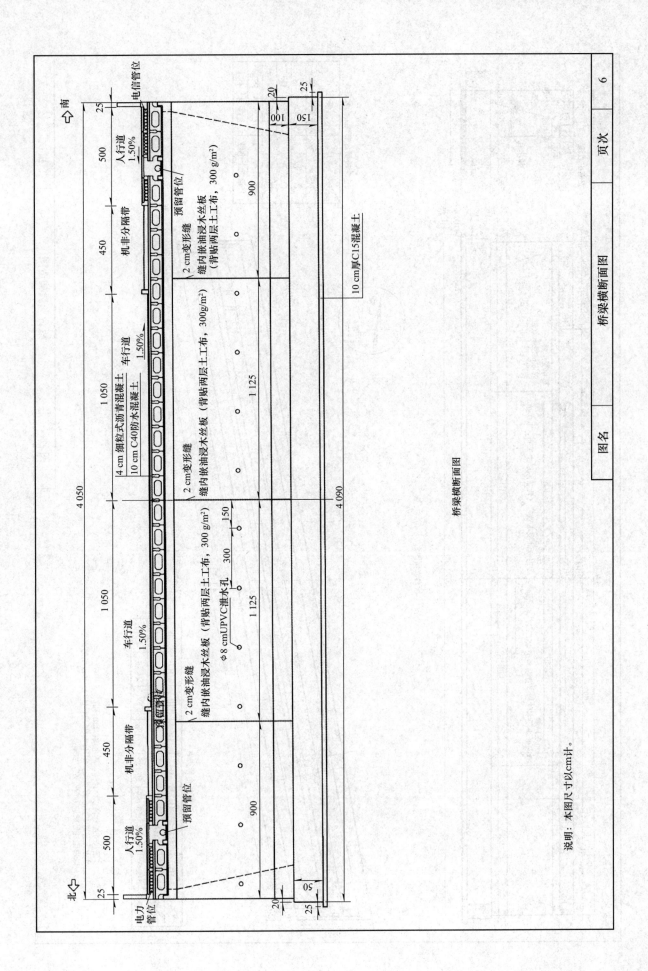

桥梁横断面图

说明：本图尺寸以cm计。

| 图名 | 桥梁横断面图 | 页次 | 6 |

189

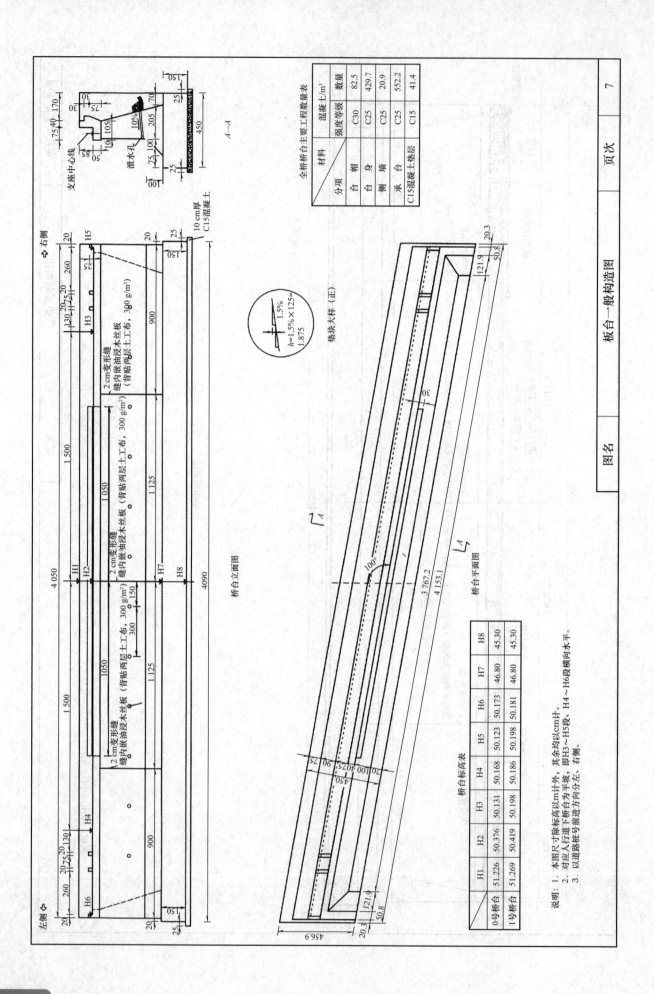

桥台立面图

桥台平面图

垫块大样（正）

$h = 1.5\% \times 125 = 1.875$

A—A

支座中心线

泄水孔

10%

10 cm厚 C15混凝土

2 cm变形缝
缝内嵌油浸木丝板（背贴两层土工布，300 g/m²）

2 cm变形缝
缝内嵌油浸木丝板（背贴两层土工布，380 g/m²）

2 cm变形缝
缝内嵌油浸木丝板（背贴两层土工布，300 g/m²）

全桥桥台主要工程数量表

分项	材料	强度等级	数量 /m³
台帽		C30	82.5
台身		C25	429.7
侧墙		C25	20.9
承台		C25	552.2
C15混凝土垫层		C15	41.4

桥台标高表

	H1	H2	H3	H4	H5	H6	H7	H8
0号桥台	51.226	50.376	50.131	50.168	50.123	50.173	46.80	45.30
1号桥台	51.269	50.419	50.198	50.186	50.198	50.181	46.80	45.30

说明：1. 本图尺寸除标高以m计外，其余均以cm计。
2. 对应下行道下桥台为平坡，即H3～H5段、H4～H6段横向水平。
3. 以道路桩号前进方向分左、右侧。

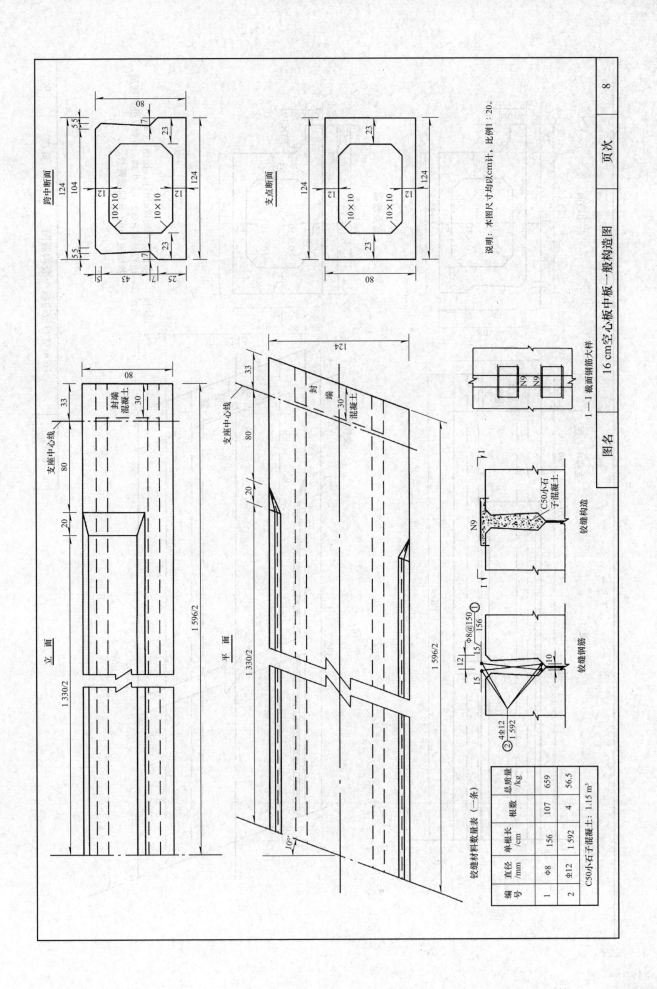

跨中断面

支点断面

说明：本图尺寸均以cm计，比例1：20。

立 面

支座中心线

封端
混凝土

1 330/2

1 596/2

平 面

支座中心线

封端
混凝土

1 330/2

1 596/2

10°

I—I截面钢筋大样

N9   N9

铰缝构造

C50小石
子混凝土

N9

铰缝钢筋

Φ8@150①
156

15
12
15 15

①4Φ12
②1 592

10

铰缝材料数量表（一条）

编号	直径/mm	单根长/cm	根数	总质量/kg
1	Φ8	156	107	659
2	Φ12	1 592	4	56.5

C50小石子混凝土：1.15 m³

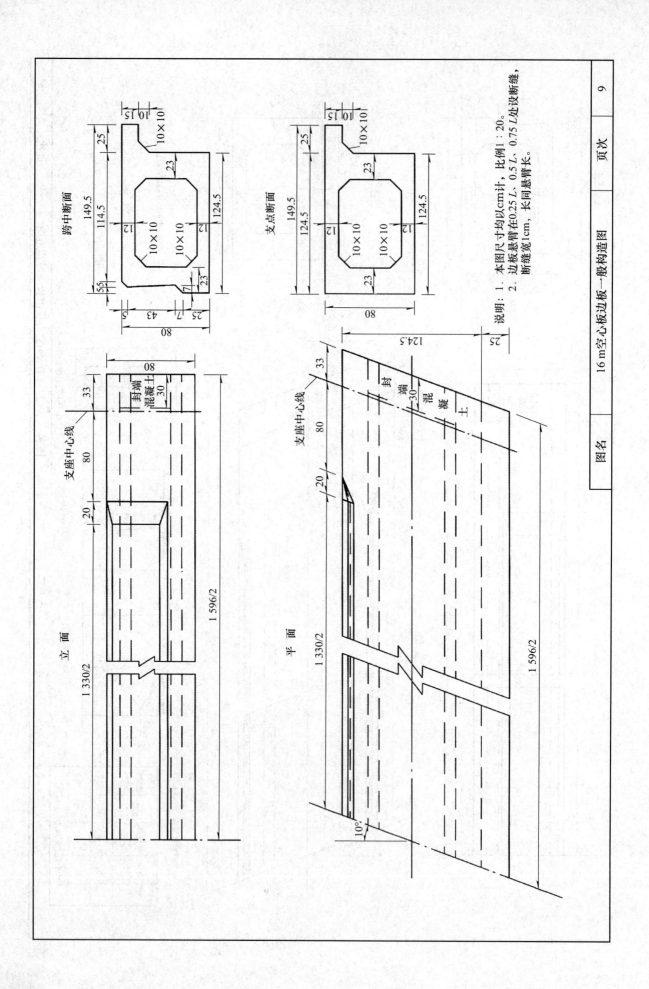

跨中断面

支点断面

立 面

平 面

说明：1. 本图尺寸均以cm计，比例1：20。
2. 边板悬臂在0.25 L、0.5 L、0.75 L处设断缝，断缝宽1cm，长同悬臂长。

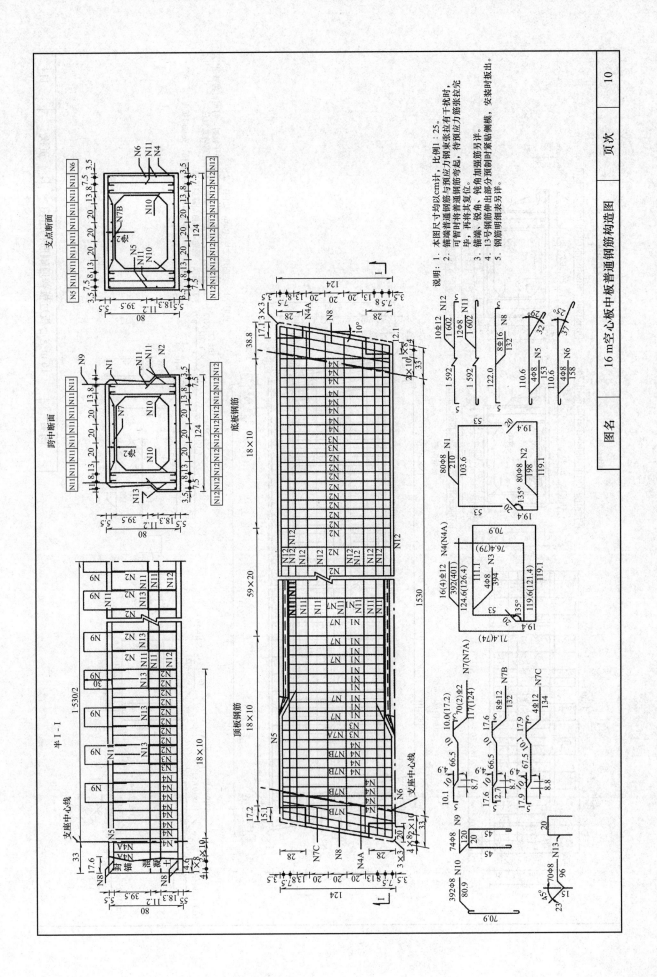

支点断面

跨中断面

半 I-I

底板钢筋

顶板钢筋

说明：1. 本图尺寸均以cm计，比例1：25。
2. 锚端普通钢筋与预应力钢束张拉有干扰时，可暂时将普通钢筋弯起，待预应力筋张拉完毕，再将其复位。
3. 锚端、锐角、钝角加强筋另详。
4. 13号钢筋伸出部分预制时紧贴制模侧，安装时板出。
5. 钢筋明细表另详。

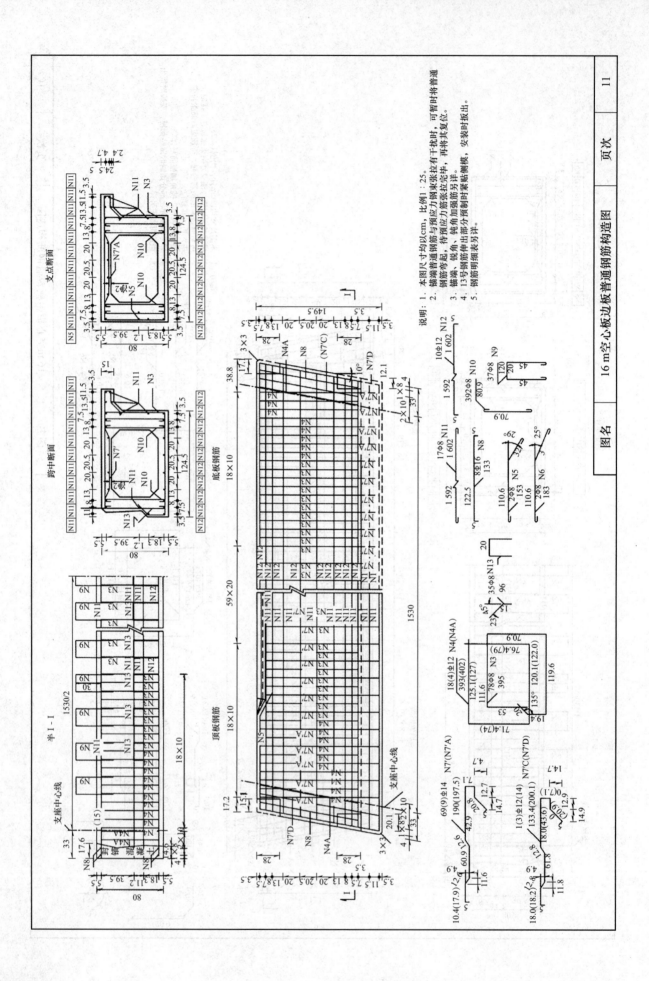

支点断面

跨中断面

底板钢筋

顶板钢筋

半 I-I

说明：1. 本图尺寸均以cm计，比例1∶25。
2. 锚端普通钢筋与预应力钢束张拉有干扰时，可暂时将普通钢筋弯起，待预应力筋张拉完毕，再将其复位。
3. 锚端、锐角、钝角加强筋另详。
4. 13号钢筋伸出部分预制时紧贴侧模，安装时扳出。
5. 钢筋明细表另详。

图名 16 m空心板边板普通钢筋构造图

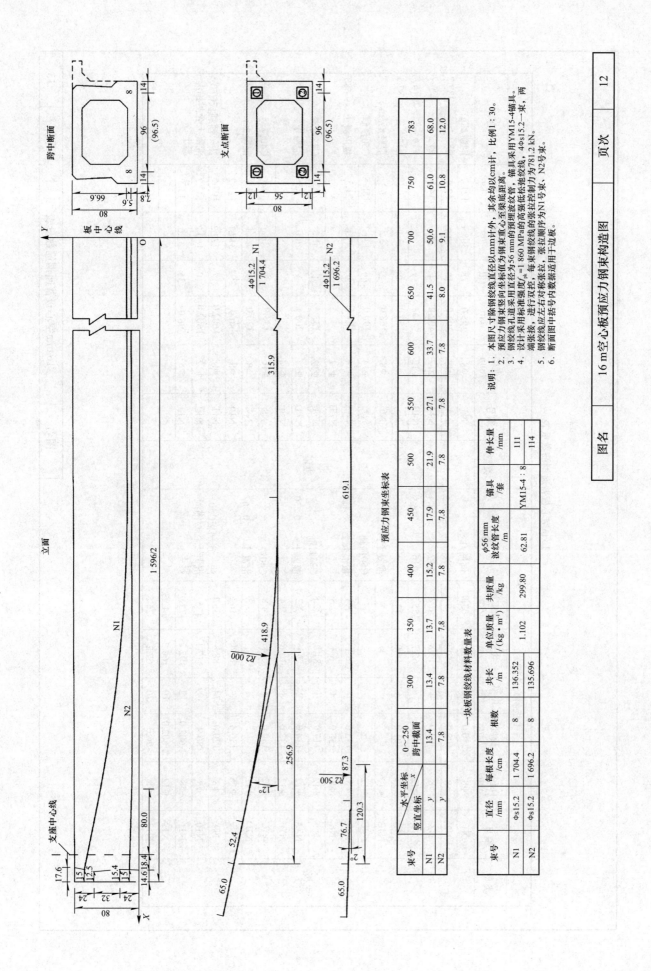

预应力钢束坐标表

束号		0~250跨中截面	300	350	400	450	500	550	600	650	700	750	783
N1	水平坐标 x 竖直坐标 y	13.4 7.8	13.4 7.8	13.7 7.8	15.2 7.8	17.9 7.8	21.9 7.8	27.1 7.8	33.7 7.8	41.5 8.0	50.6 9.1	61.0 10.8	68.0 12.0

一块板钢绞线材料数量表

束号	直径 /mm	每根长度 /cm	根数	共长 /m	单位质量 /(kg·m⁻¹)	共质量 /kg	φ56 mm 波纹管长度 /m	锚具 /套	伸长量 /mm
N1	Φs15.2	1 704.4	8	136.352	1.102	299.80	62.81	YM15-4 : 8	111
N2	Φs15.2	1 696.2	8	135.696					114

说明：1. 本图尺寸除钢绞线直径以mm计外，其余均以cm计，比例1：30。
2. 预应力钢束标值为钢束重心至梁底距离。
3. 钢绞线孔道采用直径为56 mm的预埋波纹管。
4. 设计采用标准强度 f_{pk}=1 860 MPa的高强低松弛钢绞线，锚具采用YM15-4锚具，4Φs15.2一束，两端采用单根张拉，进行双控，每束钢绞线的张拉控制力为781.2 kN。
5. 钢绞线应左右对称张拉，张拉顺序为N1号束、N2号束。
6. 断面图中括号内数据适用于边板。

图名	16 m空心板预应力钢束构造图	页次	12

16 m空心板普通钢筋数量表

中板斜交角10°

类型	编号	直径/mm	长度/cm	根数/根	共长/m	总质量/kg	合计
中板	N1	Φ8	210.0	76	159.6	63.0	钢筋/kg：
	N2	Φ8	198.0	76	150.5	59.4	Φ8　　396.3
	N3	Φ8	394.0	4	15.8	6.2	Φ12　301.4
	N4	Φ12	392.0	16	62.7	55.7	Φ16　16.5
	N4A	Φ12	401.0	4	16.0	14.3	
	N4B	Φ12					混凝土/m³：
	N4C	Φ12					C50预制
	N5	Φ8	153.0	4	6.1	2.4	板混凝土：8.410
	N6	Φ8	158.0	4	6.3	2.5	
	N7	Φ12	117.0	70	81.9	72.8	C25封端
	N7A	Φ12	124.0	2	2.5	2.2	混凝土：0.250
	N7B	Φ12	132.0	8	10.6	9.4	
	N7C	Φ12	134.0	4	5.4	4.8	C40铰缝
	N7D	Φ12					混凝土：0.862
	N8	Φ16	130.4	8	10.4	16.5	
	N9	Φ8	120.0	74	88.8	35.1	注：预制板C50
	N10	Φ8	80.9	392	317.1	125.2	混凝土含封锚混
	N11	Φ8	1 602.0	12	192.2	75.9	凝土
	N12	Φ12	1 602.0	10	160.2	142.3	
	N13	Φ8	96.0	70	67.2	26.5	

边板斜交角10° 挑臂25 cm

类型	编号	直径/mm	长度/cm	根数/根	共长/m	总质量/kg	合计
边板	N3	Φ8	395.0	78	308.1	121.7	钢筋/kg：
	N4	Φ12	393.0	18	70.7	62.9	Φ8　　387.7
	N4A	Φ12	402.0	4	16.1	14.3	Φ12　220.7
	N4B	Φ12					Φ16　16.8
	N5	Φ8	153.0	2	3.1	1.2	Φ14　187.3
	N6	Φ8	158.0	2	3.2	1.2	
	N7'	Φ14	190.0	69	131.1	158.5	混凝土/m³：
	N7A	Φ14	197.5	9	17.8	21.5	C50预制
	N7B	Φ12					板混凝土：9.688
	N7C	Φ12	133.4	1	1.3	1.2	
	N7D	Φ14	200.1	3	6.0	7.3	C25封端
	N7E	Φ14					混凝土：0.252
	N8	Φ16	133.0	8	10.6	16.8	
	N9	Φ8	120.0	37	44.4	17.5	C40铰缝
	N10	Φ8	80.9	392	317.1	125.2	混凝土：0.431
	N11	Φ8	1 602.0	17	272.3	107.5	
	N12	Φ12	1 602.0	10	160.2	142.3	注：预制板C50
	N13	Φ8	96.0	35	33.6	13.3	混凝土含封锚混
							凝土

图名	16 mm空心板普通钢筋数量表	页次	13

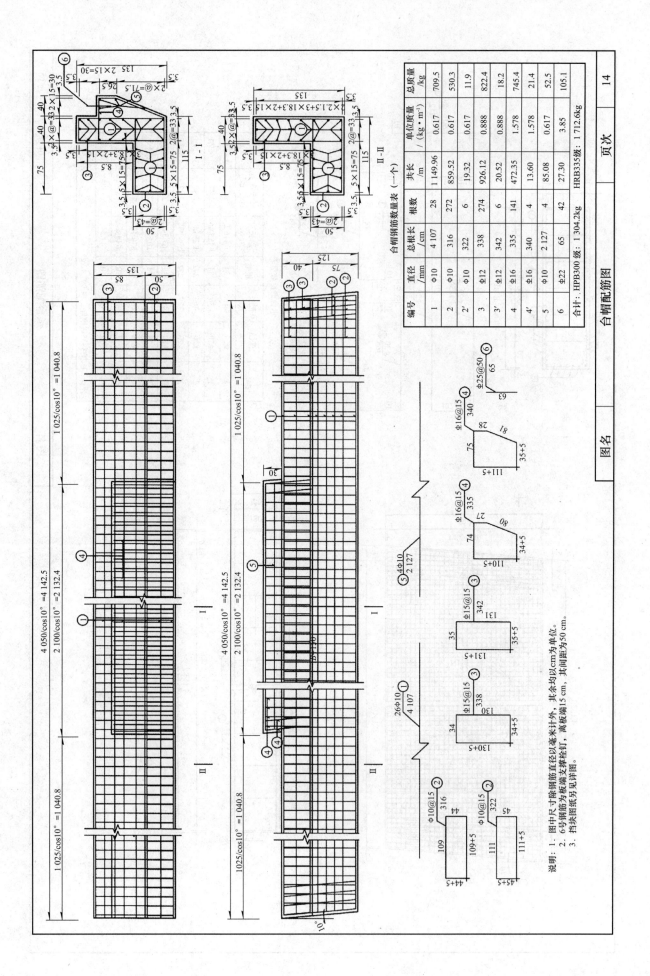

台帽钢筋数量表（一个）

编号	直径 /mm	总根长 /cm	根数	共长 /m	单位质量 / (kg·m⁻¹)	总质量 /kg
1	Φ10	4 107	28	1 149.96	0.617	709.5
2	Φ10	316	272	859.52	0.617	530.3
2'	Φ10	322	6	19.32	0.617	11.9
3	Φ12	338	274	926.12	0.888	822.4
3'	Φ12	342	6	20.52	0.888	18.2
4	Φ16	335	141	472.35	1.578	745.4
4'	Φ16	340	4	13.60	1.578	21.4
5	Φ10	2 127	4	85.08	0.617	52.5
6	Φ22	65	42	27.30	3.85	105.1

合计：HPB300 级：1 304.2kg　HRB335级：1 712.6kg

说明：1. 图中尺寸除钢筋直径以毫米计外，其余均以 cm 为单位。
2. 6号钢筋为板端支撑栓钉，离板端15 cm，其间距为50 cm。
3. 挡块图纸另见详图。

图名	台帽配筋图
页次	14

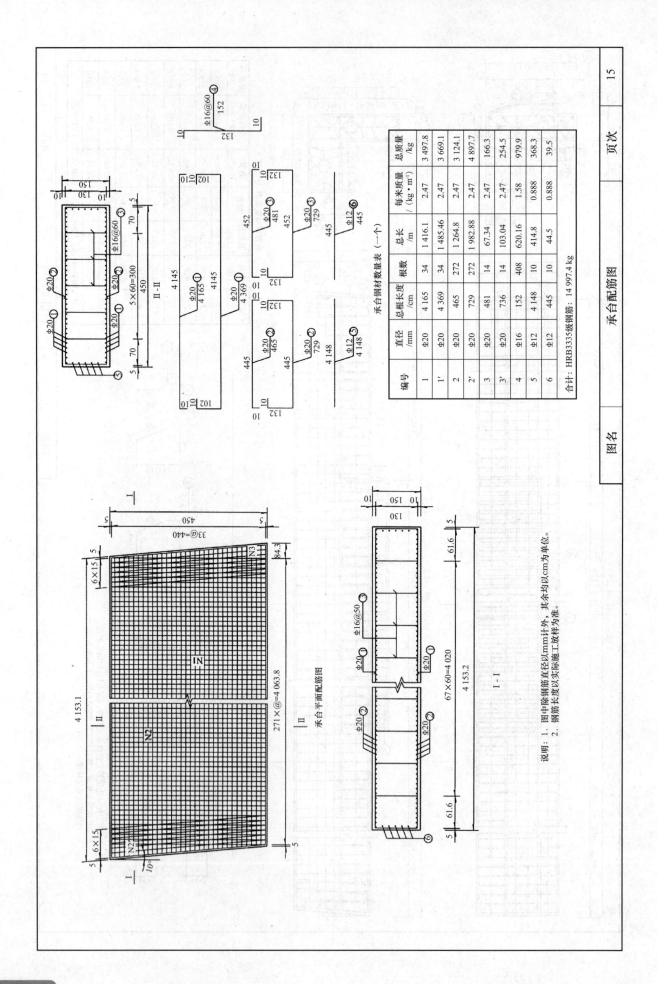

承台钢材数量表（一个）

编号	直径/mm	总根长度/cm	根数	总长/m	每米质量/(kg·m⁻¹)	总质量/kg
1	Φ20	4 165	34	1 416.1	2.47	3 497.8
1'	Φ20	4 369	34	1 485.46	2.47	3 669.1
2	Φ20	465	272	1 264.8	2.47	3 124.1
2'	Φ20	729	272	1 982.88	2.47	4 897.7
3	Φ20	481	14	67.34	2.47	166.3
3'	Φ20	736	14	103.04	2.47	254.5
4	Φ16	152	408	620.16	1.58	979.9
5	Φ12	4 148	10	414.8	0.888	368.3
6	Φ12	445	10	44.5	0.888	39.5

合计：HRB3335级钢筋：14 997.4 kg

承台平面配筋图

I-I

说明：1. 图中除钢筋直径以mm计外，其余均以cm为单位。
2. 钢筋长度以实际施工放样为准。

图名	承台配筋图	页次	15

项目8 识读排水工程图

知识要点

（1）排水工程图有关制图标准。

（2）排水施工图的组成。

（3）排水施工图的图示方法及规定。

能力要求

（1）能够了解排水工程图有关制图的规定。

（2）能够掌握排水工程图的总体布置图、平面图、纵断面图、横断面图及其他相关图示的识读。

新课导入

市政管道是市政工程的重要组成部分，主要包括给水排水、燃气、热力及电信等城市地下配套工程，其中，排水工程为城市去污、排涝，保障城市正常运行。其工程量相对较大，也最具代表性。本项目以排水工程图纸识读为例进行介绍。其他管道工程图纸可参照排水工程图纸识读。

任务8.1 识读排水工程整体布置图

学习目标

了解排水工程图的有关规定。

相关知识链接

1.2 运用制图标准，《道路工程制图标准》（GB 50162—1992）。

8.1.1 排水工程平面图

如图8-1所示，排水平面图中表现的主要内容有排水管布置位置、管道标高、检查井布置位置、雨水口布置情况等。图中雨水管采用粗点画线、污水管道采用粗虚线表示，并在检查井边标注"Y""W"分别表示雨水、污水井代号；排水平面图上画的管道均为管道中心线，其平面定位即管道中心线的位置；排水平面图中标注应表明检查井的桩号、编号及管道直径、长度、坡度、流向和检查井相连的各管道的管内底标高，如图8-2所示。

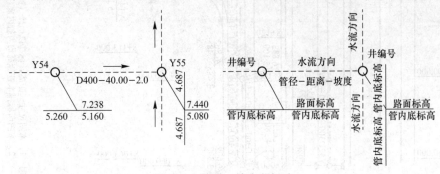

图8-1 管道、检查井标注

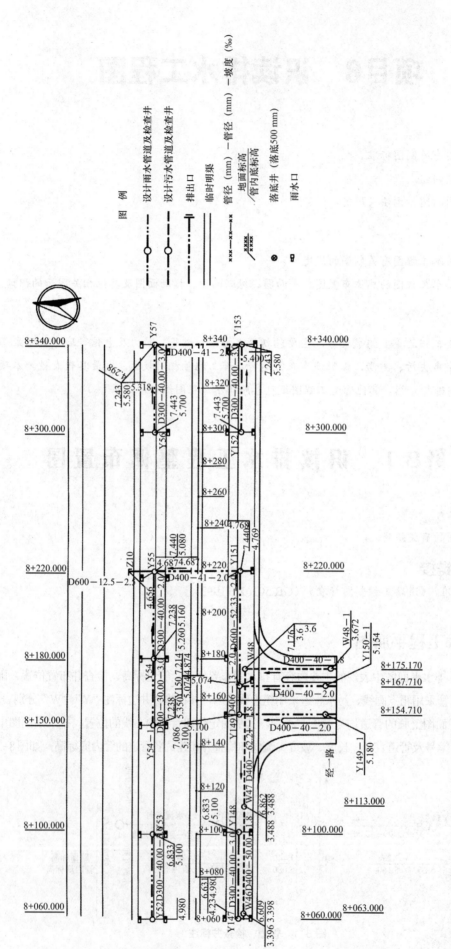

图8-2 排水平面图

图 例

⊙—·—·—⊙	设计雨水管道及检查井
⊙—··—··—⊙	设计污水管道及检查井
┣	排出口
═══	临时明渠
××—××—××	管径 (mm) —管距 —坡度 (‰)
$\frac{×××}{×××}$	管径 (mm) —管径 (mm) 地面标高/管内底标高
⊗	落底井 (落底500 mm)
▯	雨水口

说明：1. 本图尺寸：距离、标高以 m 计（黄海标高系），其余均以 mm 计。
      2. 本图所标排水管标高均为管内底标高。

8.1.2 排水工程纵断面图

如图 8-3、图 8-4 所示,排水工程纵断面图中主要表示管道敷设的深度、管道管径及坡度、路面标高及相交管道情况等。纵断图中水平方向表示管道的长度、垂直方向表示管道直径及标高。

通常纵断面图中纵向比例比横向比例放大 10 倍;图中横向粗实线表示管道、细实线表示设计地面线、两根平行竖线表示检查井,雨水纵断面图中若竖线延伸至管内底以下的则表示落底井;图中可了解检查井支管接入情况,以及与管道交叉的其他管道管径、管内底标高、与相近检查井的相对位置等,如支管标注中"SYD400"分别表示"方位(由南向接入)、代号(雨水)、管径(400)"。下面以雨水纵断图中 Y54 ～ Y55 管段为例说明图中所示内容:

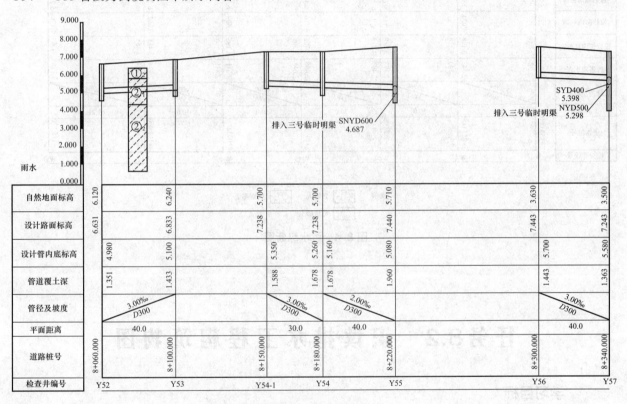

图 8-3　道路北侧雨水纵断图

(1) 自然地面标高:是指检查井盖处的原地面标高,Y54 井自然地面标高为 5.700。

(2) 设计路面标高:是指检查井盖处的设计路面标高,Y54 井设计路面标高为 7.238。

(3) 设计管内底标高:是指排水管在检查井处的管内底标高,Y54 井的上游管内底标高为 5.260,下游管内底标高为 5.160,为管顶平接。

(4) 管道覆土深:是指管顶至设计路面的土层厚度,Y54 处管道覆土深为 1.678。

(5) 管径及坡度:是指管道的管径大小及坡度,Y54 ～ Y55 管段管径为 300 mm,坡度为 2‰。

(6) 平面距离:是指相邻检查井的中心间距,Y54 ～ Y55 平面距离为 40 m。

(7) 道路桩号:是指检查井中心对应的桩号,一般与道路桩号一致,Y54 井道路桩号为 8+180.000。

（8）检查井编号：Y54、Y55 为检查井编号。

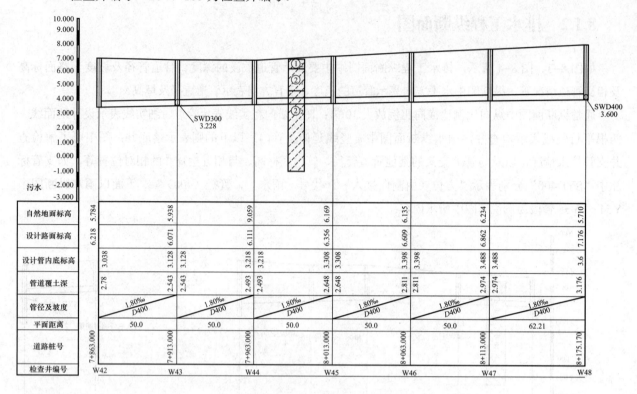

图例　①⊿ 素填土　②⊿ 粉质黏土

②⊿ 粉质砂土

图 8-4　污水纵断图

任务8.2　识读排水工程构筑物图

📦 学习目标

了解排水工程图的有关规定。

⌨ 相关知识链接

1.2 运用制图标准，《道路工程制图标准》（GB 50162—1992）。

8.2.1　排水检查井

检查井内由两部分组成，井室尺寸为 1 100 mm×1 100 mm，壁厚为 370 mm；井筒为 φ700 mm，壁厚为 240 mm。井盖座采用铸铁井盖、井座。图 8-5 中的检查井为落底井，落底深度为 50 cm。井室及井筒为砖砌，基础采用 C20 钢筋混凝土底板及 C10 素混凝土垫层。管上 200 mm 以下用 1：2 水泥砂浆抹面，厚度为 20 mm；管上 200 mm 以上用 1：2 水泥砂浆勾缝，如图 8-5 所示。

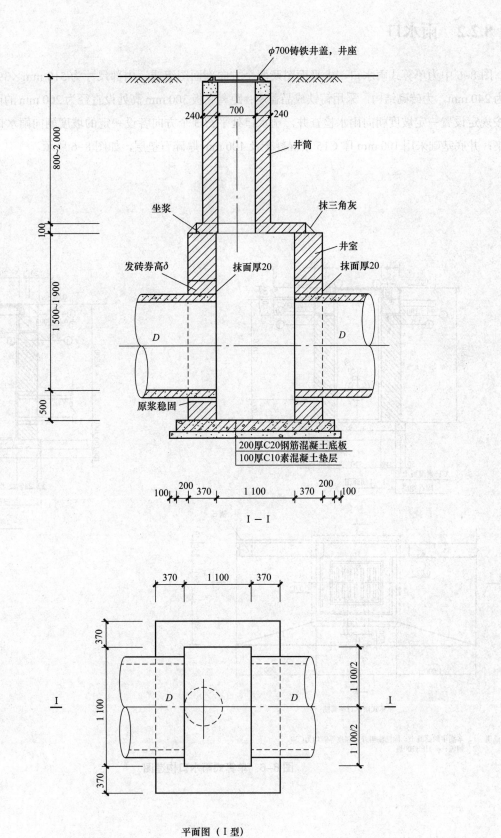

φ700铸铁井盖，井座

240 700 240

800~2 000

井筒

坐浆

抹三角灰

100

井室

发砖券高δ

抹面厚20

抹面厚20

1 500~1 900

D   D

原浆稳固

500

200厚C20钢筋混凝土底板
100厚C10素混凝土垫层

100 200 370 1 100 370 200 100

Ⅰ－Ⅰ

370 1 100 370

370

370

1 100

1 100/2

1 100/2

D   D

Ⅰ   Ⅰ

370

370

平面图（Ⅰ型）

图 8-5 矩形排水检查井（井筒总高≤2.0 m，落底井）平面、剖面图

说明：D 为检查井主管管径。

8.2.2　雨水口

图 8-6 中为单算式雨水口，由平面图及两个方向剖面图组成，内部尺寸为 510 mm×390 mm，井壁厚度为 240 mm，为砖砌结构，采用铸铁成品盖座；距离底板 300 mm 高处设直径为 200 mm 的雨水口连接管，并按规定设置一定坡度朝向雨水检查井，雨水口处平石 3 个方向各设一定的坡度朝向雨水口，以利于雨水收集；井底基础采用 100 mm 厚 C15 素混凝土及 100 mm 厚碎石垫层，如图 8-6 所示。

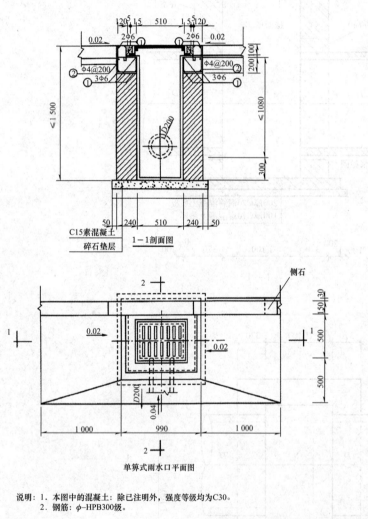

说明：1. 本图中的混凝土：除已注明外，强度等级均为C30。
　　　2. 钢筋：φ−HPB300级。

图 8-6　单算式雨水口构造图

排水工程图实例1
（常规开挖）

排水施工图设计说明

1. 本次施工图依据以下资料进行设计：

(1) 甲方委托我院的工程设计合同；

(2) 本院现场踏勘和收集的资料；

(3) 《室外排水设计标准》（GB 50014—2021）；

(4) 《城市工程管线综合规划规范》（GB 50289—2016）；

(5) 国家工程建设强制性条文—给水排水部分；

(6) 《龙山新区二期河道水系、排水专项规划》（杭州市城市规划设计研究院 2008 年 03 月）。

2. 本工程高程采用 1985 年国家高程系。

3. 图中尺寸单位：除管径、检查井平面尺寸以 mm 计外，其余均以 m 计。

4. 图中雨、污水管道里程与道路里程桩一致，所注检查井顶面标高为本处管道中心轴线位置的路面标高，是根据道路横断面设计图推算，施工时以道路设计图为准，有出入时，井深可相应调整。位于道路红线范围外的检查井的井顶标高须与街坊规划地坪标高一致（若无规划街坊地坪标高，近期暂按人行道外侧标高加 0.05 m 控制）。

5. 管材：本工程雨水管 De300～De600 管采用承插式 HDPE 缠绕管，环刚度不小于 8 kN/m²；d800～d1 200 管采用离心工艺制作的Ⅱ级承插式钢筋混凝土排水管（离心管）。

6. 钢筋混凝土管和 HDPE 管均采用承插式接口，O 形橡胶圈密封，由管材供货商配套提供。生产厂家应通过 ISO 9000 质量体系认证。

7. 雨、污水街坊预留井设置于道路红线外 1.0 m，预留井内管道延伸方向留孔，孔内暂用水泥砂浆砌封堵。街坊管的数量、位置、管径及接管标高可根据实际需要经设计同意后进行调整。除另注外，雨水街坊预留井均加设 0.50 m 落水。

8. 雨水口采用砖砌偏沟式单箅雨水口，平面尺寸为 510 mm×390 mm，雨水口连接管 De225 采用 HDPE 管，坡度为 1%；道路最低点采用双箅雨水口，平面尺寸为 1 270 mm×390 mm，雨水口连接管 De300 采用 HDPE 管。雨水口连接管坡度一般采用 0.5%。

9. 施工至交叉口、须提前对已建或在建雨水管、污水管道设计图有较大出入，请及时与设计联系。

10. 管道施工至已建路口前须摸清沿线已有地下管线，施工时须采取必要的保护措施。

11. 在施工前和施工过程中若有相交道路与本工程有关的最新资料（如施工图和工程联系单）请及时反馈回设计方以便复核交叉口的污水管道设计，以免因相互之间的缺、漏、错、碰造成交叉口的返工。

12. 本工程施工及验收执行《给水排水管道工程施工及验收规范》（GB 50268—2008），《埋地聚乙烯排水管管道工程技术规程》（CECS 164：2004），未尽之处执行浙江省现行的行业标准和有关规定。

页次 | 图名 | 排水施工图设计说明

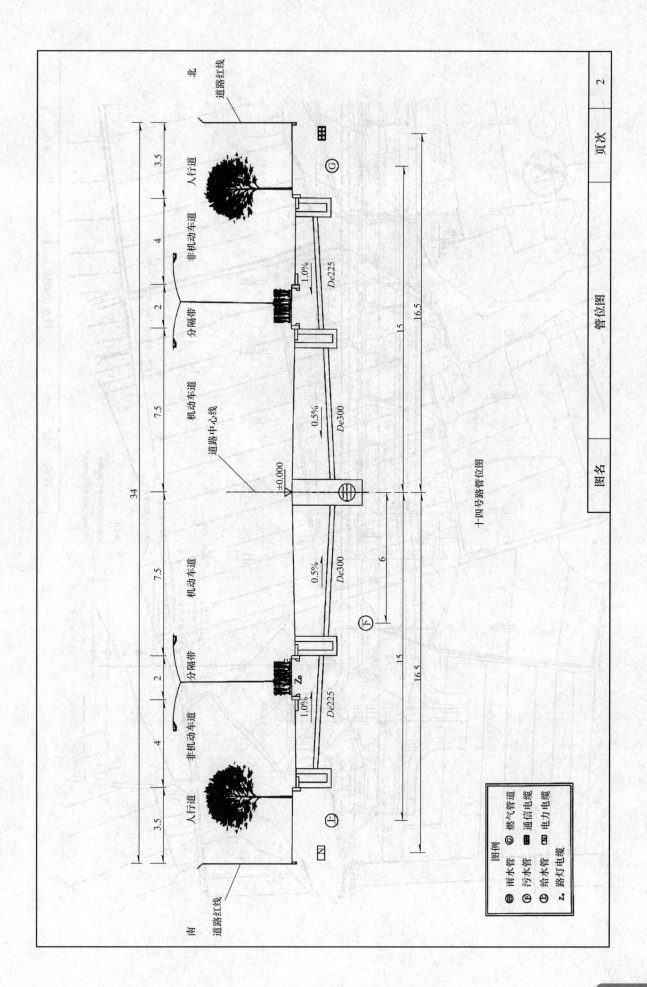

十四号路管位图

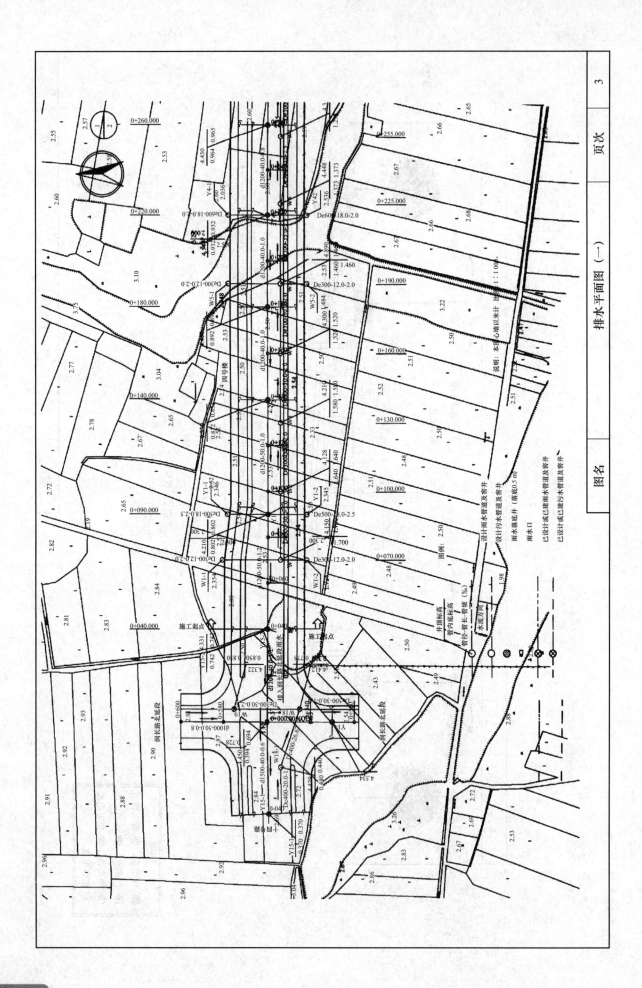

排水平面图（一）

图名

208

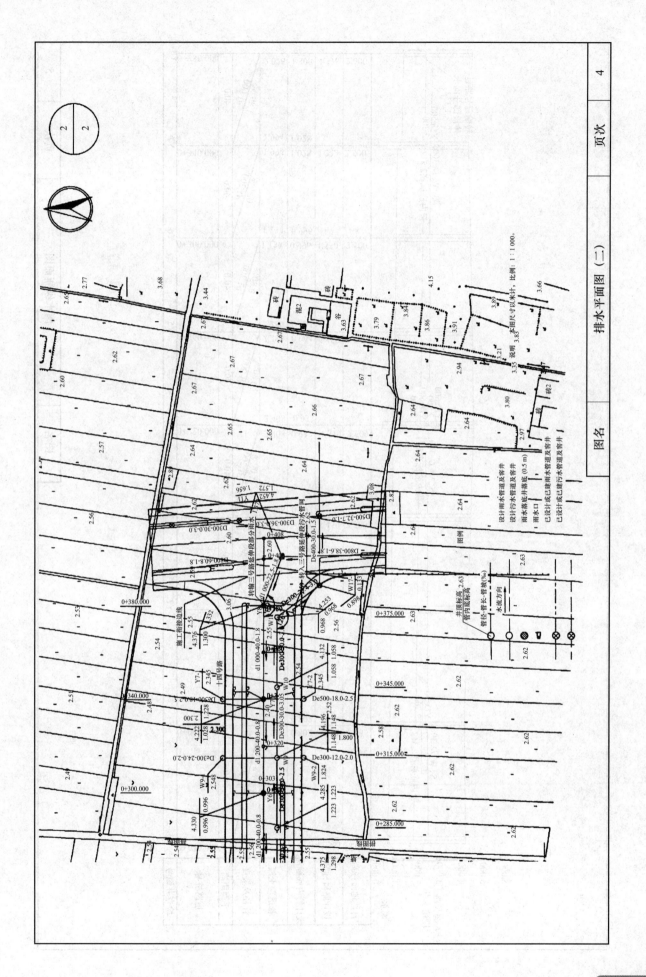

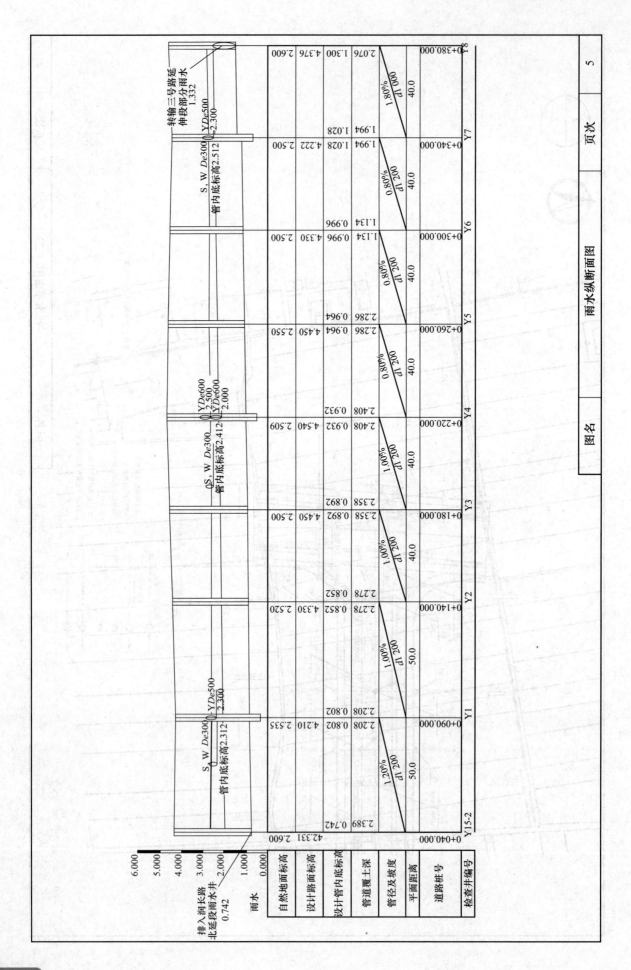

	Y15-2		Y1		Y2		Y3		Y4		Y5		Y6		Y7		Y8
自然地面标高			4.210		4.330		4.450		4.540		4.450		4.330		4.222		4.376
设计路面标高	42.331		2.535		2.520		2.500		2.509		2.550		2.500		2.500		2.600
设计管内底标高	2.600	2.389	2.208	2.208	2.278	2.278	2.358	2.358	2.408	2.408	2.286	2.286	1.134	1.134	1.994	1.994	2.076
管道覆土深		0.742	0.802	0.802	0.852	0.852	0.892	0.892	0.932	0.932	0.964	0.964	0.996	0.996	1.028	1.028	1.300
管径及坡度		1.20% d1 200		1.00% d1 200		1.00% d1 200		1.00% d1 200		0.80% d1 200		0.80% d1 200		0.80% d1 200		1.80% d1 000	
平面距离		50.0		50.0		40.0		40.0		40.0		40.0		40.0		40.0	
道路桩号	0+040.000		0+090.000		0+140.000		0+180.000		0+220.000		0+260.000		0+300.000		0+340.000		0+380.000
检查井编号	Y15-2		Y1		Y2		Y3		Y4		Y5		Y6		Y7		Y8

6.000
5.000
4.000
3.000
2.000
1.000
0.000

雨水

排入润长路
北延段雨水井
0.742

S, W De300—YDe500
管内底标高2.312—
2.300

QS, W De300
管内底标高2.412—
YDe600
2.500
YDe600
2.000
0.932

S, W De300
管内底标高2.512—
2.300
YDe300
1.028

转辅三号路延
伸段部分雨水
1.332

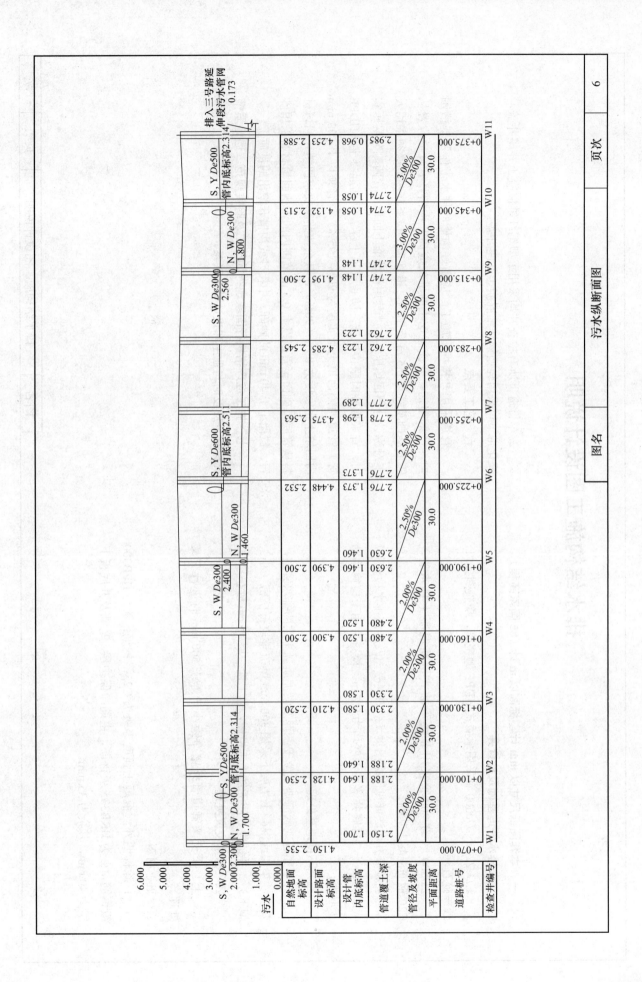

污水纵断面图

图名

排水结构施工图设计说明

一、本套图纸尺寸以 mm 计，标高以 m 计（85 国家高程）。

二、排水管道基础及检查井

1. De225～De600 管采用承插式 HDPE 缠绕管，橡胶圈接口，砂一碎石基础。

2. d800～d1 200 管采用 II 级承插式钢筋混凝土排水管，C20 钢筋混凝土基础。

3. 检查井做法详见国标图集《钢筋混凝土及砖砌排水检查井》(20S515)，落底井落底深度均为 0.5 m。检查井用于检修用踏步取消。

三、不良地基处理

对于穿越现状河塘及位于淤泥及淤泥质黏土层的排水管道，要求砂垫层或混凝土垫层下采用 300 mm 厚疏排块石挤密（小头朝下），并铺设一层无纺土工格栅，且上铺一层 15 cm 砂垫层。

四、管道交叉处理

上、下交叉管道管外壁净距小于等于 500 mm 时进行交叉处理。

五、材料

1. 除标明外，混凝土强度等级为 C25；钢筋：Φ 为 HPB300 级钢筋，Φ 为 HRB335 级钢筋，主筋净保护层：基础及井底板下层为 40 mm，其余为 35 mm。

2. 车行道下所有检查井均采用重型钢纤维混凝土井井盖，绿化带下可采用轻型钢纤维混凝土井座井盖。

六、施工要点

管道采用开槽埋管施工，应做好沟槽的排水工作及基槽雨护，严禁超挖。并注意堆放应离开沟槽开挖的位置从人管底基础至管顶 0.5 m 范围内，沿管道，检查井两侧必须采用人工对称，分层回填压实，严禁用机械推土回填。管两侧分层压实时，宜采取临时限位措施，防止管道上浮。钢筋混凝土（HDPE 管）管顶以上密实度为 90%（95%），管顶以上 500 mm 内回填土密实度为 85%（90%），其余按基要求回填。回填材料从管底基础面至管顶以上 0.5 m 范围内的沟槽回填材料采用砂石，粒径小于 40 mm 的砂砾，中粗砂或沟槽开挖出的良质土。

七、施工应严格执行国家现行的施工及验收规范，遇地质情况异常，应及时与业主和设计单位联系。

说明：
1. 本图尺寸以mm计。
2. 适用条件：
　(1) 管顶覆土：$D800\sim D1\,200$为$0.7\sim6.0$ m；
　(2) 开槽埋设的排水管道；
　(3) 地基为原状土。
3. 材料：混凝土强度等级：C20；钢筋：Φ为HPB300级钢筋。
4. 主筋净保护层：下层为35 mm，其他为30 mm。
5. 垫层：C10素混凝土垫层，厚100 mm。
6. 管道回填：管子两侧的密实度不低于90%，严禁单侧填高；管顶以上500 mm内，不低于85%；管顶500 mm以上按路基要求回填。
7. 管基础与管道必须结合良好。
8. 当施工过程中需在C1层面处留施工缝时，则在继续施工时应将间歇面清毛刷净，以使整个管基结为一体。
9. 管道带形基础每隔$15\sim20$ m断开20 mm，内填闭孔聚乙烯泡沫板。

管道基础

基础尺寸及材料表

D	D'	D_1	t	B	C1	C2	C3	①	②	③
mm	mm	mm	mm	mm	mm	mm	mm			
800	930	1 104	65	1 204	80	303	71	7Φ10	Φ8@200	2Φ10
1 000	1 150	1 340	75	1 446	80	374	79	8Φ10	Φ8@200	2Φ10
1 200	1 380	1 616	90	1 716	80	453	91	9Φ10	Φ8@200	2Φ10

每米管道基础工程量

C20混凝土/m³	①筋长/m	②筋长/m	③筋长/m
0.356	7.00	10.71	4.00
0.483	8.00	12.84	4.00
0.658	9.00	15.29	4.00

图名	$D800\sim D1\,200$承插管135°钢筋混凝土基础	页次	8

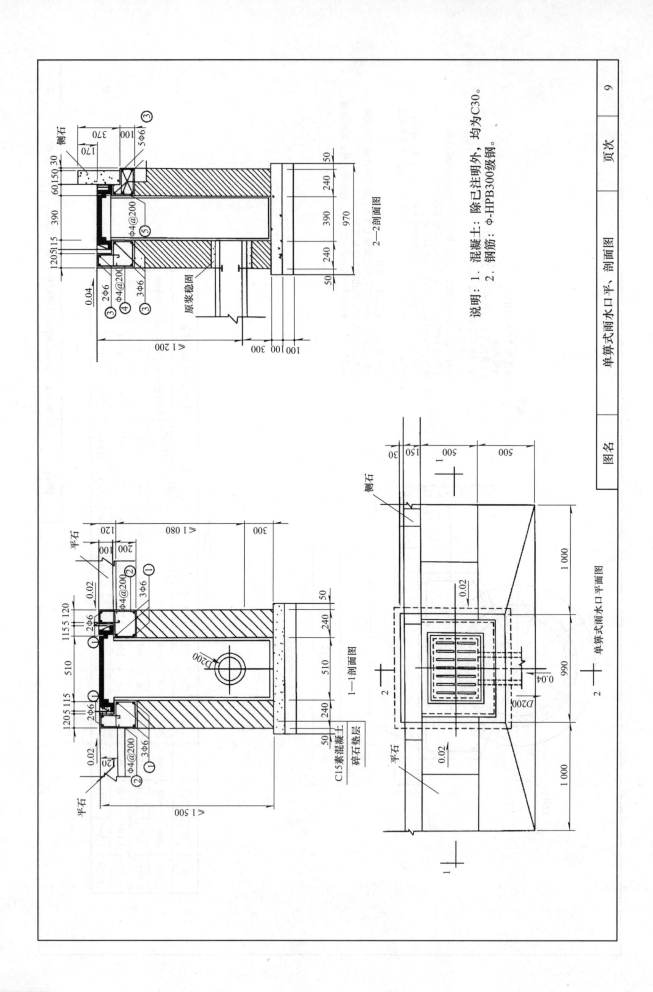

说明：1. 混凝土：除已注明外，均为C30。
2. 钢筋：φ-HPB300级钢。

2—2剖面图

1—1剖面图

单箅式雨水口平面图

| 图名 | 单箅式雨水口平、剖面图 | 页次 | 9 |

主要工程数量表

序号	材料名称		单位	数量	备注
1	碎石垫层		m³	0.106	
2	C15混凝土		m³	0.106	
3	砖砌体		m³/m	0.662	
4	砂浆抹面	地面	m²	0.199	
		内侧面	m²/m	1.80	
5	雨水口箅子及底座		套	1	防盗式
6	C30钢筋混凝土		m³	0.136	

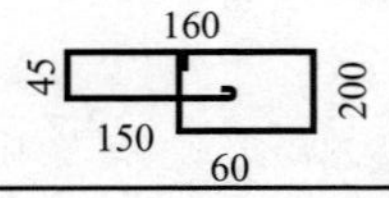

说明：
1. 单位：mm。
2. 本图适用于沥青路面，当为混凝土路面时，则取消平石，箅子周围应浇筑钢筋混凝土加固，详见加固图。
3. 砖砌体用M10水泥砂浆砌筑MU10机制砖，井内壁面厚20mm。
4. 砂浆抹面用1：2水泥砂浆。
5. 勾缝：坐浆和抹面比局部路底2～3cm，并与路面接顺，平石侧石。
6. 要求雨水口箅座时，箅座与侧石，下面应坐浆，平石之间应用砂浆填缝。
7. 雨水口管：随接入井方向设置，D225，i=0.01。

钢筋明细表

编号	简图	直径	根数
①	810	Φ6	10
②	260 200 160 150 80	Φ4	10
③	930	Φ6	10
④	260 200 160 150 80	Φ4	6
⑤	160 200 60 150 45	Φ4	6

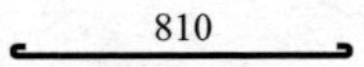

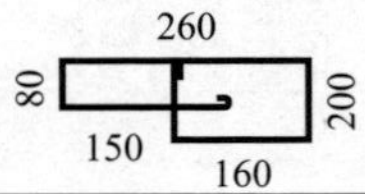

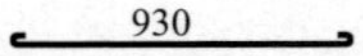

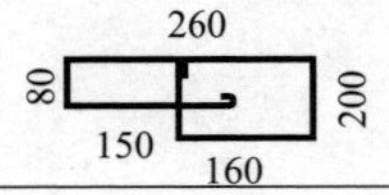

注：① 号筋遇侧壁右折弯。

排水工程图实例2
（顶管施工）

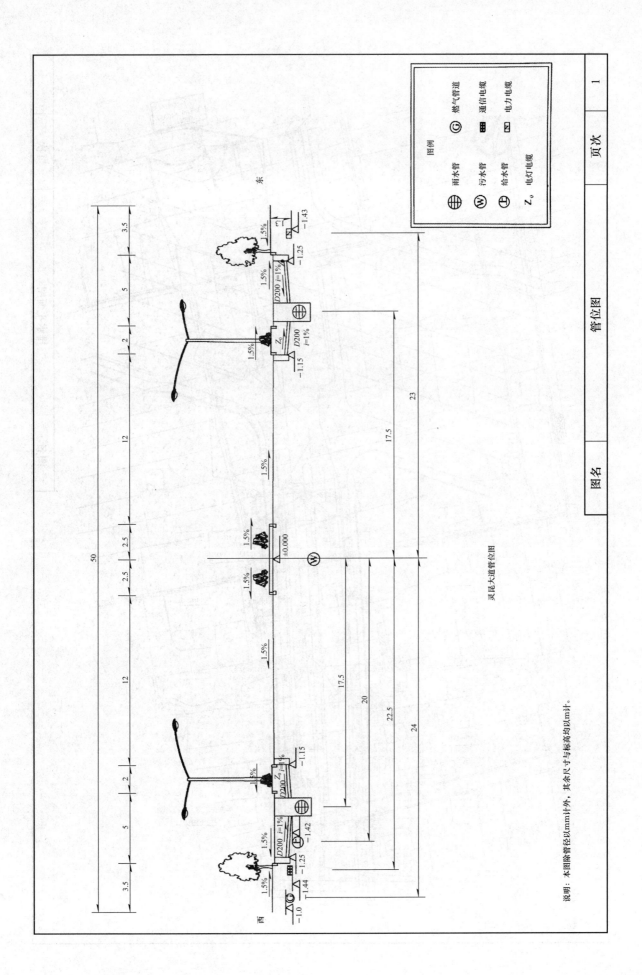

灵昆大道管位图

说明：本图除管径以mm计外，其余尺寸与标高均以m计。

图名	管位图	页次
		1

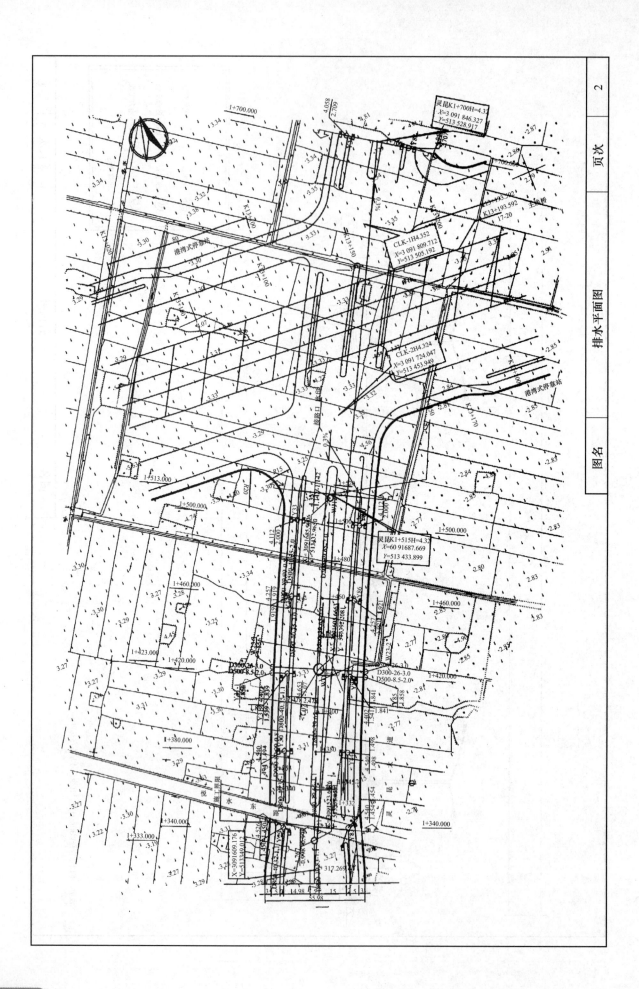

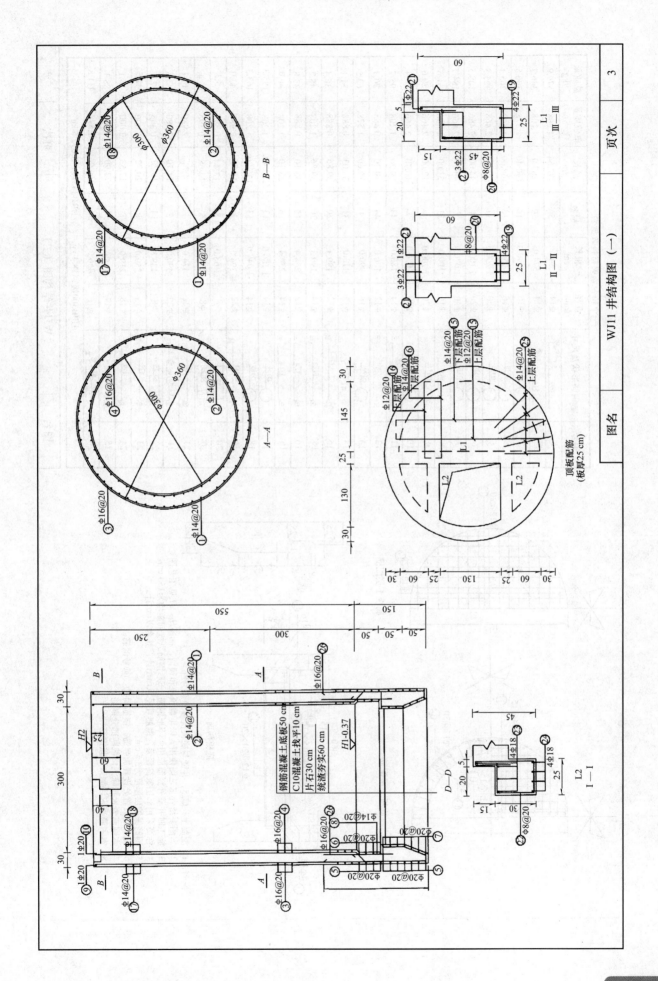

图名　WJ11 井结构图（一）　　页次　3

一个桥台盖梁材料数量表

编号	钢筋形状及尺寸	直径/mm	根数	一根长/cm	总长/m	单位质量/(kg·m⁻¹)	总质量/kg
1	694 / 544	Φ14	56	844	472.64	1.208	570.9
2		Φ14	50	574.0	287.0	1.208	346.7
3	D354	Φ16	16	1 190.0	190.40	1.578	300.5
4	D310	Φ16	16	1 050.0	168.00	1.578	265.1
5	D354	Φ20	11	1 200.0	132.00	2.468	325.5
6	D320	Φ20	4	1 100.0	44.00	2.466	108.5
7	D310	Φ20	7	1 070.0	74.90	2.466	184.7
8	100	Φ14	51	100.0	51.00	1.208	61.6
9	D354	Φ20	1	1 200.0	12.00	2.466	29.6
10	D310	Φ20	1	1 070.0	10.70	2.466	26.4
11	160	Φ14	44	180.0	79.20	1.208	95.7
12	160	Φ12	44	180.0	79.20	0.888	70.3
13	D290	Φ16	4	990.0	39.60	1.578	62.5
14	179.3	Φ12	31	113.0	35.03	0.888	31.1
15	179.3	Φ12	20	199.3	39.86	0.888	35.4
15'	179.3	Φ14	20	199.3	39.86	1.208	48.2
16	234.4	Φ12	15	254.4	38.10	0.888	33.8
16'	234.4	Φ14	15	254.4	38.10	1.208	46.0
17	D354	Φ14	13	1 180.0	153.40	1.208	185.3
18	D310	Φ14	13	1 040.0	135.20	1.208	163.3
19	354	Φ22	4	394.0	15.76	2.980	47.0
20	57	Φ8	8	168.0	13.44	0.395	5.3
20'		Φ8	8	171.0	13.68	0.395	5.4
21	354	Φ22	1	474.0	4.74	2.980	14.1
21'		Φ22	3	490.0	14.70	2.980	43.8
22		Φ8	14	139.8	19.57	0.395	7.7
23	179	Φ18	8	259.0	20.72	2.000	41.5
24	179	Φ18	8	219.0	17.52	2.000	35.1
25	105	Φ14	54	135.0	72.90	1.208	88.1
26	120 / 250	Φ16	56	466.0	260.96	1.578	411.8

HPB300级：18.4 kg   HRB335级：3 672.5 kg

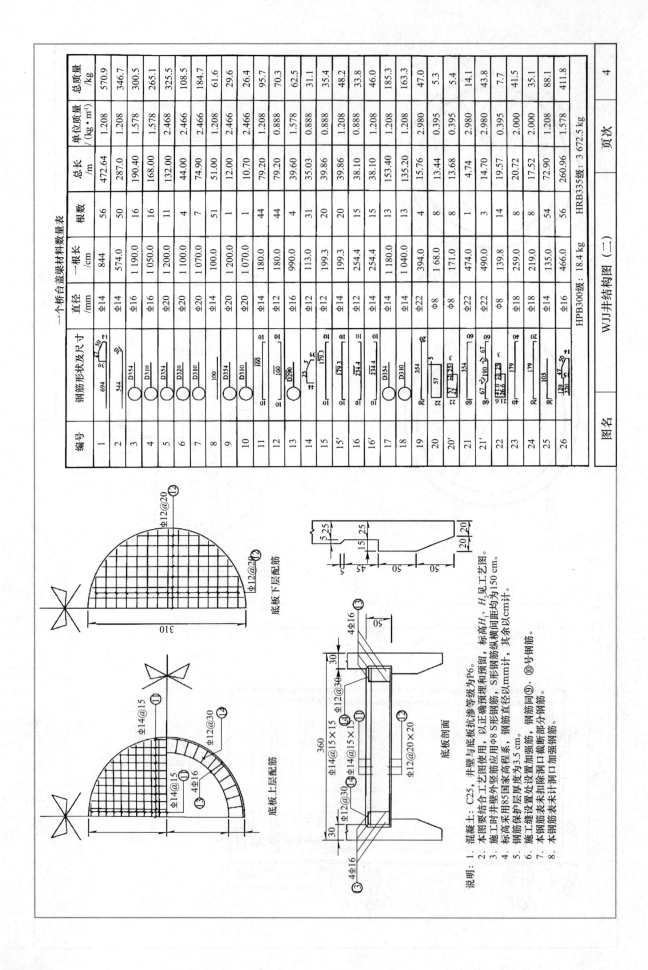

底板下层配筋

底板上层配筋

底板剖面

说明：
1. 混凝土：C25，井壁与底板抗渗等级为P6。
2. 本图要结合工艺图使用，以正确预埋留和预留，标高H_1、H_2见工艺图。
3. 施工时井壁外竖筋采用Φ8 S形钢筋，S形钢筋纵横间距均为150 cm。
4. 标高采用85国家高程系，钢筋直径以mm计，其余以cm计。
5. 钢筋保护层厚度为3.5cm。
6. 施工缝设置处设置加强筋，钢筋同⑨、⑩号钢筋。
7. 本钢筋表未扣除洞口截断部分钢筋。
8. 本钢筋表未计洞口加强钢筋。

图名	WJJ井结构构图（二）	页次	4

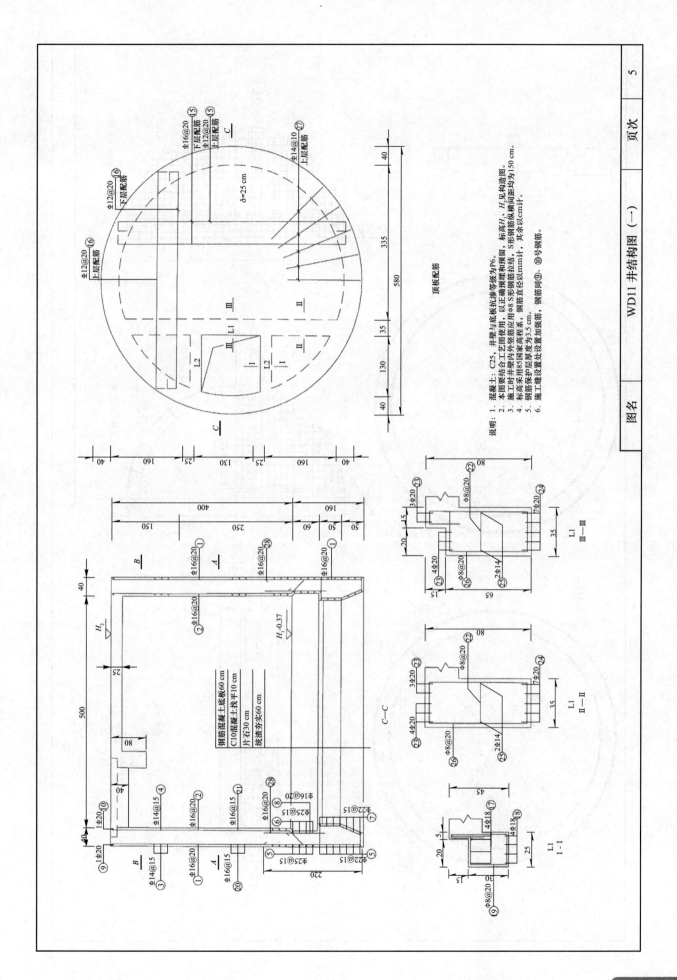

说明：1. 混凝土：C25，井壁与底板抗渗等级为P6。
2. 本图要结合工艺图图使用，以正确预理和预留。
3. 施工时井壁内外竖筋应用φ8钢筋拉结，S形钢筋纵横间距均为150 cm。
4. 标高采用85国家高程系，钢筋直径以mm计，其余以cm计。
5. 钢筋保护层厚度均为3.5 cm。
6. 施工缝设置处设置加强筋，钢筋同⑨、⑩号钢筋。

顶板配筋

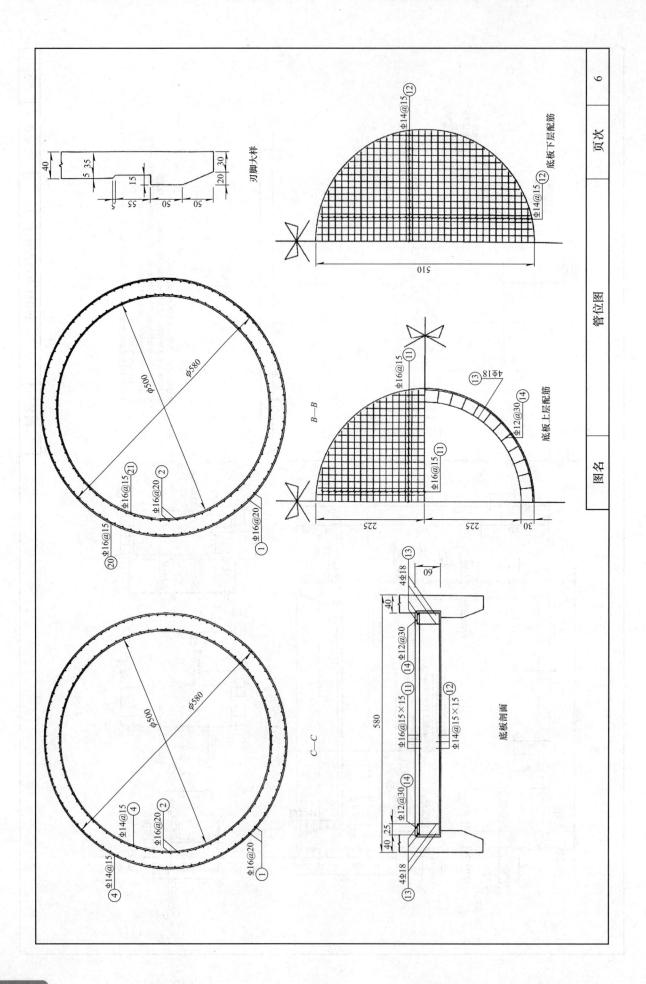

刃脚大样

B—B

C—C

底板剖面

底板上层配筋

底板下层配筋

Φ14@15 ⑫

Φ14@15 ⑫

Φ16@15 ⑪

Φ16@15 ⑪

4Φ18 ⑬

Φ12@30 ⑭

Φ16@15 ㉑

Φ16@20 ②

Φ16@20 ①

Φ16@15 ⑳

Φ14@15 ④

Φ16@20 ②

Φ16@20 ①

Φ14@15 ④

4Φ18 ⑬

Φ12@30 ⑭

Φ16@15×15 ⑪

Φ14@15×15 ⑫

Φ12@30 ⑭

4Φ18 ⑬

钢材数量表

编号	钢筋形状及尺寸	直径/mm	一根长/mm	根数	总长/m	单位质量/(kg·m⁻¹)	总质量/kg
1	554, 46°, 20	Φ16	720.0	91	655.20	1.578	1 033.9
2	394	Φ16	437.0	80	349.60	1.578	551.7
3	D=574	Φ14	1 880.0	11	206.80	1.208	249.8
4	D=510	Φ14	1 680.0	11	184.80	1.208	223.2
5	D=574	Φ25	1 920.0	5	96.00	3.853	369.9
5′	D=520	Φ22	1 900.0	7	133.00	2.984	396.9
6	D=520	Φ25	1 750.0	5	87.50	3.853	337.2
7	D=510	Φ22	1 700.0	7	119.00	2.984	355.1
8	D=100	Φ16	100.0	81	81.00	1.578	127.8
9	D=574	Φ20	1 890.0	1	18.90	2.466	46.6
10	D=510	Φ20	1 690.0	1	16.90	2.466	41.7
11	260	Φ14	280.0	68	190.40	1.578	300.5
12	260	Φ14	260.0	68	176.80	1.208	213.6
13	D=475	Φ18	1 570.0	4	62.80	1.998	125.4
14	39°	Φ12	113.0	54	61.02	0.888	54.2
15	371.5	Φ12	391.5	25	97.88	0.888	86.9
15′	371.5	Φ16	391.5	25	97.88	1.580	154.7
16	439.6	Φ12	459.6	30	137.88	0.888	122.5
16′	439.6	Φ16	459.6	30	137.88	1.580	217.9
17	200	Φ18	260.0	8	20.80	1.998	41.6
18	200	Φ18	240.0	8	19.20	1.998	38.4
19	9,16,25,3	Φ8	129.8	14	18.17	0.395	7.2
20	D=574	Φ16	1 890.0	17	321.30	1.578	507.1
21	D=510	Φ16	1 690.0	17	287.30	1.578	453.5
22	32	Φ8	52.0	24	12.48	0.395	4.9
23	534	Φ25	654.0	3	19.62	3.850	75.5
23′	157,90,157	Φ25	670.0	4	26.80	3.850	103.2
24	534	Φ20	574.0	7	40.18	2.466	99.1
25	534	Φ14	574.0	2	11.48	1.208	13.9
26	77	Φ8	228.0	16	36.48	0.395	14.4
26′	52,25,12	Φ8	240.0	8	19.20	0.395	7.6
27	165	Φ14	205.0	169	346.45	1.208	418.5
28	120, 46	Φ16	477.0	91	434.07	1.578	685.0

合计: HPB300级: 34.1 kg　　HRB335级: 7 445.3 kg

说明：1.本钢筋表未扣除洞口截断部分钢筋。
　　　2.本钢筋表未计洞口加强钢筋。

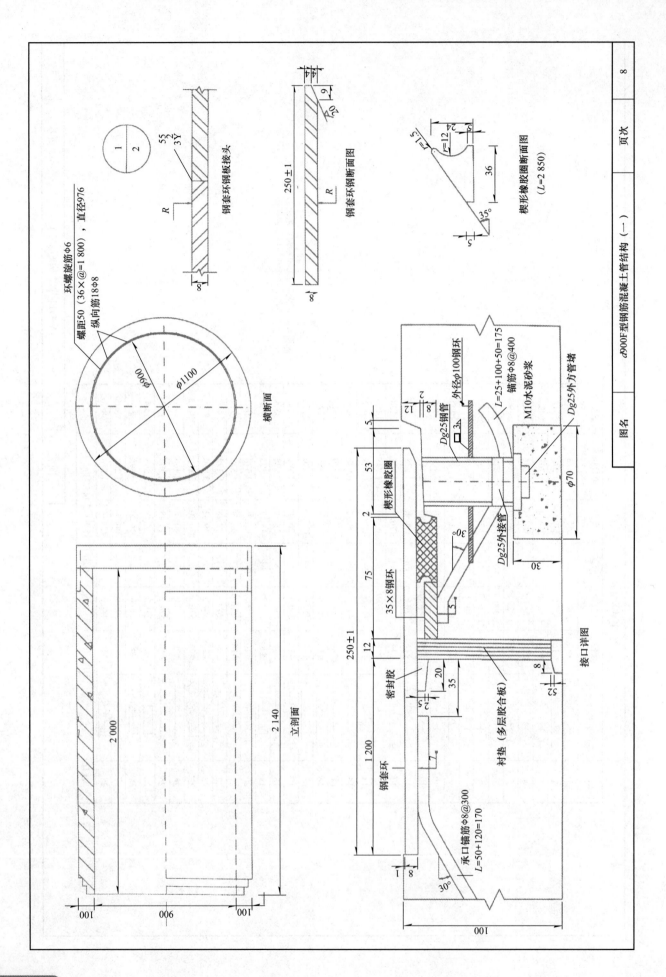

钢套环钢板接头

钢套环钢断面图

楔形橡胶圈断面图
(L=2 850)

横断面

环螺旋筋Φ6
螺距50 (36×@=1 800) , 直径976
纵向筋18Φ8

φ1100
φ900

立剖面

接口详图

224

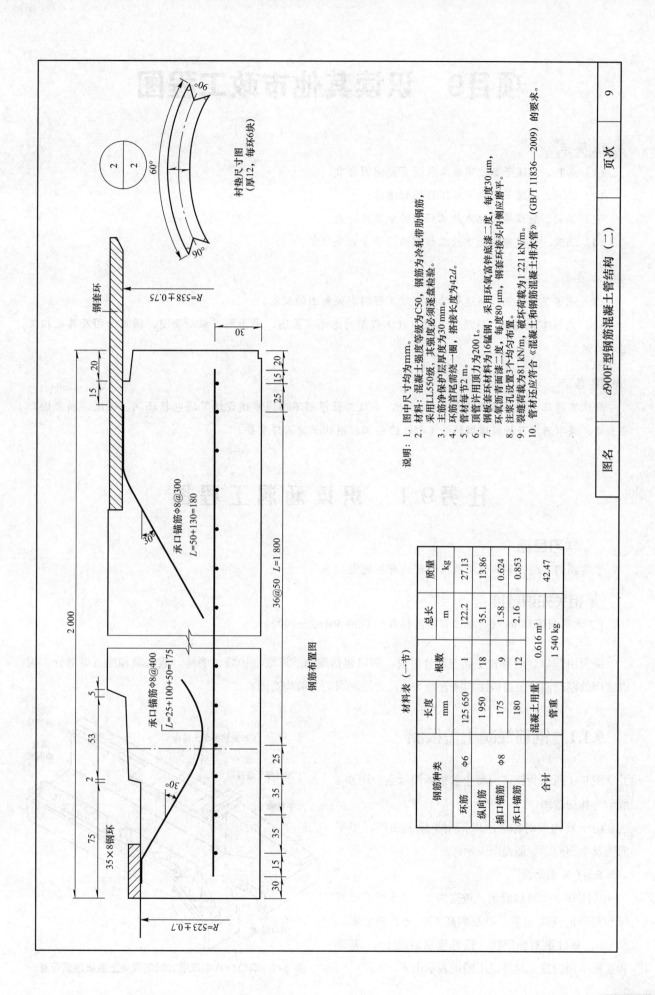

钢筋布置图

衬垫尺寸图
(厚12，每环6块)

说明：
1. 图中尺寸均为mm。
2. 材料：混凝土强度等级为C50，钢筋为冷轧带肋钢筋，
   采用LL550级，其强度必须逐盘检验。
3. 主筋净保护层厚度为30mm。
4. 环筋首尾需统一圈，搭接长度为42d。
5. 管材每节2m。
6. 顶管许用顶力为200 t。
7. 钢板套环材料为16锰钢，采用环氧富锌底漆二度，每度30μm，
   环氧沥青面漆二度，每度80μm，钢套环接头内侧应磨平。
8. 注浆孔设置3个均匀布置。
9. 裂缝荷载为81 kN/m，破坏荷载为1 221 kN/m。
10. 管材还应符合《混凝土和钢筋混凝土排水管》（GB/T 11836—2009）的要求。

材料表（一节）

钢筋种类		长度 mm	根数	总长 m	质量 kg
环筋	Φ6	125 650	1	122.2	27.13
纵向筋	Φ8	1 950	18	35.1	13.86
插口锚筋		175	9	1.58	0.624
承口锚筋		180	12	2.16	0.853
合计					42.47
混凝土用量		0.616 m³			
管重		1 540 kg			

图名	d900F型钢筋混凝土管结构（二）

项目9　识读其他市政工程图

知识要点

（1）涵洞、隧道等其他市政工程图有关制图标准。

（2）涵洞、隧道等其他市政工程图的组成。

（3）涵洞、隧道等其他市政工程图的分类及特点。

（4）涵洞、隧道等其他市政工程图的图示方法及规定。

能力要求

（1）能够了解涵洞、隧道等其他市政工程图有关制图的规定。

（2）能够掌握涵洞、隧道等其他市政工程图的总体布置图、平面图、纵断面图、横断面图及其他相关图示的识读。

新课导入

除城市道路、桥梁及城市管道工程外，市政工程根据不同城市建设情况还包括涵洞、隧道、高架桥、挡土墙、城市通道及垃圾填埋场等工程，这些工程图的识读同样重要。

任务9.1　识读涵洞工程图

学习目标

了解涵洞、隧道等其他市政工程图的有关规定。

相关知识链接

1.2 运用制图标准，《道路工程制图标准》（GB 50162—1992）。

涵洞由洞口、洞身和基础三部分组成。洞口包括端墙或翼墙、护坡、墙基、截水墙和缘石等部分。现以常用的钢筋混凝土盖板涵和圆管涵为例，介绍涵洞的一般构造图。

9.1.1　钢筋混凝土盖板涵

图9-1所示为钢筋混凝土盖板涵洞示意。图9-2所示为其构造图。

由于其构造对称，所以采用半纵剖面图、半平面图及半剖面图、侧面图表示。

1. 半纵剖面图

从图9-2中可以看出，坡度为1∶1.5的八字翼墙和洞身的连接关系，以及洞高120 cm、洞底铺砌20 cm、基础纵断面形状、设计流水坡度1%。基础和盖板所用的建筑材料也用图例表示出来。

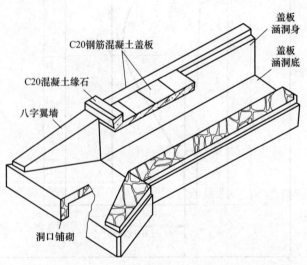

图9-1　洞口为八字翼墙式钢筋混凝土盖板涵洞示意

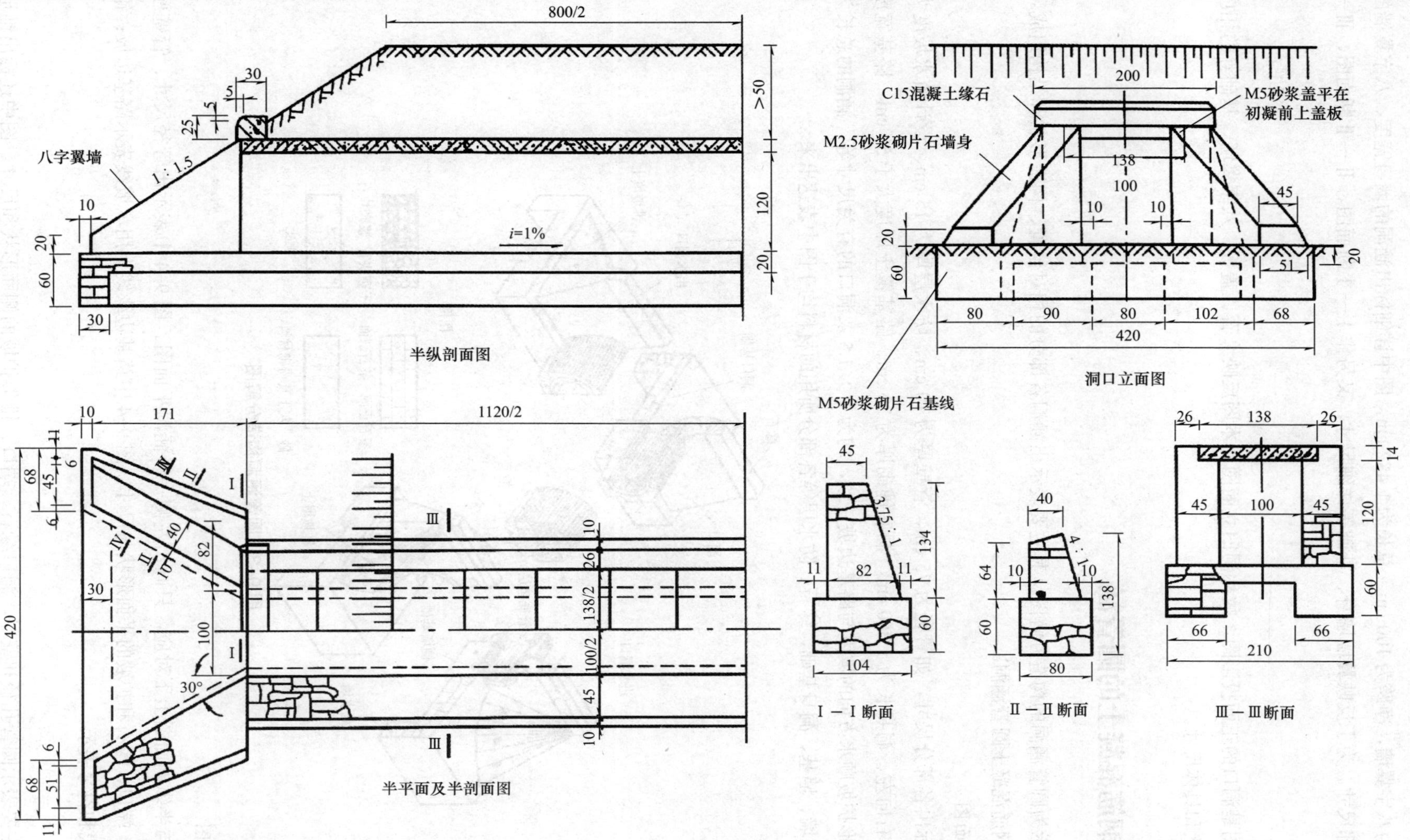
半纵剖面图
八字翼墙
1 : 1.5
i=1%
800/2
洞口立面图
C15混凝土缘石
M5砂浆盖平在
初凝前上盖板
M2.5砂浆砌片石墙身
M5砂浆砌片石基线
半平面及半剖面图
1120/2
Ⅰ－Ⅰ断面
Ⅱ－Ⅱ断面
Ⅲ－Ⅲ断面

说明：1．本图尺寸均以cm计。
2．洞底铺砌用M5砂浆砌筑，盖板用C20钢筋混凝土。
3．基础深度应视实际情况确定，但最小不得小于60 cm。
4．本工程施工时，必须安装好上部构造后才能填土。

图 9-2　盖板涵构造图

2. 半平面及半剖面图

洞口两侧为八字翼墙，净跨为 100 cm，总长为 1 482 cm，图中详细标出涵洞的墙身宽度、八字翼墙的位置及其他细部尺寸。为了反映翼墙墙身、基础等详细尺寸，又另作Ⅰ—Ⅰ断面图、Ⅱ—Ⅱ断面图、Ⅲ—Ⅲ断面图。

3. 侧面图

侧面投影图是洞口的正面投影图，故称洞臼立面图。本图反映缘石、盖板、八字翼墙、基础等的相应位置、侧面形状和具体尺寸。

9.1.2　钢筋混凝土的圆管涵

图 9-3 所示为圆管涵洞的构造分解图。其主要表示出涵洞各部分的相对位置、构造形状和结构组成。图 9-4 所示为钢筋混凝土圆管涵洞。

1. 半纵剖面图

图 9-4 中标出各部分尺寸，如管径为 75 cm、管壁厚为 10 cm、防水层厚为 15 cm、设计流水坡度为 1%，其方向自右向左、洞身长为 1 060 cm、洞底铺砌厚为 20 cm、路基覆土厚度大于 50 cm、路基宽度为 800 cm、锥形护坡顺水方向的坡度与路基边坡一致，均为 1 : 1.5 及洞口的有关尺寸等。涵洞的总长为 1 335 cm。截水墙、墙基、洞身基础、缘石、防水层等各部分所用的材料均于图中表达出来。

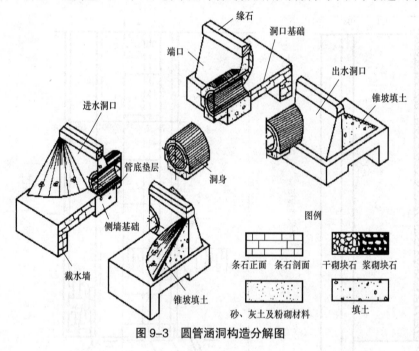

图 9-3　圆管涵洞构造分解图

2. 半平面图

半平面图与半纵剖面图上下对应，只画出左侧一半涵洞平面图。图 9-4 中表示出管径尺寸、管壁厚度、洞口基础、端口、缘石和护坡的平面形状与尺寸。图 9-4 中路基边缘线上用示坡线表示路基边坡；锥形护坡用图例线和符号表示。

3. 侧面图

图 9-4 中主要表示圆管孔径和壁厚、洞口缘石、端口、锥形护坡的侧面形状和尺寸。图中还标出锥形护坡横向坡度为 1 : 1 等。另外，图中还附有一端洞口工程数量表。

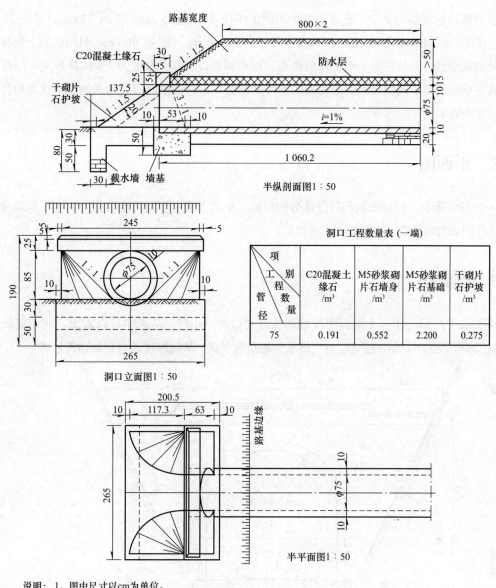

说明：1. 图中尺寸以cm为单位。
      2. 洞口工程数量指一端，即一个进水口或一个出水口。

图9-4　钢筋混凝土圆管涵洞构造图

任务9.2　识读隧道工程图

学习目标

了解隧道工程图的有关规定。

相关知识链接

1.2 运用制图标准，《道路工程制图标准》（GB 50162—1992）。

9.2.1　正立面图

图 9-5（a）所示为端墙式隧道洞门三投影图。正立面图反映洞门墙的式样，洞门墙上面高出的部分为

顶帽，表示出洞口衬砌断面类型，它是由两个不同的半径（$R = 385$ cm 和 $R = 585$ cm）的三段圆弧和两直边墙所组成的，拱圈厚度为 45 cm。洞口净空尺寸高为 740 cm，宽为 790 cm；洞门墙的上面有一条从左往右方向倾斜的虚线，并标注有 $i = 0.02$ 的箭头，这表明洞口顶部有坡度为 2% 的排水沟，用箭头表示流水方向。其他虚线反映了洞门墙和隧道底面的不可见轮廓线。它们被洞门前面两侧路基边坡和公路路面遮住，所以用虚线表示。

9.2.2　平面图

如图 9-5（b）所示，仅画出洞门外露部分的投影，平面图表示了洞门墙顶帽的宽度，洞顶排水沟的构造及洞门口外两边沟的位置（边沟断面未示出）。

9.2.3　剖面图

如图 9-5（c）所示，Ⅰ—Ⅰ剖面图仅绘制靠近洞口的一小段，从图中可以看出，洞门墙倾斜坡度为 10 : 1，洞门墙厚度为 60 cm，还可以看到排水沟的断面形状、拱圈厚度及材料断面符号等。

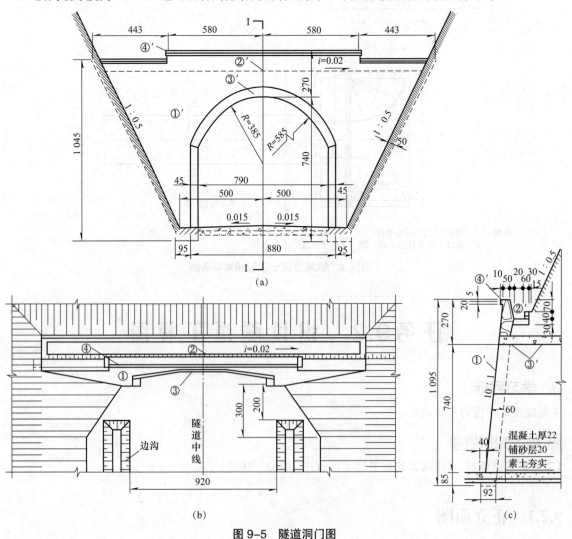

图 9-5　隧道洞门图

（a）正立面图；（b）平面图；（c）Ⅰ—Ⅰ剖面图

任务9.3 识读高架桥工程图

学习目标

了解高架桥工程图的有关规定。

相关知识链接

1.2 运用制图标准，《道路工程制图标准》（GB 50162—1992）。

图 9-6 ～图 9-8 所示为某高架桥其中一段预应力混凝土现浇箱梁构造图，主要有立面图、横断面图及梁体一般构造图。

9.3.1 高架立面图

图 9-6 所示的高架桥立面图表示高架的立面形式，主要表现高架跨径布置、标高及相交道路情况，图中所示范围高架跨径布置为三联连续梁，分别为 5×25 m 五孔一联、25 m+ 40 m+25 m 三孔一联及 25 m+30 m+25 m 三孔一联；其中 40 m 跨径处横跨 ×× 路；高架路面标高、地面标高及高架纵坡可以从下面表格中了解到。

9.3.2 高架横断面图

图 9-7 所示的高架横断面图表示高架横向布置及与地面道路的相互位置等情况，从图可知高架总宽为 36 m，箱梁下缘宽度为 29 m，两侧悬臂段长为 3.5 m；高架上部结构采用单箱多室等截面预应力混凝土现浇箱梁，桥梁下部结构采用实体墩，桩接承台。从图中还可了解高架与地面道路相互关系，高架桥墩布置于道路机非隔离带及中央绿化带上。

9.3.3 连续梁一般构造图

如图 9-8 所示，梁体一般构造图由平面图及支点断面图表示，由于左右对称一般只表示 1/2 跨。一般构造图可了解箱梁外形及内部尺寸构造，图中可知箱梁共 11 室，为直腹板，中腹板从距横梁 4 m 处开始由厚 30 cm 逐渐加厚至 50 cm，主要考虑梁体中预应力筋的锚固；边腹板为 50 cm。

垃圾填埋场为防止顶面与底部渗漏需设置封顶层及防渗层。封顶层通常由矿物质密封层、排气层和排水层及地表土层，如图 9-6 所示。防渗层是指使用膨润土或 HDPE 膜等铺设而成的复合防渗层，如图 9-7 和图 9-8 所示。

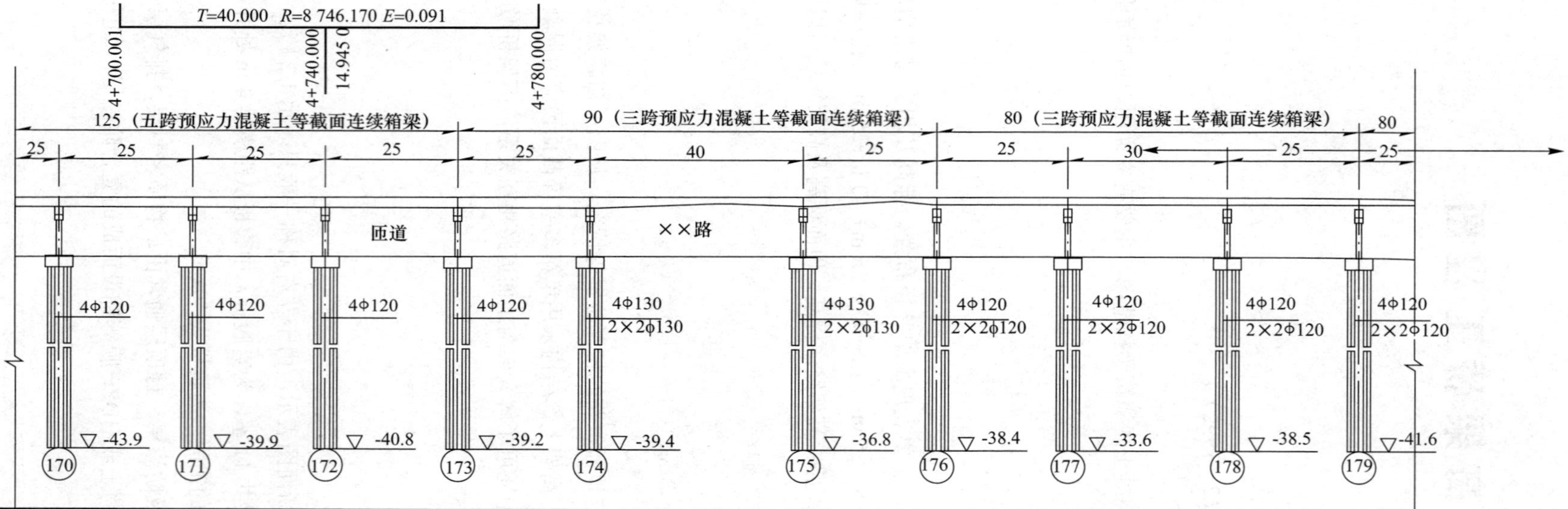

设计中心路线											
	坡度及距离	0.330% 320.000									
	高架路面标高	15.238	15.104	15.036	15.040	15.110	15.242	15.324	15.407	15.505	15.588
地面标高		4.254	4.176	4.252	4.328	4.405	4.526	4.603	4.679	4.723	4.658
桩号		4+690.000	4+715.000	4+740.000	4+765.000	4+790.000	4+830.000	4+855.000	4+880.000	4+910.000	4+935.000
直线曲线交叉口		直线 L=225.894				4+810.165					直线 L=252.045

说明：本图单位：标高（黄海高程系，下均同），桩号以m计。

图9-6　高架桥立面图

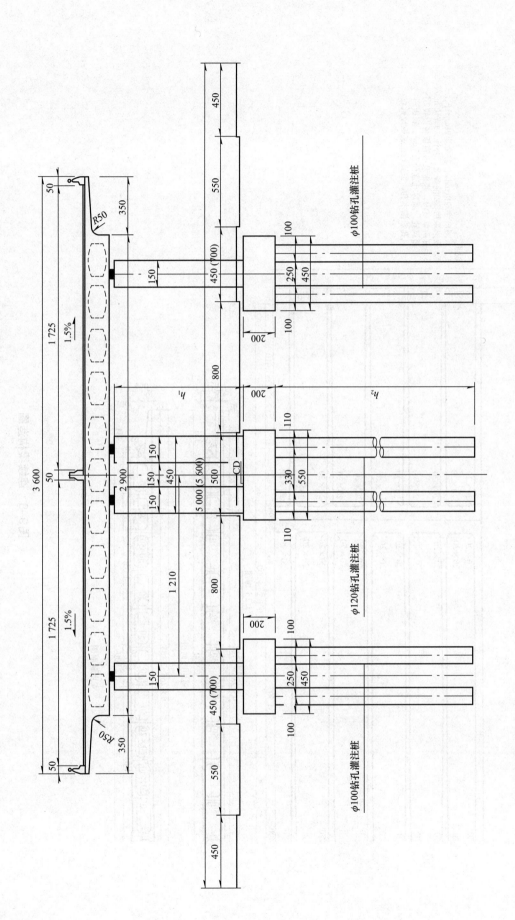

图9-7 高架横断面图

说明：
1. 本图尺寸单位以cm计。
2. 本图适用于36 m宽桥面。

233

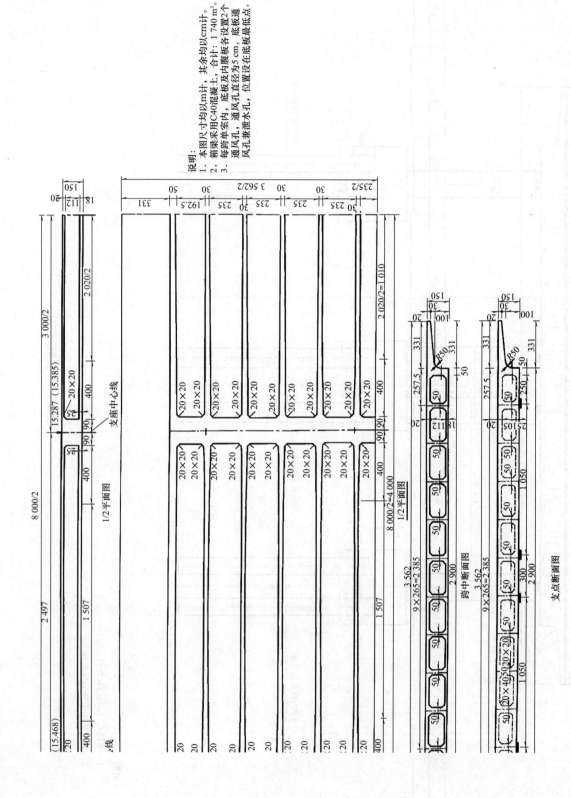

说明：
1. 本图尺寸均以m计，其余均以cm计。
2. 箱梁采用C40混凝土，底板及内腹板各设置2个，合计：1 740 m³。
3. 每跨单室内，通风孔直径为5 cm，底板通风孔兼泄水孔，位置设在底板最低点。

图 9-8　连续梁构造图

234

任务9.4　识读挡土墙工程图

学习目标

了解挡土墙工程图的有关规定。

相关知识链接

1.2 运用制图标准,《道路工程制图标准》(GB 50162—1992)。

挡土墙是用来支撑天然边坡和人工填土边坡以保持土体稳当的构筑物。挡土墙包括基础、墙身和排水设施。挡土墙的结构类型见表9-1。挡土墙基础的基础形式如图9-9所示。

表 9-1　挡土墙的结构形式分类表

类型	结构示意图	特点及适用范围
重力式	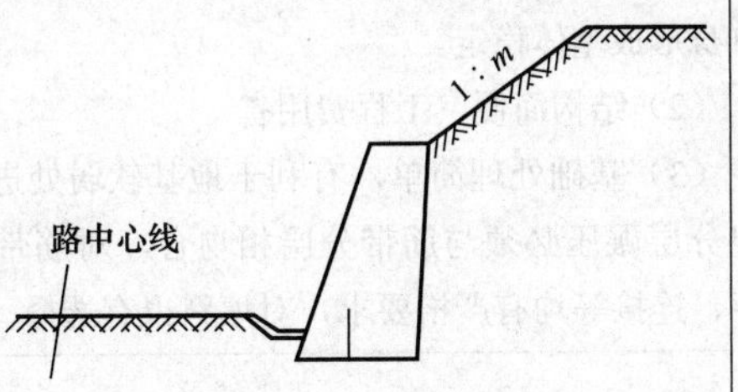	(1)依靠墙身自重抵挡土压力作用。 (2)一般用浆砌片石砌筑,缺乏石料地区可用混凝土浇筑。 (3)形式简单、取材容易、施工简便。 (4)浆砌重力式墙一般不高于8 m。用在地基底好、非地震和不受水冲的地点。 (5)非冲刷地区也可采用干砌
钢筋混凝土悬臂式	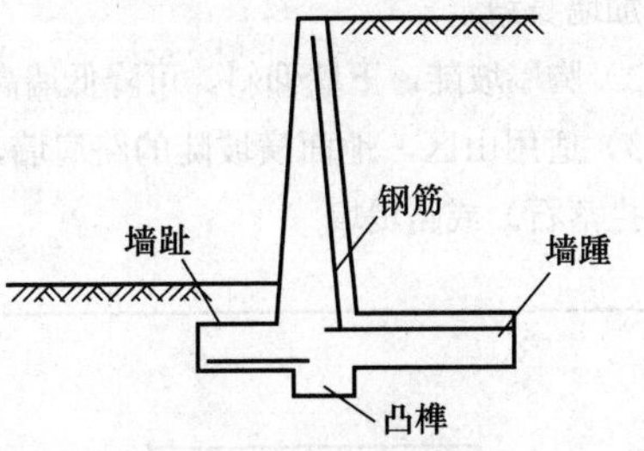	(1)采用钢筋混凝土材料,由立壁、墙趾板、墙踵板三部分组成。 (2)墙高时,立壁下部的弯矩大,费钢筋,不经济。 (3)适用石料缺乏地区及挡土墙不高于6 m地段,当墙高大于6 m时,可在墙前加扶壁(前垛式)
钢筋混凝土扶壁式挡土墙	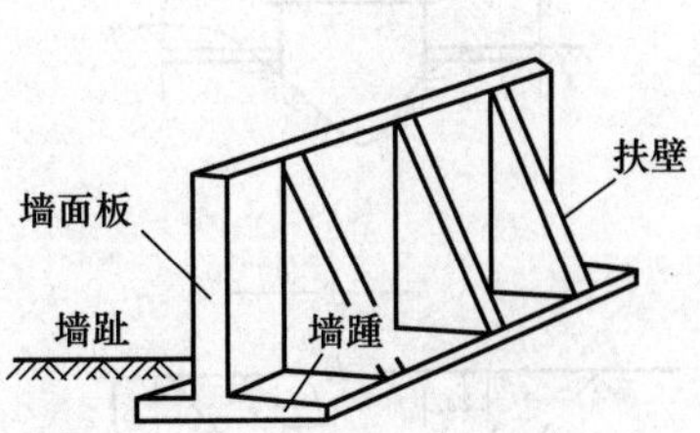	沿墙长,隔相当距离加筑肋板(扶壁)使墙面板与墙踵板连接,此悬臂式受力条件好,在高墙时较悬臂式经济
带卸荷板的柱板式	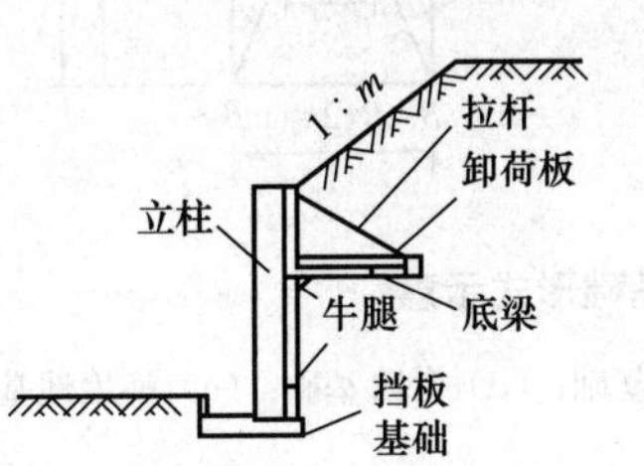	(1)由立柱、底梁、立杆、档板和基础座组成,借卸荷板上的土重平衡全墙。 (2)基础开挖较悬臂式少。 (3)可预制拼装,快速施工。 (4)适用路堑墙,特别适用支挡土质路堑高边坡或外理边坡坍滑

235

类型	结构示意图	特点及适用范围
锚杆式	岩层分界面 岩石 土 肋柱 预制挡块 锚杆	（1）由肋柱、挡板、锚杆组成，靠锚杆锚固在岩体内拉住肋柱。 （2）适用于石料缺乏、挡土墙超过 12 m，或开挖基础有困难地区，一般置于路堑墙。 （3）锚头为楔缝式或砂浆锚杆
自立式（尾杆式）	立柱 预制挡板 土 岩层分界面 岩石 拉杆（尾杆） 锚定块	（1）由拉杆、挡板、立柱、锚定块组成，靠填土本身和拉杆锚定块形成整体稳定。 （2）结构轻便，工程量节省，可以预制、拼装、快速施工。 （3）基础处理简单，有利于地基软弱处进行填土施工，但分层碾压须慎重，土也要有一定选择
加筋土式	1：m 拉筋 墙面 基础	（1）由加筋体墙面、筋带和加筋体填料组成，靠加筋体自身形成整体稳定。 （2）结构简便，工程费用省。 （3）基础处理简单，有利于地基软弱处进行填土施工，但分层碾压必须与筋带分层相吻合，对筋带强度、耐腐蚀性、连接等均有严格要求，对填料也有选择
衡重式	上墙 衡重台 下墙	（1）上墙利用衡重台上填土的下压作用和全墙重心的后移增加墙身稳定。 （2）胸墙坡陡，下墙仰斜，可降低墙高，减少基础开挖。 （3）适用山区，地面横坡陡的路肩墙，也可用于路堑墙（兼拦落石）或路堤墙

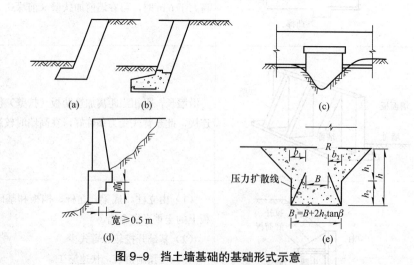

图 9-9　挡土墙基础的基础形式示意

（a）加宽墙趾；（b）钢筋混凝土底板；（c）拱形基础；（d）台阶基础；（e）换填地基

挡土墙的墙身有墙背、墙面、墙顶和护栏。重力式挡土墙的断面形式如图 9-10 所示。

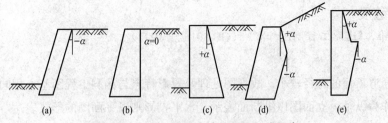

图 9-10 重力式挡土墙的断面形式示意

(a)仰斜；(b)垂直；(c)俯斜；(d)凸形折线式；(e)衡重式

挡土墙排水设施的泄水孔与排水层如图 9-11 所示。

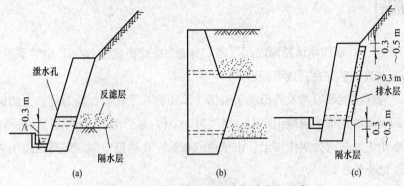

图 9-11 挡土墙的泄水孔与排水层示意

道路挡土墙正面图一般注明了各特征点的桩号，以及墙顶、基础顶面、基底、冲刷线、冰冻线、常水位线或设计洪水位的标高等，如图 9-12 所示。

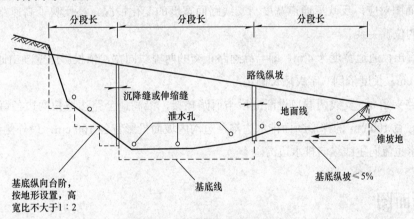

图 9-12 道路挡土墙正面示意

挡土墙平面图还注明伸缩缝及沉降缝的位置、宽度、基底纵坡、路线纵坡等。挡土墙还注明泄水孔的位置、间距孔径等。

挡土墙横断面图一般要说明墙身断面形式、基础形式和埋置深度、泄水孔等。

任务9.5 识读城市通道工程图

学习目标

了解城市通道工程图的有关规定。

1.2 运用制图标准,《道路工程制图标准》(GB 50162—1992)。

因为城市过街通道工程的跨径较小,故视图处理及投影特点与涵洞工程图基本相同。所以,一般是以过街通道洞身轴线作为纵轴,立面图以纵断面表示,水平投影则以平面图的形式表达,投影过程中同时连同通道支线道路一起投影,从而比较完整地描述了通道的结构布置情况。图 9-13 所示为某城市的过街通道布置图。

9.5.1　立面图

从图 9-13 可以看出,立面图用纵断面取而代之,高速公路路面宽为 26 m,边坡采用 1∶2,通道净高为 3 m,长度为 26 m 与高速路同宽,属明涵形式。

洞口为八字墙,为顺接支线原路及外形线条流畅,采用倒八字翼墙,既起到挡土防护作用,又保证了美观。洞口两侧各 20 m 支线路面为混凝土路面,厚度为 20 cm,以外为 15 cm 厚砂石路面,支线纵向用 2.5% 的单坡,汇集路面水于主线边沟处集中排走。由于通道较长,在通道中部,即高速路中央分隔带设有采光井,以利于通道内采光透亮之需。

9.5.2　平面图

平面图与立面图对应,反映了通道宽度与支线路面宽度的变化情况,还反映了高速路的路面宽度及与支线道路和通道的位置关系。

从平面可以看出,通道宽度为 4 m,即与高速路正交的两虚线同宽,依投影原壁画出通道内壁轮廓线。通道帽石宽为 50 cm,长度依倒八字翼墙长确定。

通道与高速路夹角 α,支线两洞口设渐变段与原路顺接,沿高速公路边坡角两边各留出 2 m 宽的护坡道,其外侧设有底宽 100 cm 的梯形断面排水边沟,边沟内坡面投影宽各 100 cm,最外侧设 100 cm 宽的挡堤,支线路面排水也流向主线纵向排水边沟。

9.5.3　断面图

在图纸最下边还给出了半Ⅰ—Ⅰ、半Ⅱ—Ⅱ的合成剖面图,显示了右侧洞口附近剖切支线路面及附属构造物断面的情况。其混凝土路面厚为 20 m、砂垫层 3 cm、石灰土厚 15 cm、砂砾垫层 10 cm。为使读图方便,还给出半洞身断面与半洞口断面的合成图,可以知道该通道为钢筋混凝土箱涵洞身,倒八字翼墙。

通道洞身及各构件的一般构造图及钢筋结构图与前面介绍的桥涵图类似,这里不再重述。该过街通道的洞身钢筋混凝土构造表示方法如图 9-14 所示。

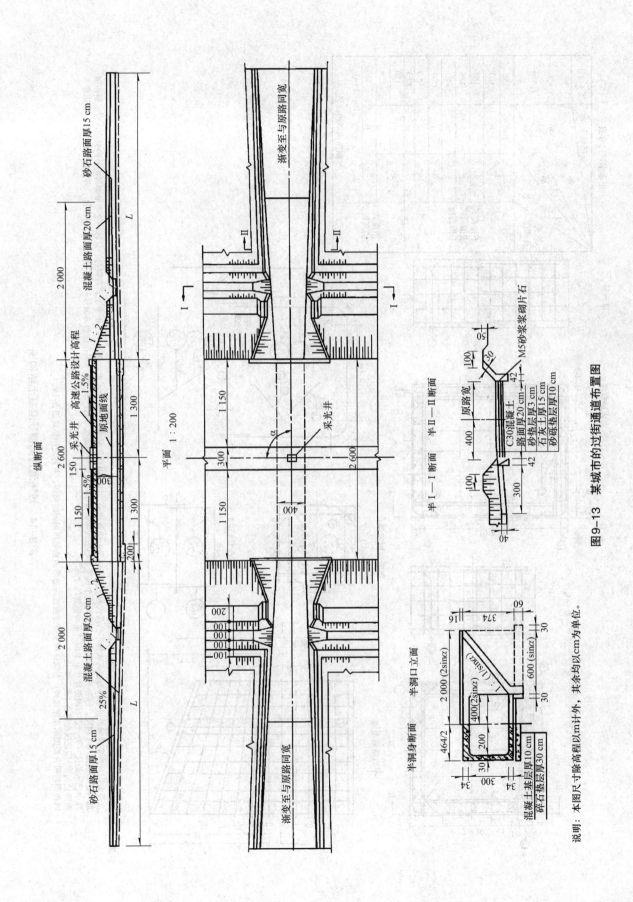

纵断面

砂石路面厚15 cm

混凝土路面厚20 cm

高速公路设计高程
1.5%

采光井

原地面线

1.5%

1:2

砂石路面厚15 cm

混凝土路面厚20 cm

25%

2 000   2 600   2 000

1 300   150   1 150   1 150   1 300

200

300

L   L

平面 1:200

渐变至与原路同宽

采光井

α

1 150   300   1 150

2 600

400

II   II

I   I

渐变至与原路同宽

200
100
100
100

半 I—I 断面   半 II—II 断面

原路宽

400   原路宽

100   100

30

50

M5砂浆浆砌片石

42

C30混凝土
路面厚20 cm

砂垫层厚3 cm

石灰土厚15 cm

砂砾垫层厚10 cm

300   42

40

半洞身断面   半洞口立面

2 000 (2sinα)

400(2sinα)   600 (sinα)

L (1/sinα)

464/2   200

30   300   30

34   34

混凝土基层厚10 cm

碎石基层厚30 cm

16

374

60

30   30

图9-13 某城市的过街通道布置图

说明：本图尺寸除高程以m计外，其余均以cm为单位。

239

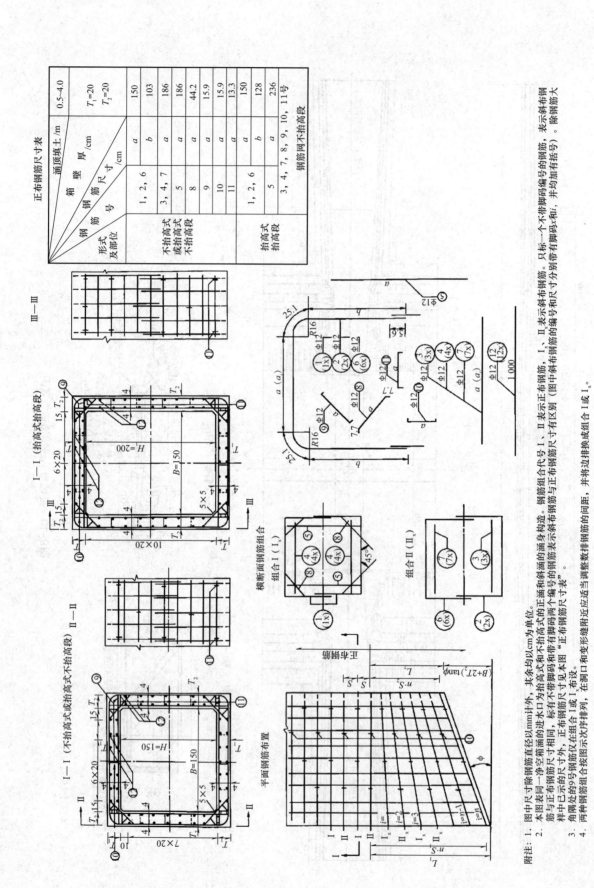

正布钢筋尺寸表

钢筋号	涵顶填土/m	0.5~4.0	
	箱 壁 厚/cm	$T_1=20$	
		$T_2=20$	
形式及部位	钢筋号	钢筋尺寸/cm	
不抬高式或抬高不抬高高段	1, 2, 6	a	150
		b	103
	3, 4, 7	a	186
	5	a	186
	8	a	44.2
	9	a	15.9
	10	a	15.9
	11	a	13.3
抬高式抬高高段	1, 2, 6	b	150
		a	128
	5	a	236
钢筋网不抬高段	3, 4, 7, 8, 9, 10, 11号		

Ⅲ—Ⅲ

Ⅰ—Ⅰ（抬高式抬高高段）

横断面钢筋组合

组合Ⅰ（Ⅰₓ）

组合Ⅱ（Ⅱₓ）

Ⅱ—Ⅱ

Ⅰ—Ⅰ（不抬高式或抬高不抬高高段）

平面钢筋布置

图9-14 过街通道的钢筋混凝土结构图

附注：1. 图中尺寸除钢筋直径以mm计外，其余均以cm为单位。

2. 本图表同一净空箱涵的进水口不抬高式和不抬高高段，标有不带脚码和带有脚码的钢筋两个编号，正布钢筋仅见本图"正布钢筋尺寸表"。钢筋组合代号Ⅰ、Ⅱ表示正布钢筋，Ⅰₓ、Ⅱₓ表示斜布钢筋。钢筋组合Ⅰ、Ⅱ表示正布钢筋。Ⅰ、Ⅱ表示正布钢筋与斜布钢筋表示斜布钢筋。只标一个不带脚码编号。钢筋尺寸有区别（图中斜布钢筋表示斜布钢筋的编号x和，并均加带有括号。除钢筋大样与正布钢筋的尺寸相同，标有不带脚码和带有脚码的编号x分别带有脚码x和，并均加带有括号。除钢筋大样与正布钢筋尺寸相同，正布钢筋与斜布钢筋正布钢筋表示斜布钢筋的编号和尺寸分别带有括号。

3. 两种钢筋组合按图示次序排列，并将边相邻钢筋的间距，在涵口和变形缝附近应适当调整数附近钢筋，并将边排换成组合Ⅰ或Ⅰₓ。角隅处的9号钢筋放在组合Ⅰ或组合Ⅱ布设。

4. 两种钢筋组合按图示次序排列，在涵口和变形缝附近应适当调整数排列钢筋，并将边排换成组合Ⅰ或Ⅰₓ。

任务9.6 识读垃圾填埋场工程图

学习目标

了解垃圾填埋场工程图的有关规定。

相关知识链接

1.2 运用制图标准,《道路工程制图标准》(GB 50162—1992)。

垃圾填埋场的基本组成如图 9-15 所示。

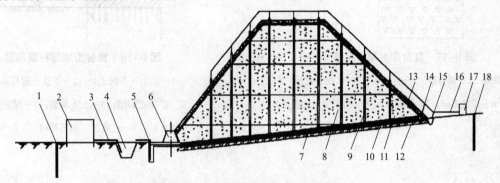

图 9-15 垃圾填埋场的基本组成

1—地下水监测井;2—污水处理厂;3—污水输送管道;4—污水调节池;5—污水集液井;6—垃圾坝;7—渗滤液收集管;8—垃圾填埋层;9—填埋气体导排井;10—渗滤水导流层;11—防渗层(包括隔水层、土工布保护层);12—场底垫层;13—覆盖隔水层;14—覆盖土层;15—雨水沟;16—填埋气体输送管;17—填埋气体抽取站及回收利用设施;18—气体监测井

垃圾填埋场为防止顶面与底部渗漏需设置封顶层及防渗层。封顶层通常由矿物质密封层、排气层和排水层及地表土层成,如图 9-16 所示。

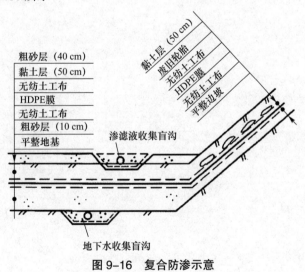

图 9-16 复合防渗示意

防渗层是指使用膨润土或 HDPE 膜等铺设而成的复合防渗层,如图 9-17 和图 9-18 所示。

241

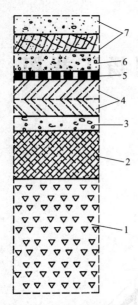

图 9-17　复合型封顶层示意

1—垃圾堆积体；2—调整层；3—排气层；4—矿物密封层；5—土
工薄膜；6—排放系统；7—恢复断面（包括底层土和表土）

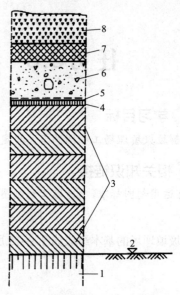

图 9-18　复合型底部衬层示意

1—老土（下沃土）；2—下沃土层标高；

3—矿物密封层；4—土工薄膜；5—保护层；

6—排水层；7—过液层（如需要时）；8—废弃物

项目10　CAD绘制工程图

任务 10.1　认识 AutoCAD 2010

学习目标

了解 AutoCAD 2010 的操作界面及基础功能。

相关知识链接

1.2 运用制图标准，《道路工程制图标准》（GB 50162—1992）。

10.1.1　CAD 2010 简介

AutoCAD 2010 于 2009 年 3 月 23 日发布，其中除原有强大的绘图功能外，引入了全新功能，其中包括自由形式的设计工具，参数化绘图等，并加强 PDF 格式的支持。

另外，AutoCAD 2010 提供 32 位、64 位两个版本。

更多的介绍读者可以根据需要上网查询，此处不再赘述。

10.1.2　AutoCAD 2010 操作界面及基本功能

目前，关于 AutoCAD 2010 的操作和功能教程在网上已经非常丰富及完善，在此只做简单的展示。操作界面如图 10-1 所示。

常用的 CAD 功能包括以下几项：

（1）平面绘图功能：能以多种方式创建直线、圆、椭圆、多边形、样条曲线等基本的图形对象。

（2）绘图辅助工具：AutoCAD 提供了正交、对象捕捉、极轴追踪、捕捉追踪等绘图辅助工具。

（3）编辑图形：AutoCAD 具有强大的编辑功能，可以移动、复制、旋转、阵列、拉伸、延长、修剪、缩放对象等。

（4）标注尺寸：可以创建多种类型的尺寸，标注外观可以自行设定。

（5）书写文字：能书写文字，可设定字体、倾斜角度及缩放比例等属性。

（6）图层管理功能：图形对象都位于某一图层上，可设定图层的颜色、线型、线宽等特性。

（7）三维绘图：可创建 3D 实体及表面模型，能对实体本身进行编辑。

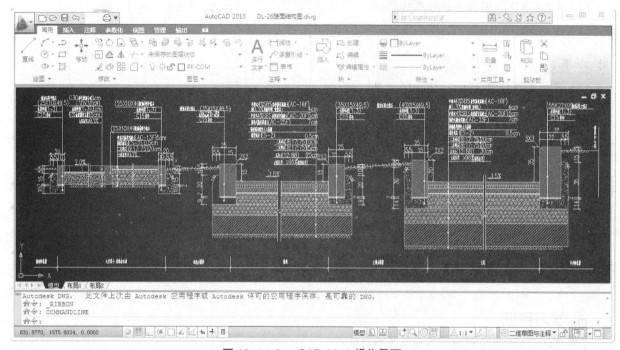

图 10-1 AutoCAD 2010 操作界面

任务10.2 AutoCAD绘制市政工程构件

学习目标

熟练应用 AutoCAD 2010 绘制市政工程构件。

相关知识链接

1.2 运用制图标准，《道路工程制图标准》（GB 50162—1992）。

10.2.1 绘制空心板梁中板断面图

操作步骤如下：

（1）使用直线命令 LINE 绘制空心板梁的外轮廓（步骤略）。

（2）绘制图 10-2 所示空心板梁中的圆孔。

在命令提示行输入圆的绘制命令 CIRCLE（命令缩写 C）后按 Enter 键，然后根据 AutoCAD 2010 提示进行如下操作：

命令：circle ←输入命令，按 Enter 键

指定圆的圆心或［三点 (3p) / 两点 (2p) / 相切、相切，半径 (T)］：

←打开对象捕捉中的"交点"捕捉工具，使用鼠标捕捉到点画线交点位置，单击鼠标左键，确定圆心位置

指定圆的半径或［直径 (D)］：d

←输入选项参数"D"，按 Enter 键，使用"圆心—直径"方式绘制圆

指定圆的直径：60 ←输入圆的直径"60"，按 Enter 键，完成圆的绘制

完成结果如图 10-2 所示。

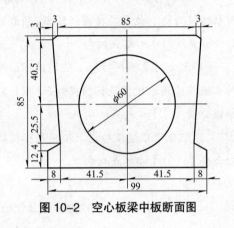

图 10-2　空心板梁中板断面图

10.2.2　绘制桩柱式桥墩立面图

下面以图 10-3 所示的桥墩桩基础部分断开界面绘制为例说明样条曲线命令 SPLINE 的使用方法。

操作步骤如下：

（1）使用直线命令 LINE 绘制桥墩桩基础部分轮廓线，如图 10-4（a）所示。

（2）使用直线命令 LINE 分别绘制辅助线段 *AB*、*BC*、*DE*、*EF*、*GH*、*HI*，如图 10-4（b）所示，桩基础下半部分辅助线按同样方式绘制。

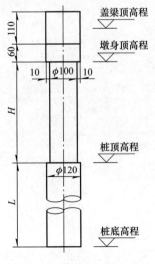

图 10-3　桩柱式桥墩立面图

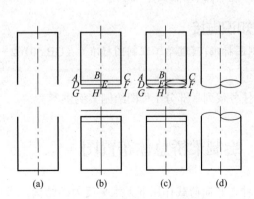

图 10-4　绘制断开界面的步骤

（3）使用样条曲线绘制波浪线。打开对象捕捉辅助功能选项，选择"端点""中点"捕捉方式。在命令提示行输入样条曲线绘制命令 SPLINE （命令缩写 SPL）后按 Enter 键，然后根据 AutoCAD 2010 的提示进行如下操作：

命令：spline← 输入样条曲线绘制命令，按 Enter 键

指定第一个点或 [对象 (O)]：

             ←配合对象捕捉功能，使用鼠标捕捉到 D 点，单击鼠标左键确认

指定下一点：   ←配合对象捕捉功能，使用鼠标捕捉到 GH 段线段的中点，单击鼠标左键确认

指定下一点或 [闭合 (C) / 拟合公差 (F)] ＜起点切向＞：

             ←配合对象捕捉功能，使用鼠标捕捉到 E 点，单击鼠标左键确认

指定下一点：   ←配合对象捕捉功能，使用鼠标捕捉到 BC 段线段的中点，单击鼠标左键确认

指定下一点或 [闭合 (C) / 拟合公差 (F)] ＜起点切向＞：

             ←配合对象捕捉功能，使用鼠标捕捉到 F 点，单击鼠标左键确认

指定下一点：   ←配合对象捕捉功能，使用鼠标捕捉到 HI 段线段的中点，单击鼠标左键确认

指定下一点或 [闭合 (C) / 拟合公差 (F)] ＜起点切向＞：

             ←配合对象捕捉功能，使用鼠标捕捉到 E 点，单击鼠标左键确认

指定下一点或 [闭合 (C) / 拟合公差 (F)] ＜起点切向＞：

             ←按 Enter 键，完成点的指定

指定起点切向：   ←直接按 Enter 键，完成起点的切向的指定

指定端点切向：   ←直接按 Enter 键，完成起点的切向的指定，并结束波浪线绘制

绘制完成的结果如图 10-4（c）所示。

（4）重复步骤（3）工作，绘制桩基础下半部分的波浪线，注意指定点的顺序。完成后将辅助线删除，即可得到图 10-4（d）所示的结果。

在这里仅列举两个构件工程图绘制案例，读者利用本书中图纸实例，多做练习。

任务10.3　CAD绘制市政工程图

🧰 学习目标
应用 CAD 绘制市政工程图。

⌨ 相关知识链接
1.2 运用制图标准，《道路工程制图标准》（GB 50162—1992）。

同样，本任务仅列举部分工程图绘制案例供参考。

10.3.1　绘制梁桥总体布置图

梁桥是一种在竖向荷载作用下无水平反力的结构，常见的有钢筋混凝土简支梁、连续梁桥等。某简支梁桥总体布置图如图 10-5 所示，由立面图、平面图、横断面图组成，也同样为半剖面图。

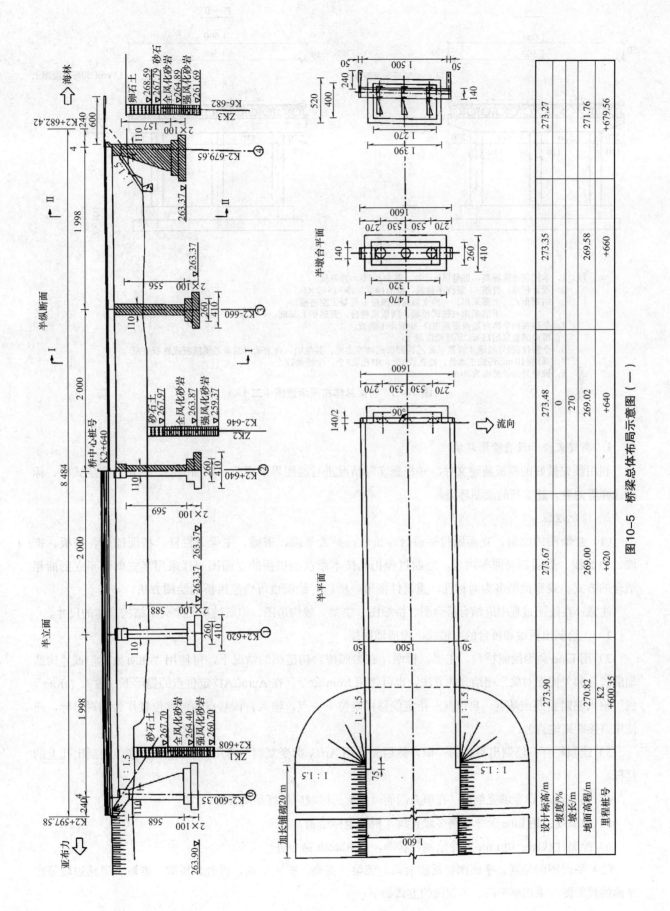

图10-5 桥梁总体布局示意图（一）

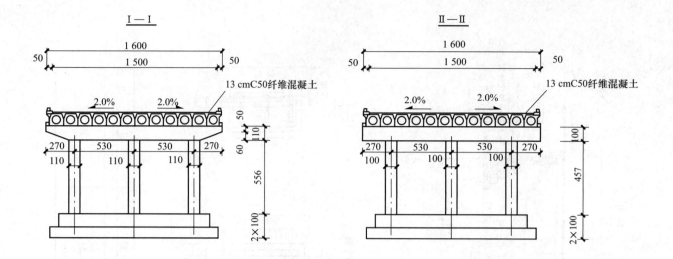

注：1. 本图尺寸除标高、桩号以m计外，其余均以cm为单位。
    2. 设计标准：公路－Ⅰ级汽车荷载。桥面净宽：净－15+2×0.5 m。
    3. 结构形式：上部采用20 m简支后张法预应力混凝土空心板；
       下部采用三柱式桥墩，肋板式桥台，天然扩大基础。
    4. 全桥在两个桥台处设置两道D-80型伸缩装置。
    5. 桥面铺装采用13 mC50纤维混凝土。
    6. 全桥仅在2号桥墩上设置三元乙丙圆板式橡胶支座，其他墩、台上采用四氟乙烯圆板式橡胶支座。
    7. 采用φ10 mm铸铁汇水管，边孔设6个，中孔设8个，全桥共28个。
    8. 锥坡外加长铺砌为20 m。

图 10-5　桥梁总体布局示意图（二）

1. 新建文件和设置绘图环境

利用预先做好的模板新建文件，并根据实际情况进行绘图界限更改，添加图层、图块、文字式样、标注式样等内容，建立新的绘图环境。

2. 绘制过程

（1）立面图的绘制。立面图包括桥台、桥墩、扩大基础、盖梁、主梁、栏杆、桥面铺装、搭板、锥坡、地面线、地质剖面图等内容。绘制过程仍然按本章前面拱桥的立面图一样采用半立面和半立剖面相结合的方式。观察此图多为对称性、重复性图形，所以，绘图也可借鉴拱桥的绘图方法。

注意：在绘图过程中应结合桥台图、桥墩图、主梁一般构造图、附属结构图来确定结构具体的尺寸。

1）先绘制出桥墩和桥台的中轴线，构造辅助线。

2）用Line命令绘制桥台、主梁、桥墩，在参照桥台构造图的情况下，可使用"相对坐标"或"构造辅助线"和"捕捉对象"相结合的方法，也可使用from命令（在AutoCAD定位点的提示下，输入"from"，然后输入临时参照或基点。自该基点指定偏移以定位下一点，输入自该基点的偏移位置作为相对坐标，或使用直接距离输入）。

3）绘制栏杆：绘制出栏杆的一根，然后先采用Array命令复制，再用Trim命令剪修，绘制出孔上的栏杆。

4）用Bhatch命令填充剖面（在填充剖面时，所选区域应最好是闭合的）。

5）地面线：用Line命令绘制多段直线（根据坐标绘制）。

6）绘制柱状图：用Line命令绘制柱状图，用Bhatch命令进行填充。

（2）平面图的绘制。平面图包括桥面系、盖梁、支座、扩大基础、桥台、桥墩、锥坡、道路边坡等在平面的投影图。采用半平面、半剖面的方式如下：

1）绘制全桥的中轴线和构造辅助线。

2）半平面图只反映桥面、锥坡、道路边坡的情况，用 Line 命令绘制。

3）墩台平面绘制：用 Line 命令和 Circle 命令绘制。

（3）横断面剖面图Ⅰ—Ⅰ、Ⅱ—Ⅱ的绘制。

1）绘制桥墩基础、墩柱、盖梁及墩柱的中轴线，构造辅助线。

2）桥墩、桥台用 Wblock 命令定义名为桥墩、桥台的块，为后面绘制提供方便。

3）绘制边梁、中梁并定义块（命名为边梁、中梁）：对边梁用 Mirror 命令进行复制，对中梁用 Copy 命令中的"多重复制"或 Array 命令复制。

4）用 Line 命令绘制栏杆和桥面并对桥面绘制剖面线。

（4）标注。先设置好"标注式样"，在其中选择需要的式样，在标注图层内进行标注。在标注时注意使用"连续标注""基线标注""标注更新"和"编辑标注文字"。

（5）文字输入。从设置好的"文字式样"中选择需要的"式样"，用 Mtext 命令输入即可，文字的大小设置参见前面的说明。

10.3.2　绘制桥墩构造图

桥墩是支承上部结构并将其未来的恒载和车辆等活载再传至地基上，且设置在桥梁中间位置的结构物。图 10-6 所示是某桥墩的构造示意，由立面图、平面图、横断面图组成，同样为半剖面图。

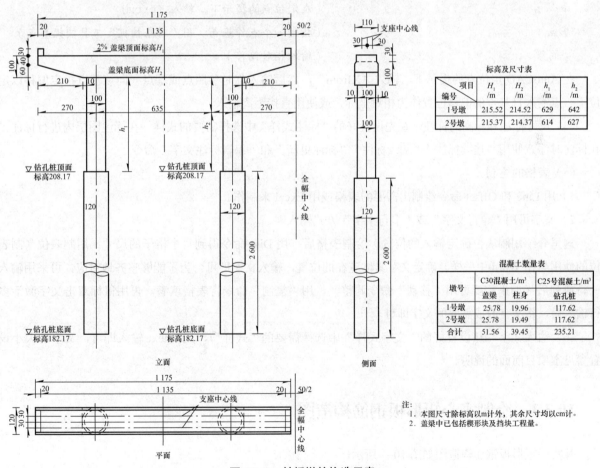

标高及尺寸表

项目 编号	H_1 /m	H_2 /m	h_1 /m	h_2 /m
1号墩	215.52	214.52	629	642
2号墩	215.37	214.37	614	627

混凝土数量表

墩号	C30混凝土/m³		C25号混凝土/m³
	盖梁	柱身	钻孔桩
1号墩	25.78	19.96	117.62
2号墩	25.78	19.49	117.62
合计	51.56	39.45	235.21

注：
1. 本图尺寸除标高以m计外，其余尺寸均以cm计。
2. 盖梁中已包括楔形块及挡块工程量。

图 10-6　某桥墩的构造示意

1. 新建文件和设置绘图环境

利用预先做好的模板新建文件，并根据实际情况进行绘图界限更改，添加图层、图块、文字式样、标注式样等内容，建立新的绘图环境。

2. 绘制过程

桥墩构造图包括立面图、平面图和侧面图三部分。

（1）绘制立面图。立面图包括盖梁、桥墩、钻孔桩、挡块。

1）绘制全桥、桥墩、钻孔桩及盖梁的中心线和构造辅助线。

2）绘制盖梁、桥墩、钻孔桩的轮廓线。由于钻孔桩的长度较大可以使用折断线来表达桩长，但必须在桩底和桩顶加注标高。

（2）绘制平面图。平面图包括全桥、盖梁、桥墩、钻孔桩、支座的中心线。

1）绘制全桥、盖梁、支座的中心线。

2）用 Line 和 Pline 命令绘制桥墩、盖梁、挡块。

（3）绘制侧面图。侧面图包括盖梁、桥墩、钻孔桩、挡块。

1）绘制桥墩、钻孔桩的中心线。

2）用 Line 和 Pline 命令绘制桥墩、盖梁、挡块。

在 AutoCAD 绘图时应使用相对坐标，也可使用自参照点的偏移方法。自参照点的偏移的使用方法如下：

打开"对象捕捉"；

命令：	（在定位点的提示下，输入 Kfrom）
基点：	（指定一个点作基点，用"对象捕捉"工具捕捉基点）
＜偏移＞：	（输入相对偏移）

在 AutoCAD 定位点的提示下，输入"Xfrom"，然后输入临时参照点或基点（向该基点指定偏移以定位下一点输入自基点的偏移位置作为相对坐标，或使用直接距离输入。

（4）尺寸标注和标高的标注。在先设置好的"标注式样"中选择需要的式样，在标注图层内进行标注。在标注时注意使用"连续标注""基线标注""标注更新"和"编辑标注文字"命令。

（5）表格的绘制。

1）用 Line 和 Offset 命令绘制出需要的表格或用 Excel 来制作。

2）文字可用"单行文字"或"多行文字"方式输入。

这里介绍用制表位确定输入的位置。绘制表格后，用 Dist 命令得到每个格子的尺寸；用制表位（制表位的使用与在 Word 中一样）确定文字具体应在的位置，输入文字即可。为了能够整齐地对应，可采用输入一行或列后（如果需要可用"移动"命令调整），用"复制"命令将表格填满，再用鼠标双击文字激活多行输入后，将文字改成需要的文字即可。

（6）输入文字。从设置好的"文字式样"中选择需要的"式样"，用 Mtext 输入即可，文字的大小设置参见本项目前面的说明。

10.3.3　绘制实心矩形板钢筋构造图

某实心矩形板钢筋构造图如图 10-7 所示。

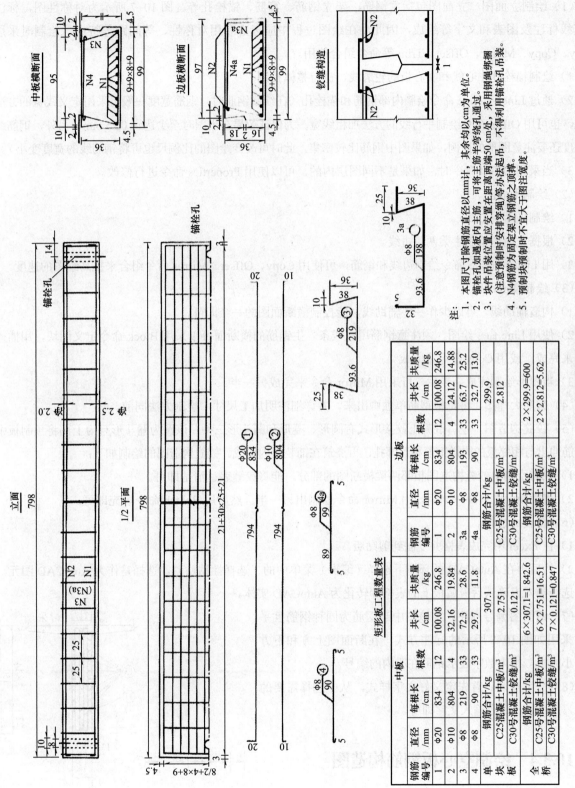

注:
1. 本图尺寸除钢筋直径以mm计, 其余均以cm为单位。
2. 锚栓孔如遇板内主筋, 可将主筋在距板两端50cm处弯半径绕孔通过。
3. 锚栓孔装置位置应安排穿绳等办法起吊, 采用钢绳绑捆块件吊装时定架立架立钢筋之顶方。(注意预制时预制为固定架立架立钢筋之顶方。
4. N4钢筋为固定架立架立钢筋。
5. 预制块预制时不宜大于图注宽度。

矩形板工程数量表

钢筋编号	直径/mm	每根长/cm	根数	共长/cm	共质量/kg
中板					
1	Φ20	834	12	100.08	246.8
2	Φ10	804	4	32.16	19.84
3	Φ8	219	33	72.3	28.6
4	Φ8	90	33	29.7	11.8
单块板 钢筋合计/kg				307.1	
C25号混凝土中板/m³				2.751	
C30号混凝土铰缝/m³				0.121	
全桥 钢筋合计/kg				6×307.1=1 842.6	
C25号混凝土中板/m³				6×2.751=16.51	
C30号混凝土铰缝/m³				7×0.121=0.847	
边板					
1	Φ20	834	12	100.08	246.8
2	Φ10	804	4	24.12	14.88
3a	Φ8	193	33	63.7	25.2
4a	Φ8	90	33	32.7	13.0
钢筋合计/kg				299.9	
C25号混凝土中板/m³				2.812	
C30号混凝土铰缝/m³					
钢筋合计/kg				2×299.9=600	
C25号混凝土中板/m³				2×2.812=5.62	
C30号混凝土铰缝/m³					

图 10-7 矩形板钢筋构造示意

251

1. 新建文件和设置绘图环境

利用模板新建文件，并根据实际情况进行绘图界限更改，添加图层、图块、文字式样、标注式样等内容。

2. 绘制过程

（1）绘制立面图。立面图包括主钢筋、架立钢筋、箍筋、锚栓孔等。图10-7所示为对称性图，标注由直线标注及图表和文字等组成，因此，在绘图过程中应考虑利用对称性、等间距等特点。绘制时采用Array、Copy、Mirror、Offset、Trim等命令组合使用。

1）绘制锚栓孔中心线和实心板的轮廓线，进行整体控制。

2）通过Line或Pline命令绘制内部钢筋和锚栓孔（在绘制钢筋时，钢筋宽度一般可采用定义线宽的方法实现，也可用Offset命令绘制平行线的方法加粗线宽，为保证效果在出图时至少达到0.25 mm。另外，钢筋线的宽度还要注意图形的比例，如果图中钢筋比较密集，此时可改变绘图的比例尺也可将钢筋线的宽度变小）。

3）当采用Offset命令时，如果是不同图层内的，可以使用Properties命令进行修改。

（2）绘制平面图。

1）绘制平面中心线。

2）根据立面图绘制主梁两侧边线。

3）用Line和Pline命令绘制边线和钢筋，可使用Copy、Offset、Mirror命令组合来提高绘图的速度。

（3）绘制横断面图。

1）构造辅助线，可以少作一些辅助线，能控制横断面图的一半即可。

2）使用Line命令绘图，须注意钢筋用粗线条。主钢筋的横断面可以采用Block命令定义图块，用插入图块来完成，或用Copy命令来完成。

3）当图形绘制完成一半后，可采用Mirror命令来完成另一半。

（4）钢筋大样图。将每根钢筋单独画出来，并详细注明加工尺寸，绘制方法同前。

（5）铰缝构造图。企口混凝土铰接形式有圆形、菱形和漏斗形三种。该图为漏斗形且为上部将预制板中的钢筋伸出与相邻板的同样钢筋相互绑扎，再浇筑在铺装层内构成。铰缝构造图的绘制如下：

1）只需绘制出铰缝构造图相邻两梁横断图的部分，能将铰缝表达清楚即可。

2）将横断面图去掉一半后，用Mirror命令绘制出另一半。然后用Bhatch命令填充即可。

（6）图表的绘制。

1）在Excel中完成表格并复制到剪贴版。

2）然后再在AutoCAD的环境下选择（编辑）菜单中的（选择性粘贴），选择是作为AutoCAD图元，然后选择插入点确认后剪贴板上的表格即转化为AutoCAD实体。

（7）钢筋图编号标注。在该图中当钢筋为同种钢筋且平行时采用如图10-8所示的标注方式，在断面图上方和下方画有小方格，格内数字表示钢筋在梁内的编号。

（8）文字输入。首先定义好文字样式，从中选择需要的式样，用Mtext命令输入文字即可。

10.3.4 绘制空心板钢筋构造图

某桥预应力空心板边梁钢筋构造图如图10-9所示。

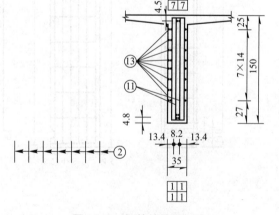

图10-8 钢筋的编号标注

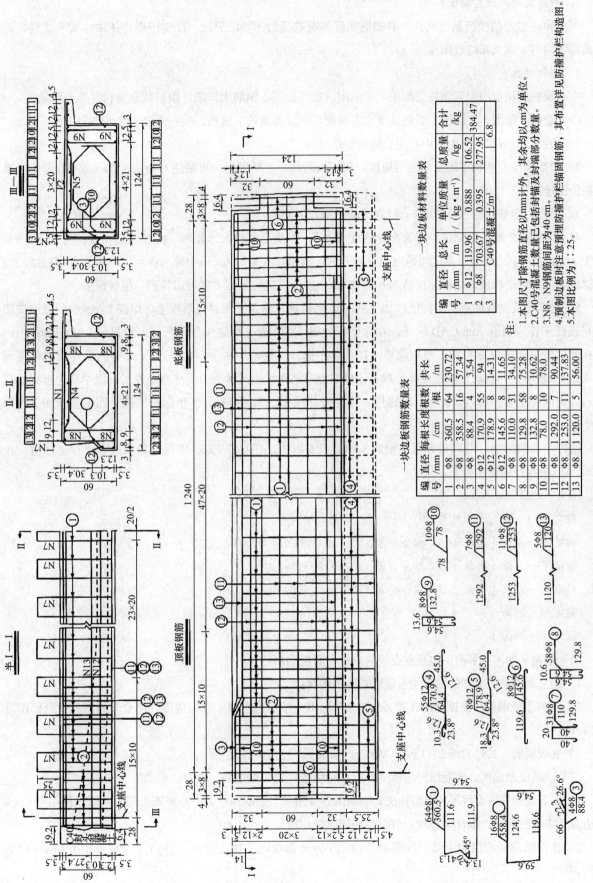

一块边板材料数量表

编号	直径/mm	总长/m	单位质量/(kg·m⁻¹)	总质量/kg	合计/kg
1	Φ12	119.96	0.888	106.52	384.47
2	Φ8	703.67	0.395	277.95	
3	C40号混凝土/m³			6.8	

注：
1. 本图尺寸除钢筋直径以mm计外，其余均以cm为单位。
2. C40号混凝土数量已包括封锚及封端部分数量。
3. N8、N9钢筋间距为40 cm。
4. 预制边板时注意预埋防撞护栏锚固钢筋，其布置详见防撞护栏构造图。
5. 本图比例为1:25。

一块边板钢筋数量表

编号	直径/mm	每根长度/cm	根数/根	共长/m
1	Φ8	360.5	64	230.72
2	Φ8	358.5	16	57.34
3	Φ8	88.4	4	3.54
4	Φ12	170.9	55	94
5	Φ12	178.9	8	14.31
6	Φ12	145.6	8	11.65
7	Φ8	110.0	31	34.10
8	Φ8	129.8	58	75.28
9	Φ8	132.8	8	10.62
10	Φ8	78.0	10	78.0
11	Φ8	1 292.0	7	90.44
12	Φ8	1 253.0	11	137.83
13	Φ8	1 120.0	5	56.00

图10-9 某桥预应力空心板边梁钢筋构造图

1. 新建文件和设置绘图环境

利用预先做好的模板新建文件，并根据实际情况进行绘图界限更改，添加图层、图块、文字式样、标注式样等内容，建立新的绘图环境。

2. 绘制过程

空心板钢筋构造图包括钢筋立面图、平面图、横断面图、钢筋大样图、钢筋数量表和混凝土用量表。

（1）绘制立面图。立面图主要包括预应力钢筋、主受力钢筋、箍筋、架立钢筋、水平纵向钢筋。

1）绘制空心板梁的立面图中心线和构造辅助线。

2）考虑绘图空间和图形重复性的原因，可用折断线。在绘图时，可使用 Copy、Offset 或 Array 命令来提高绘图速度。

3）预应力钢筋的绘制可借用 Excel 在 AutoCAD 中绘制。

4）在 Excel 中输入坐标值。将 X 坐标值放入 A 列，Y 坐标值放入到 B 列，再将 A 列和 B 列合并成 C 列，由于 AutoCAD 中二维坐标点之间是用逗号隔开的，所以，在 C2 单元格中输入：＝A2 &"," SLB2，C2 中就出现了一对坐标值。用鼠标拖动的方法对 C2 中的公式进行复制，就可以得到一组坐标值。

5）选出所需画线的点的坐标值，如上例中 C 列数据，将其复制到剪贴板上，即按 Excel 中的复制按钮来完成此工作。打开 AutoCAD 软件，在命令行处键入 Spline（画曲线命令），出现提示："Objec/："，再在此位置处单击鼠标右键，弹出菜单，在菜单中选择"粘贴"命令，这样，Excel 中的坐标值就传送到了 AutoCAD 中，并自动连接成曲线。单击鼠标右键取消继续画线状态，曲线就画好了。以中线为坐标的起点，方向向左上方。所以，X 坐标可选用一固定坐标减去已知的坐标，Y 坐标可选用一固定坐标加上已知的坐标。

通过上面的方法，可以很方便地绘制各种曲线或折线，并且在 Excel 中很容易修改并保存坐标值。在 AutoCAD 中执行的情况如下：

```
命令 :Spline
指定第一个点或 [正对象 (O)] :830.2,45.8
指定下一点或 [闭合 (C)/ 拟合公差 (F)] <起点切向 >:810.2,45.8:
指定下一点或 [闭合 (C)/ 拟合公差 (F)] <起点切向 >:577.8,56.4
指定下一点或 [闭合 (C)/ 拟合公差 (F)] <起点切向 >:
指定起点切向 :                                          （按 Enter 键）
指定端点切向 :                                          （按 Enter 键）
```

（2）绘制平面图。平面图包括空心板的顶板和底板钢筋。

1）用立面图和平面图的对应关系确定基本辅助线；

2）绘制顶板钢筋：根据 Offset 和 Array 命令画出；按照边主梁一般构造图，结合立面图和横断面图进行修改；

3）底板钢筋：通过 Offset、Line、Mirror、Trim 命令组合完成绘制。

（3）绘制横断面图。横断面图包括空心板梁轮廓线、定底板钢筋、箍筋、水平架立钢筋。

1）构造辅助线（也可用相对坐标法）绘制出外框图（当绘制预应力空心板施工图时，可以使用 Wblock 将边板和中板的跨中、端部做成块，可以在任何时候使用）。

2）在钢筋图层内绘制钢筋的横断面，使用 Block 命令定义块可以在图形内任何时候使用 Insert 命令调用。

（4）绘制图表。绘制方法同前。

（5）标注尺寸和钢筋标号。在先设置好的"标注式样"中选择需要的式样，在标注图层内进行标注。在标注时注使用"连续标注""基线标注""标注更新"和"编辑标注文字"命令。钢筋强度等级按前述的方法标注。

（6）文字的输入。先定义好文字样式，从中选择需要式样，用 Mtext 命令输入文字即可。

附录　CAD 2010常用快捷命令

1. 常用功能键

F1：获取帮助

F2：实现作图窗和文本窗口的切换

F3：控制是否实现对象自动捕捉

F4：数字化仪控制

F5：等轴测平面切换

F6：控制状态行上坐标的显示方式

F7：栅格显示模式控制

F8：正交模式控制

F9：栅格捕捉模式控制

F10：极轴模式控制

F11：对象追踪模式控制

（用 Alt+ 字母可快速选择命令，这种方法可快捷操作大多数软件。）

2. 常用 Ctrl、Alt 快捷键

Alt+TK：如快速选择

Alt+NL：线性标注

Alt+VV4：快速创建四个视口

Alt+MUP：提取轮廓

Ctrl+B：栅格捕捉模式控制（F9）

Ctrl+C：将选择的对象复制到剪切板上

Ctrl+F：控制是否实现对象自动捕捉（F3）

Ctrl+G：栅格显示模式控制（F7）

Ctrl+J：重复执行上一步命令

Ctrl+K：超级链接

Ctrl+N：新建图形文件

Ctrl+M：打开选项对话框

Ctrl+O：打开图象文件

Ctrl+P：打开打印对说框

Ctrl+S：保存文件

Ctrl+U：极轴模式控制（F10）

Ctrl+v：粘贴剪贴板上的内容

Ctrl+W：对象追踪式控制（F11）

Ctrl+X：剪切所选择的内容

Ctrl+Y：重做

Ctrl+Z：取消前一步的操作

Ctrl+1：打开特性对话框

Ctrl+2：打开图象资源管理器

Ctrl+3：打开工具选项板

Ctrl+6：打开图象数据原子

Ctrl+8 或 QC：快速计算器

双击中键：显示里面所有的图像

3. 尺寸标注

DLi：线性标注

DRA：半径标注

DDi：直径标注

DAL：对齐标注

DAN：角度标注

DCO：连续标注

DCE：圆心标注

LE：引线标注

TOL：公差标注

4. 捕捉快捷命令

END：捕捉到端点

MID：捕捉到中点

INT：捕捉到交点

CEN：捕捉到圆心

QUA：捕捉到象限点

TAN：捕捉到切点

PER：捕捉到垂足

NOD：捕捉到节点

NEA：捕捉到最近点

5. 基本快捷命令

AA：测量区域和周长（area）

ID：指定坐标

LI：指定集体（个体）的坐标

AL：对齐（align）

AR：阵列（array）

AP：加载 *lsp 程系

AV：打开视图对话框（dsviewer）

SE：打开对象自动捕捉对话框

ST：打开字体设置对话框（style）

SO：绘制二围面（2d solid）

SP：拼音的校核（spell）

SC：缩放比例（scale）

SN：栅格捕捉模式设置（snap）

DT：文本的设置（dtext）

DI：测量两点之间的距离

OI：插入外部对象

RE：更新显示

RO：旋转

LE：引线标注

ST：单行文本输入

La：图层管理器

6．绘图命令

REC：矩形

A：绘圆弧

B：定义块

C：画圆

D：尺寸资源管理器

E：删除

F：倒圆角

G：对象组合

H：填充

i：插入

J：对接

S：拉伸

T：多行文本输入

W：定义块并保存到硬盘中

L：直线

PL：画多段线

M：移动

X：分解炸开

V：设置当前坐标

U：恢复上一次操作

O：偏移

P：移动

Z：缩放

参 考 文 献

［1］张怡，张力.市政工程识图与构造［M］.3版.北京：中国建筑工业出版社，2019.

［2］王云江，林呀，王岗，等.市政工程识图实训［M］.北京：中国建筑工业出版社，2011.

［3］尚久明.道桥工程制图与识图［M］.北京：高等教育出版社，2012.

［4］尚久明.道桥工程制图与识图能力训练［M］.北京：高等教育出版社，2012.

［5］郭启臣.市政工程制图与识图［M］.北京：电子工业出版社，2018.